2017

中国科技统计年鉴

CHINA STATISTICAL YEARBOOK ON SCIENCE AND TECHNOLOGY

国家统计局社会科技和文化产业统计司
科学技术部创新发展司 编

Compiled By

Department of Social,Science and Technology,and Cultural Statistics National Bureau of Statistics

Department of Innovation & Development Ministry of Science and Technology

中国统计出版社
China Statistics Press

图书在版编目（C I P）数据

中国科技统计年鉴. 2017 : 汉英对照 / 国家统计局社会科技和文化产业统计司, 科学技术部创新发展司编. -- 北京 : 中国统计出版社, 2017.11
ISBN 978-7-5037-8410-1

Ⅰ. ①中… Ⅱ. ①国… ②科… Ⅲ. ①科技统计－中国－2017－年鉴－汉、英 Ⅳ. ①G322-66

中国版本图书馆 CIP 数据核字(2017)第 270383 号

中国科技统计年鉴-2017

作　　者/国家统计局社会科技和文化产业统计司　科学技术部创新发展司
责任编辑/徐　涛　林　梅
封面设计/李雪燕
出版发行/中国统计出版社
通信地址/北京市丰台区西三环南路甲 6 号　邮政编码/100073
电　　话/邮购（010）63376909　书店（010）68783171
网　　址/ http://www.zgtjcbs.com
印　　刷/河北鑫兆源印刷有限公司
经　　销/新华书店
开　　本/880mm×1230mm　1/16
字　　数/630 千字
印　　张/19.5
版　　别/2017 年 11 月第 1 版
版　　次/2017 年 11 月第 1 次印刷
定　　价/260.00 元

本书附同版本 CD-ROM 一张，光盘内容以书面文字为准。
如有印装差错，由本社发行部调换。

《中国科技统计年鉴-2017》
编辑委员会和编辑部

编辑委员会

编辑部

CHINA STATISTICAL YEARBOOK ON SCIENCE AND TECHNOLOGY—2017

Editorial Board and Editorial Staff

编 者 说 明

《中国科技统计年鉴－2017》是国家统计局社会科技和文化产业统计司和科技部创新发展司共同编辑的反映我国科技活动情况的统计资料书，收录了全国 31 个省、自治区、直辖市以及国务院有关部门 2016 年度科技统计数据。

全书内容分为九个部分。第一部分为反映全社会科技活动的综合统计资料。第二、三、四部分分别为工业企业、研究与开发机构和高等学校科技活动统计资料，其中工业企业的口径为规模以上工业企业，指年主营业务收入为 2000 万元及以上的法人工业企业；研究与开发机构的口径为地级及以上独立核算的政府属科学研究与技术开发机构、科学技术信息和文献机构；高等学校包括全日制高校及其附属医院。第五部分为高技术产业发展统计资料。第六部分为企业创新活动统计资料。第七部分为国家科技计划统计资料。第八部分为科技活动成果统计资料。第九部分为综合技术服务部门和科协活动有关资料。第十部分为国际科技统计资料。最后附有主要统计指标解释。

本书有关符号说明："空格"表示该项统计指标数据不足本表最小单位数、不详或无该项数据；"#"表示是其中的主要项；"*"或"①"表示本表下有注解。

本书中因小数取舍而产生的误差均未做配平处理。

参与本书编辑的单位还有教育部、国防科技工业局、财政部、人力资源和社会保障部、国土资源部、商务部、国家质量监督检验检疫总局、国家知识产权局、中国科学院、中国工程院、中国地震局、中国气象局、国家海洋局、国家测绘地理信息局、中国科协。我们对上述单位有关人员在本书的编辑过程中给予的大力支持与合作，表示衷心感谢。

FOREWORD

China Statistical Yearbook on Science and Technology-2017 is prepared jointly by the Department of Social,Science and Technology, and Cultural Statistics National Bureau of Statistics and the Department of Innovation & Development Ministry of Science and Technology. The Yearbook, which covers data series at the national, provincial and local levels, and autonomous regions, as well as departments directly under the State Council, reports on the development of China's science and technology activities.

The yearbook contains the following nine parts. The first part reflects general science and technology(S&T) information on whole society; The second part, the third part and the forth part reflect respectively S&T information about Industrial Enterprises, Independent Research Institutions and Institutions of Higher Education. Industrial Enterprises cover Industrial Enterprises above Designated Size, with the sales revenue above 20 million RMB; Independent Research Institutions cover the municipal and above and independent accounting scientific research and technological development institutions which belong to government; Institutions of Higher Education cover Institutions of Higher Education and affiliated hospitals. The fifth part contains information on High Technology Industry. The sixth part contains information on innovation activities of enterprises. The seventh part contains information on National Program for Science and Technology. The eighth part contains information on results of S&T activities. The ninth part covers Scientific and Technologic Service and S&T activities of China Associations for S&T. The tenth part contains information on the international comparisons.

Notations used in this book:"(blank space)"indicates that the figure is not large enough to be measured with the smallest unit in the table or data are unknown or are not available; "#" indicates a major breakdown of the total; and "*" or "①" indicates footnotes at the end of the table.

Statistical discrepancies due to rounding are not adjusted in the yearbook.

The institutions participating editing this volume include: Ministry of Education, Sate Administration of Science, Technology and Industry for National Defense, Ministry of Finance, Ministry of Human Resources and Social Security,Ministry of Land and Resources, Ministry of Commerce, General Administration of Quality Supervision, Inspection and Quarantine, State Intellectual Property Office, Chinese Academy of Sciences, Chinese Academy of Engineering, China Earthquake Administration, China Meteorological Administration, State Oceanic Administration,National Administration of Surveying, Mapping and Geoinformation, China Association for Science and Technology. We would like to express our gratitude to these institutions of the State Council for their cooperation and support in sparing no effort to provide all the required data.

目 录 Contents

一、综合
General

二、工业企业
Industrial Enterprises

三、研究与开发机构
R&D Institutions

四、高等学校

Higher Education

五、高技术产业
High-tech Industry

六、企业创新活动
Innovation Activities of Enterprises

七、国家科技计划
National Program for Science and Technology Development

八、科技活动成果

Results of Science and Technology Activities

九、科技服务

Scientific and Technologic Services

十、国际比较
International Comparison

一、综合

General

1-1　研究与试验发展(R&D)人员(2016年)
R&D Personnel (2016)

单位：人　(person)

项　目	Item	R&D人员 Total	#女性 Female	#全时人员 Full-time Equivalent	#博士毕业 Doctor	#硕士毕业 Master	#本科毕业 Under-graduate
全　国	**National Total**	**5830741**	**1545232**	**3860516**	**378798**	**845919**	**2608212**
按执行部门分	**by Performer**						
企　业	Enterprises	4331234	961300	3122937	40677	309884	2205658
#规上工业企业	Industrial Enterprises above Designated Size	3867344	858521	2772887	37251	279180	1869643
研究与开发机构	R&D Institutions	449916	147394	352065	79026	155942	146110
高等学校	Higher Education	851764	358727	317379	248105	346325	222857
其　他	Others	197827	77811	68135	10990	33768	33587
按地区分	**by Region**						
东部地区	Eastern Region	3684795	957323	2542163	224650	493048	1627059
中部地区	Middle Region	1034186	251659	651399	58353	135983	469964
西部地区	Western Region	811130	238508	480411	60225	150871	369444
东北地区	Northeast Region	300630	97742	186543	35570	66017	141745
北　京	Beijing	373406	124171	263242	67867	81514	163656
天　津	Tianjin	177165	48578	113495	9990	20537	90163
河　北	Hebei	175591	50094	106243	6672	27596	82296
山　西	Shanxi	68669	19688	39742	4247	11990	33444
内蒙古	Inner Mongolia	54641	16221	30574	2295	7277	27671
辽　宁	Liaoning	139961	42185	85455	14432	27819	66854
吉　林	Jilin	80018	30393	47813	12733	21251	34517
黑龙江	Heilongjiang	80651	25164	53275	8405	16947	40374
上　海	Shanghai	254754	70267	180162	26871	42228	125390
江　苏	Jiangsu	761046	187357	518761	34573	89261	324510
浙　江	Zhejiang	516664	128446	358462	19394	47334	213493
安　徽	Anhui	211053	43042	137269	11283	26487	91751
福　建	Fujian	201090	55032	133183	9740	21678	90170
江　西	Jiangxi	95141	24017	63669	4298	11338	43602
山　东	Shandong	476407	128532	321038	19861	57442	233740
河　南	Henan	249876	60479	149205	8792	29240	109637
湖　北	Hubei	218322	55027	138550	17290	28671	98107
湖　南	Hunan	191125	49406	122964	12443	28257	93423
广　东	Guangdong	735188	160138	539769	28369	102676	298851
广　西	Guangxi	69091	21837	35149	5231	16695	29719
海　南	Hainan	13484	4708	7808	1313	2782	4790
重　庆	Chongqing	111943	29173	71867	8142	16102	52917
四　川	Sichuan	214761	60534	135453	16317	38117	99447
贵　州	Guizhou	45222	13473	25501	2810	7780	19739
云　南	Yunnan	74561	23953	37575	6020	13233	32596
西　藏	Tibet	2345	800	954	271	901	843
陕　西	Shaanxi	143208	41956	94391	10496	29679	65118
甘　肃	Gansu	39796	11529	22596	4065	8182	18346
青　海	Qinghai	7378	2172	3339	516	1330	3054
宁　夏	Ningxia	16533	4939	8677	904	2696	7684
新　疆	Xinjiang	31651	11921	14335	3158	8879	12310

1-2 全国研究与试验发展(R&D)人员全时当量
Full-time Equivalent of R&D Personnel

单位：万人年 (10 000 man-year)

年 份 Year	R&D人员全时当量 Total	基础研究 Basic Research	应用研究 Applied Research	试验发展 Experimental Development
1992	67.43	5.84	20.90	40.70
1993	69.78	6.33	21.49	41.96
1994	78.32	7.64	24.20	46.48
1995	75.17	6.66	22.79	45.71
1996	80.40	6.96	23.65	49.79
1997	83.12	7.17	25.27	50.68
1998	75.52	7.87	24.97	42.68
1999	82.17	7.60	24.15	50.42
2000	92.21	7.96	21.96	62.28
2001	95.65	7.88	22.60	65.17
2002	103.51	8.40	24.73	70.39
2003	109.48	8.97	26.03	74.49
2004	115.26	11.07	27.86	76.33
2005	136.48	11.54	29.71	95.23
2006	150.25	13.13	29.97	107.14
2007	173.62	13.81	28.60	131.21
2008	196.54	15.40	28.94	152.20
2009	229.13	16.46	31.53	181.14
2010	255.38	17.37	33.56	204.46
2011	288.29	19.32	35.28	233.73
2012	324.68	21.22	38.38	265.09
2013	353.28	22.32	39.56	291.40
2014	371.06	23.54	40.70	306.82
2015	375.88	25.32	43.04	307.53
2016	387.81	27.47	43.89	316.44

1-3 按执行部门分研究与试验发展(R&D)人员全时当量(2016年)
Full-time Equivalent of R&D Personnel by Performer(2016)

单位：万人年 (10 000 man-year)

项 目	Item	R&D人员全时当量 Total	#研究人员 Researchers	基础研究 Basic Research	应用研究 Applied Research	试验发展 Experimental Development
全 国	**National Total**	**387.81**	**169.22**	**27.47**	**43.89**	**316.44**
企 业	Enterprises	301.21	104.81	0.68	8.26	292.26
#规上工业企业	Industrial Enterprises above Designated Size	270.25	90.80	0.35	6.02	263.88
研究与开发机构	R&D Institutions	39.01	27.40	8.38	12.71	17.92
高等学校	Higher Education	36.00	30.79	16.71	17.25	2.05
其 他	Others	11.58	6.21	1.71	5.66	4.21

1-4 各地区研究与试验发展(R&D)人员全时当量(2016年)
Full-time Equivalent of R&D Personnel by Region (2016)

单位：人年 (man-year)

地 区	Region	R&D人员全时当量 Total	#研究人员 Researchers	基础研究 Basic Research	应用研究 Applied Research	试验发展 Experimental Development
全 国	**National Total**	**3878057**	**1692176**	**274748**	**438877**	**3164434**
东部地区	Eastern Region	2545150	1039327	148207	245042	2151904
中部地区	Middle Region	652827	282378	40313	72146	540368
西部地区	Western Region	489047	259573	54696	87693	346657
东北地区	Northeast Region	191034	110897	31533	33996	125505
北 京	Beijing	253337	150574	46337	63694	143306
天 津	Tianjin	119384	51379	5524	14303	99557
河 北	Hebei	111384	50343	6208	15828	89349
山 西	Shanxi	44147	21786	4096	7867	32184
内 蒙 古	Inner Mongolia	39480	17972	2219	4847	32415
辽 宁	Liaoning	87839	49206	10589	15101	62149
吉 林	Jilin	48252	28459	10459	10415	27378
黑 龙 江	Heilongjiang	54942	33232	10485	8479	35978
上 海	Shanghai	183932	92863	20680	23560	139692
江 苏	Jiangsu	543438	201377	16818	28640	497980
浙 江	Zhejiang	376553	120287	8897	15544	352112
安 徽	Anhui	135829	56723	10393	14223	111214
福 建	Fujian	132155	49496	5629	12561	113965
江 西	Jiangxi	50620	22343	3264	5938	41418
山 东	Shandong	301480	130136	16260	27592	257629
河 南	Henan	166279	63658	4593	10422	151264
湖 北	Hubei	136608	62790	9476	16889	110243
湖 南	Hunan	119345	55079	8491	16808	94046
广 东	Guangdong	515649	189223	20424	42189	453037
广 西	Guangxi	39903	20915	6920	9908	23075
海 南	Hainan	7840	3648	1431	1132	5278
重 庆	Chongqing	68055	30935	4581	9071	54403
四 川	Sichuan	124614	70834	10862	22312	91441
贵 州	Guizhou	24124	11873	3606	2937	17581
云 南	Yunnan	41116	20932	6789	8441	25885
西 藏	Tibet	1126	721	333	434	359
陕 西	Shaanxi	94755	53481	9114	17762	67879
甘 肃	Gansu	25759	15062	4420	5146	16192
青 海	Qinghai	4166	2323	814	897	2454
宁 夏	Ningxia	9004	4404	1511	1353	6140
新 疆	Xinjiang	16945	10124	3527	4585	8834

1-5 全国研究与试验发展(R&D)经费内部支出
Intramural Expenditure on R&D

单位：亿元,% (100 million yuan,%)

年 份 Year	R&D经费内部支出 Total	基础研究 Basic Research	应用研究 Applied Research	试验发展 Experimental Development	与国内生产总值之比 of GDP	R&D经费内部支出现价增长 Growth at Current Price	R&D经费内部支出可比价增长 Growth at Constant Price
1995	348.69	18.06	92.02	238.60	0.57		36.87
1996	404.48	20.24	99.12	285.12	0.56	16.00	8.99
1997	509.16	27.44	132.46	349.26	0.64	25.88	23.95
1998	551.12	28.95	124.62	397.54	0.65	8.24	9.18
1999	678.91	33.90	151.55	493.46	0.75	23.19	24.69
2000	895.66	46.73	151.90	697.03	0.89	31.93	29.15
2001	1042.49	55.60	184.85	802.03	0.94	16.39	14.02
2002	1287.64	73.77	246.68	967.20	1.06	23.52	22.74
2003	1539.63	87.65	311.45	1140.52	1.12	19.57	16.50
2004	1966.33	117.18	400.49	1448.67	1.21	27.71	19.40
2005	2449.97	131.21	433.53	1885.24	1.31	24.60	19.81
2006	3003.10	155.76	488.97	2358.37	1.37	22.58	17.92
2007	3710.24	174.52	492.94	3042.78	1.37	23.55	14.57
2008	4616.02	220.82	575.16	3820.04	1.44	24.41	15.43
2009	5802.11	270.29	730.79	4801.03	1.66	25.70	25.86
2010	7062.58	324.49	893.79	5844.30	1.71	21.72	13.78
2011	8687.01	411.81	1028.39	7246.81	1.78	23.00	13.69
2012	10298.41	498.81	1161.97	8637.63	1.91	18.55	15.83
2013	11846.60	554.95	1269.12	10022.53	1.99	15.03	12.57
2014	13015.63	613.54	1398.53	11003.56	2.02	9.87	8.97
2015	14169.88	716.12	1528.64	11925.13	2.06	8.87	8.77
2016	15676.75	822.89	1610.49	13243.36	2.11	10.63	9.31

注：2015年R&D经费支出与国内生产总值之比根据国内生产总值最终核实数据作了相应修正。
Ratio of expenditure on R&D to GDP was revised in 2015 because historical data of GDP were revised based on final verification.

1-6 按执行部门分组的研究与试验发展(R&D)经费内部支出(2016年)
Intramural Expenditure on R&D by Performer(2016)

单位：亿元 (100 million yuan)

项 目	Item	R&D经费内部支出 Total	基础研究 Basic Research	应用研究 Applied Research	试验发展 Experimental Development
全 国	**National Total**	**15676.75**	**822.89**	**1610.49**	**13243.36**
企 业	Enterprises	12143.96	26.08	368.57	11749.31
#规上工业企业	Industrial Enterprises above Designated Size	10944.66	18.81	277.73	10648.11
研究与开发机构	R&D Institutions	2260.18	337.40	642.06	1280.72
高等学校	Higher Education	1072.24	432.46	528.40	111.37
其 他	Others	200.37	26.95	71.46	101.96

1-7 各地区研究与试验发展(R&D)经费内部支出(2016年)
Intramural Expenditure on R&D by Region (2016)

单位：万元 (10 000 yuan)

地 区	Region	R&D经费内部支出 Total	基础研究 Basic Research	应用研究 Applied Research	试验发展 Experimental Development
全 国	**National Total**	**156767484**	**8228919**	**16104949**	**132433616**
东部地区	Eastern Region	106893836	5507832	10185528	91200476
中部地区	Middle Region	23781377	903863	2126570	20750944
西部地区	Western Region	19443390	1292173	2547522	15603696
东北地区	Northeast Region	6648880	525052	1245328	4878500
北 京	Beijing	14845762	2111730	3480597	9253435
天 津	Tianjin	5373223	302658	594426	4476139
河 北	Hebei	3834274	80788	333943	3419543
山 西	Shanxi	1326237	87775	169483	1068979
内 蒙 古	Inner Mongolia	1475124	30113	104524	1340487
辽 宁	Liaoning	3727165	237566	647684	2841915
吉 林	Jilin	1396668	129788	213458	1053422
黑 龙 江	Heilongjiang	1525048	157698	384187	983164
上 海	Shanghai	10493187	776276	1311273	8405639
江 苏	Jiangsu	20268734	519597	1152840	18596297
浙 江	Zhejiang	11306297	320637	417995	10567665
安 徽	Anhui	4751329	271984	319167	4160178
福 建	Fujian	4542920	118341	299646	4124933
江 西	Jiangxi	2073091	46840	110471	1915780
山 东	Shandong	15660904	364437	897809	14398658
河 南	Henan	4941880	107583	294916	4539381
湖 北	Hubei	6000423	258642	738875	5002905
湖 南	Hunan	4688418	131039	493659	4063720
广 东	Guangdong	20351440	860218	1644974	17846248
广 西	Guangxi	1177487	120475	148577	908435
海 南	Hainan	217095	53151	52024	111920
重 庆	Chongqing	3021830	127703	293145	2600981
四 川	Sichuan	5614193	311653	710416	4592124
贵 州	Guizhou	734006	74255	69501	590251
云 南	Yunnan	1327616	155626	167202	1004788
西 藏	Tibet	22184	7078	5654	9452
陕 西	Shaanxi	4195554	223539	782303	3189712
甘 肃	Gansu	869850	135258	120894	613698
青 海	Qinghai	139977	26291	18284	95402
宁 夏	Ningxia	299269	24399	25792	249078
新 疆	Xinjiang	566301	55783	101229	409289

1-8 各地区研究与试验发展(R&D)经费投入强度
The R&D Expenditure Input Intensity by Region

单位：%　　　　(%)

地　区	Region	2009	2010	2011	2012	2013	2014	2015	2016
全　国	**National Total**	**1.66**	**1.71**	**1.78**	**1.91**	**1.99**	**2.02**	**2.06**	**2.11**
北　京	Beijing	5.50	5.82	5.76	5.95	5.98	5.95	6.01	5.96
天　津	Tianjin	2.37	2.49	2.63	2.80	2.96	2.96	3.08	3.00
河　北	Hebei	0.78	0.76	0.82	0.92	0.99	1.06	1.18	1.20
山　西	Shanxi	1.10	0.98	1.01	1.09	1.22	1.19	1.04	1.03
内蒙古	Inner Mongolia	0.53	0.55	0.59	0.64	0.69	0.69	0.76	0.79
辽　宁	Liaoning	1.53	1.56	1.64	1.57	1.64	1.52	1.27	1.69
吉　林	Jilin	1.12	0.87	0.84	0.92	0.92	0.95	1.01	0.94
黑龙江	Heilongjiang	1.27	1.19	1.02	1.07	1.14	1.07	1.05	0.99
上　海	Shanghai	2.81	2.81	3.11	3.37	3.56	3.66	3.73	3.82
江　苏	Jiangsu	2.04	2.07	2.17	2.38	2.49	2.54	2.57	2.66
浙　江	Zhejiang	1.73	1.78	1.85	2.08	2.16	2.26	2.36	2.43
安　徽	Anhui	1.35	1.32	1.40	1.64	1.83	1.89	1.96	1.97
福　建	Fujian	1.11	1.16	1.26	1.38	1.44	1.48	1.51	1.59
江　西	Jiangxi	0.99	0.92	0.83	0.88	0.94	0.97	1.04	1.13
山　东	Shandong	1.53	1.72	1.86	2.04	2.13	2.19	2.27	2.34
河　南	Henan	0.90	0.91	0.98	1.05	1.10	1.14	1.18	1.23
湖　北	Hubei	1.65	1.65	1.65	1.73	1.80	1.87	1.90	1.86
湖　南	Hunan	1.18	1.16	1.19	1.30	1.33	1.36	1.43	1.50
广　东	Guangdong	1.65	1.76	1.96	2.17	2.31	2.37	2.47	2.56
广　西	Guangxi	0.61	0.66	0.69	0.75	0.75	0.71	0.63	0.65
海　南	Hainan	0.35	0.34	0.41	0.48	0.47	0.48	0.46	0.54
重　庆	Chongqing	1.22	1.27	1.28	1.40	1.38	1.42	1.57	1.72
四　川	Sichuan	1.52	1.54	1.40	1.47	1.52	1.57	1.67	1.72
贵　州	Guizhou	0.68	0.65	0.64	0.61	0.58	0.60	0.59	0.63
云　南	Yunnan	0.60	0.61	0.63	0.67	0.67	0.67	0.80	0.89
西　藏	Tibet	0.33	0.29	0.19	0.25	0.28	0.26	0.30	0.19
陕　西	Shaanxi	2.32	2.15	1.99	1.99	2.12	2.07	2.18	2.19
甘　肃	Gansu	1.10	1.02	0.97	1.07	1.06	1.12	1.22	1.22
青　海	Qinghai	0.70	0.74	0.75	0.69	0.65	0.62	0.48	0.54
宁　夏	Ningxia	0.77	0.68	0.73	0.78	0.81	0.87	0.88	0.95
新　疆	Xinjiang	0.51	0.49	0.50	0.53	0.54	0.53	0.56	0.59

1-9 按执行部门分组的研究与试验发展(R&D)经费内部支出
Intramural Expenditure on R&D by Performer

单位：亿元 (100 million yuan)

年 份 Year	R&D经费内部支出 Total	企 业 Enterprises	#规上工业企业 Industrial Enterprises above Designated Size	#大中型工业企业 Large & Medium-sized Industrial Enterprises	研究与开发机构 R&D Institutions	高等学校 Higher Education	其 他 Others
1995	348.7			141.7	146.4	42.3	
1996	404.5			160.5	172.9	47.8	
1997	509.2			188.3	206.4	57.7	
1998	551.1			197.1	234.3	57.3	
1999	678.9			249.9	260.5	63.5	
2000	895.7	537.0		353.4	258.0	76.7	24.0
2001	1042.5	630.0		442.3	288.5	102.4	21.6
2002	1287.6	787.8		560.2	351.3	130.5	18.0
2003	1539.6	960.2		720.8	399.0	162.3	18.1
2004	1966.3	1314.0	1104.5	954.4	431.7	200.9	19.7
2005	2450.0	1673.8		1250.3	513.1	242.3	20.8
2006	3003.1	2134.5		1630.2	567.3	276.8	24.5
2007	3710.2	2681.9		2112.5	687.9	314.7	25.7
2008	4616.0	3381.7	3073.1	2681.3	811.3	390.2	32.9
2009	5802.1	4248.6	3775.7	3210.2	995.9	468.2	89.4
2010	7062.6	5185.5		4015.4	1186.4	597.3	93.4
2011	8687.0	6579.3	5993.8	5030.7	1306.7	688.9	112.1
2012	10298.4	7842.2	7200.6	5992.3	1548.9	780.6	126.7
2013	11846.6	9075.8	8318.4	6744.1	1781.4	856.7	132.6
2014	13015.6	10060.6	9254.3	7319.7	1926.2	898.1	130.7
2015	14169.9	10881.3	10013.9	7792.4	2136.5	998.6	153.5
2016	15676.7	12144.0	10944.7	8289.5	2260.2	1072.2	200.4

1-10 按执行部门和支出用途分R&D经费内部支出(2016年)
Intramural Expenditure on R&D by Performer and Use (2016)

单位：亿元 (100 million yuan)

项 目	Item	R&D经费内部支出 Total	日常性支出 Routine Expenses	#人员劳务费 Labor Cost	资产性支出 Assets Expenditure	#仪器和设备 Equipment
全 国	**National Total**	**15676.7**	**13695.3**	**4633.9**	**1981.5**	**1732.0**
企 业	Enterprises	12144.0	10880.9	3901.3	1263.0	1237.0
#规上工业企业	Industrial Enterprises above Designated Size	10944.7	9748.6	3277.4	1196.1	1171.5
研究与开发机构	R&D Institutions	2260.2	1808.1	473.9	452.1	294.6
高等学校	Higher Education	1072.2	861.3	185.1	210.9	159.4
其 他	Others	200.4	144.9	73.6	55.5	41.0

1-11 各地区按支出用途分研究与试验发展(R&D)经费内部支出(2016年)
Intramural Expenditure on R&D by Region and Use (2016)

单位：万元 (10 000 yuan)

地区	Region	R&D经费内部支出 Total	日常性支出 Routine Expenses	#人员劳务费 Labor Cost	资产性支出 Assets Expenditure	#仪器和设备 Equipment
全国	**National Total**	**156767484**	**136952573**	**46339355**	**19814912**	**17320168**
东部地区	Eastern Region	106893836	94080354	33655372	12813481	11298366
中部地区	Middle Region	23781377	20549007	6156901	3232370	2936006
西部地区	Western Region	19443390	16441020	4821904	3002370	2467878
东北地区	Northeast Region	6648880	5882191	1705178	766690	617918
北京	Beijing	14845762	12810394	4414919	2035369	1567068
天津	Tianjin	5373223	4448612	1360379	924611	679050
河北	Hebei	3834274	3304283	1049181	529991	486946
山西	Shanxi	1326237	1148592	316002	177645	147045
内蒙古	Inner Mongolia	1475124	1231534	318217	243590	212926
辽宁	Liaoning	3727165	3349694	894814	377471	295900
吉林	Jilin	1396668	1237377	410699	159292	142434
黑龙江	Heilongjiang	1525048	1295120	399666	229928	179584
上海	Shanghai	10493187	9429140	3456720	1064048	818513
江苏	Jiangsu	20268734	17729318	5959240	2539416	2406392
浙江	Zhejiang	11306297	10421834	4147389	884464	829747
安徽	Anhui	4751329	4008578	1373796	742751	667069
福建	Fujian	4542920	3867630	1436996	675290	600400
江西	Jiangxi	2073091	1782054	467322	291037	265544
山东	Shandong	15660904	13424576	3593439	2236329	2160976
河南	Henan	4941880	4192007	1266028	749872	718291
湖北	Hubei	6000423	5192182	1429379	808241	701774
湖南	Hunan	4688418	4225594	1304375	462825	436284
广东	Guangdong	20351440	18495992	8179169	1855448	1712672
广西	Guangxi	1177487	1030691	345391	146796	132093
海南	Hainan	217095	148577	57941	68518	36602
重庆	Chongqing	3021830	2464337	863209	557494	467977
四川	Sichuan	5614193	4857028	1404783	757165	640364
贵州	Guizhou	734006	593820	177765	140186	120962
云南	Yunnan	1327616	1116554	337126	211061	177213
西藏	Tibet	22184	17938	10029	4246	4237
陕西	Shaanxi	4195554	3557607	903002	637947	447855
甘肃	Gansu	869850	727584	205732	142266	113356
青海	Qinghai	139977	113448	46952	26529	23207
宁夏	Ningxia	299269	253043	82302	46226	45572
新疆	Xinjiang	566301	477436	127396	88865	82118

1-12 按资金来源分研究与试验发展(R&D)经费内部支出
Intramural Expenditure on R&D by Sources

单位：亿元 (100 million yuan)

年 份 Year	R&D经费内部支出 Total	政府资金 Government Funds	企业资金 Self-raised Funds by Enterprises	国外资金 Foreign Funds	其他资金 Other Funds
2004	1966.3	523.6	1291.3	25.2	126.2
2005	2450.0	645.4	1642.5	22.7	139.4
2006	3003.1	742.1	2073.7	48.4	138.9
2007	3710.2	913.5	2611.0	50.0	135.8
2008	4616.0	1088.9	3311.5	57.2	158.4
2009	5802.1	1358.3	4162.7	78.1	203.0
2010	7062.6	1696.3	5063.1	92.1	211.0
2011	8687.0	1883.0	6420.6	116.2	267.2
2012	10298.4	2221.4	7625.0	100.4	351.6
2013	11846.6	2500.6	8837.7	105.9	402.5
2014	13015.6	2636.1	9816.5	107.6	455.5
2015	14169.9	3013.2	10588.6	105.2	462.9
2016	15676.7	3140.8	11923.5	103.2	509.2

1-13 按执行部门和来源构成分研究与试验发展(R&D)经费内部支出(2016年)
Intramural Expenditure on R&D by Performer and Sources (2016)

单位：亿元 (100 million yuan)

项 目	Item	R&D经费内部支出 Total	政府资金 Government Funds	企业资金 Self-raised Funds by Enterprises	国外资金 Foreign Funds	其他资金 Other Funds
全 国	**National Total**	**15676.7**	**3140.8**	**11923.5**	**103.2**	**509.2**
企 业	Enterprises	12144.0	449.7	11497.6	92.8	103.9
#规上工业企业	Industrial Enterprises above Designated Size	10944.7	403.8	10405.3	41.1	94.5
研究与开发机构	R&D Institutions	2260.2	1851.6	90.4	3.9	314.2
高等学校	Higher Education	1072.2	687.8	310.5	6.1	67.9
其 他	Others	200.4	151.8	25.1	0.4	23.1

1-14 各地区按资金来源分研究与试验发展(R&D)经费内部支出(2016年)

Intramural Expenditure on R&D by Region and Sources(2016)

单位：万元 (10 000 yuan)

地区	Region	R&D经费内部支出 Total	政府资金 Government Funds	企业资金 Self-raised Funds by Enterprises	国外资金 Foreign Funds	其他资金 Other Funds
全　国	**National Total**	**156767484**	**31408076**	**119235446**	**1032424**	**5091538**
东部地区	Eastern Region	106893836	19134800	83263203	971531	3524302
中部地区	Middle Region	23781377	3533276	19589858	25136	633109
西部地区	Western Region	19443390	6660021	11980301	25320	777749
东北地区	Northeast Region	6648880	2079980	4402084	10439	156378
北　京	Beijing	14845762	8026073	5636747	322625	860317
天　津	Tianjin	5373223	940214	4130640	176136	126233
河　北	Hebei	3834274	557713	3189523	1172	85866
山　西	Shanxi	1326237	251362	1039234	375	35265
内蒙古	Inner Mongolia	1475124	194348	1232722	1727	46328
辽　宁	Liaoning	3727165	1086327	2566331	8021	66485
吉　林	Jilin	1396668	440179	929841	2013	24635
黑龙江	Heilongjiang	1525048	553475	905912	404	65258
上　海	Shanghai	10493187	3747635	6308153	161914	275486
江　苏	Jiangsu	20268734	1531142	17464079	124639	1148875
浙　江	Zhejiang	11306297	787174	10332523	20996	165603
安　徽	Anhui	4751329	851198	3750152	7442	142537
福　建	Fujian	4542920	498244	3908541	14850	121285
江　西	Jiangxi	2073091	233112	1789805	1252	48921
山　东	Shandong	15660904	1075905	14252538	48174	284287
河　南	Henan	4941880	493898	4292055	36	155891
湖　北	Hubei	6000423	1140495	4677784	5317	176827
湖　南	Hunan	4688418	563211	4040827	10713	73668
广　东	Guangdong	20351440	1865963	17957816	100655	427007
广　西	Guangxi	1177487	272643	851352	743	52750
海　南	Hainan	217095	104736	82644	371	29344
重　庆	Chongqing	3021830	440241	2441753	4895	134941
四　川	Sichuan	5614193	2404210	2930224	10611	269147
贵　州	Guizhou	734006	152854	537892	752	42508
云　南	Yunnan	1327616	376839	876963	2742	71072
西　藏	Tibet	22184	17790	3952		442
陕　西	Shaanxi	4195554	2231466	1856926	2774	104388
甘　肃	Gansu	869850	300201	532536	958	36156
青　海	Qinghai	139977	52070	85925		1982
宁　夏	Ningxia	299269	62996	232029	63	4181
新　疆	Xinjiang	566301	154364	398028	54	13855

1-15　研究与试验发展(R&D)经费外部支出(2016年)
External Expenditure on R&D (2016)

单位：万元　　(10 000 yuan)

项　目	Item	R&D经费外部支出 Total	对境内研究机构支出 to Domestic Research Institutions	对境内高等学校支出 to Domestic Higher Education	对境内企业支出 to Domestic Enterprises	对境外机构支出 to Foreign Institutions
全　国	**National Total**	**8880890**	**3820125**	**1108995**	**2831121**	**924246**
按执行部门分	**by Performer**					
企　业	Enterprises	7160853	3070045	769526	2414000	907282
#规上工业企业	Industrial Enterprises above Designated Size	6049317	2849635	702654	1654130	842898
研究与开发机构	R&D Institutions	866745	417469	87189	170425	169
高等学校	Higher Education	809939	309260	243773	237026	16597
其　他	Others	43353	23351	8507	9670	198
按地区分	**by Region**					
东部地区	Eastern Region	6434258	2910203	625362	2067005	722869
中部地区	Middle Region	1044757	445046	225506	309149	56674
西部地区	Western Region	958462	309297	175923	327996	70632
东北地区	Northeast Region	443414	155580	82205	126972	74071
北　京	Beijing	1080576	476789	113176	366611	34808
天　津	Tianjin	248719	133131	31466	67825	16204
河　北	Hebei	156037	47628	34360	60967	12973
山　西	Shanxi	75218	30591	19123	22657	2132
内蒙古	Inner Mongolia	66136	19297	9787	10179	25403
辽　宁	Liaoning	232413	65137	41830	67339	55776
吉　林	Jilin	89743	30689	17117	30632	11294
黑龙江	Heilongjiang	121258	59754	23258	29001	7001
上　海	Shanghai	705811	128201	38878	381878	152743
江　苏	Jiangsu	709290	258032	116295	219963	112637
浙　江	Zhejiang	804615	266172	59299	421271	57653
安　徽	Anhui	213471	54823	42482	94007	21849
福　建	Fujian	199041	34146	21082	89508	53356
江　西	Jiangxi	72691	34650	14509	20657	2040
山　东	Shandong	673059	214876	151062	196940	99137
河　南	Henan	117270	45588	39085	27893	4704
湖　北	Hubei	353090	194703	60123	73686	18180
湖　南	Hunan	213016	84691	50185	70250	7769
广　东	Guangdong	1824677	1323649	58700	259056	182563
广　西	Guangxi	51291	28272	8109	10598	4231
海　南	Hainan	32432	27578	1046	2987	796
重　庆	Chongqing	139655	36674	22550	69932	10495
四　川	Sichuan	323140	105285	59351	93264	13257
贵　州	Guizhou	34478	17853	5931	10436	257
云　南	Yunnan	51391	14289	11150	21936	3567
西　藏	Tibet	576	410	142	25	
陕　西	Shaanxi	205375	49645	33240	89377	12531
甘　肃	Gansu	37981	18151	15179	4268	383
青　海	Qinghai	8135	3040	1444	3353	299
宁　夏	Ningxia	12065	5869	3399	2780	16
新　疆	Xinjiang	28239	10513	5644	11849	192

1-16 研究与试验发展(R&D)项目情况(2016年)
R&D Projects(2016)

项 目	Item	R&D项目(课题)数(项) R&D Projects (item)	R&D项目(课题)参加人员折合全时当量(人年) Participants (man-year)	R&D项目(课题)经费内部支出(万元) Expenditure (10 000 yuan)
全 国	**National Total**	**1413445**	**3533128**	**136807689**
按执行部门分	**by Performer**			
企 业	Enterprises	392110	2744169	112097946
#规上工业企业	Industrial Enterprises above Designated Size	360997	2467758	100643333
研究与开发机构	R&D Institutions	100925	343624	15925368
高等学校	Higher Education	894279	359837	7772226
其 他	Others	26131	85498	1012150
按地区分	**by Region**			
东部地区	Eastern Region	827056	2343191	94680260
中部地区	Middle Region	235185	589975	20715507
西部地区	Western Region	260634	436569	16113194
东北地区	Northeast Region	90570	163393	5298728
北 京	Beijing	135387	226138	11487262
天 津	Tianjin	39415	107966	4658418
河 北	Hebei	35207	99414	3279384
山 西	Shanxi	13631	39453	1064962
内 蒙 古	Inner Mongolia	11691	33595	1300995
辽 宁	Liaoning	41979	77135	3055917
吉 林	Jilin	25977	36549	942210
黑 龙 江	Heilongjiang	22614	49710	1300601
上 海	Shanghai	75608	168494	9161267
江 苏	Jiangsu	138251	504178	18588064
浙 江	Zhejiang	129607	360174	10610047
安 徽	Anhui	47830	125307	4264248
福 建	Fujian	50270	120950	4054365
江 西	Jiangxi	28175	46055	1986345
山 东	Shandong	82245	273917	13693360
河 南	Henan	41513	151035	4437380
湖 北	Hubei	58613	119239	4930193
湖 南	Hunan	45423	108887	4032380
广 东	Guangdong	135652	476730	19020491
广 西	Guangxi	26046	35765	961381
海 南	Hainan	5414	5229	127602
重 庆	Chongqing	34864	62271	2579416
四 川	Sichuan	60416	111666	4498271
贵 州	Guizhou	17573	21679	673116
云 南	Yunnan	24597	36941	1119891
西 藏	Tibet	1177	880	14571
陕 西	Shaanxi	49311	85626	3554249
甘 肃	Gansu	14394	21341	631906
青 海	Qinghai	2143	3472	99678
宁 夏	Ningxia	6078	8398	250715
新 疆	Xinjiang	12344	14935	429006

1-17 科技进步贡献率
MFP Contribution on Economic Growth

单位：% (%)

项 目	Item	2000-2005	2001-2006	2002-2007	2003-2008	2004-2009	2005-2010	2006-2011	2007-2012	2008-2013	2009-2014	2010-2015	2011-2016
科技进步贡献率	MFP Contribution on Economic Growth	43.2	44.3	46.0	48.8	48.4	50.9	51.7	52.2	53.1	54.2	55.3	56.4

1-18 国家财政科技支出
Government Expenditure for Science and Technology

单位：亿元 (100 million yuan)

年 份 Year	国家公共财政支出 Total Government Budgetary Expenditure (A)	国家财政科技拨款 Appropriation for Science and Technology (B)	中央 Central Government	地方 Local Government	科学技术支出 Expenditure for Science and Technology	其他功能支出中用于科学技术的支出 Others	科技拨款占公共财政支出的比重 % of Total Government Budgetary Expenditure (B/A)
1985	2004.3	102.6					5.12
1986	2204.9	112.6					5.11
1987	2262.2	113.8					5.03
1988	2491.2	121.1					4.86
1989	2823.8	127.9					4.53
1990	3083.6	139.1	97.6	41.6			4.51
1991	3386.6	160.7	115.4	45.3			4.74
1992	3742.2	189.3	133.6	55.7			5.06
1993	4642.3	225.6	167.6	58.0			4.86
1994	5792.6	268.3	199.0	69.3			4.63
1995	6823.7	302.4	215.6	86.8			4.43
1996	7937.6	348.6	242.8	105.8			4.39
1997	9233.6	408.9	273.9	134.0			4.43
1998	10798.2	438.6	289.7	148.9			4.06
1999	13187.7	543.9	355.6	188.3			4.12
2000	15886.5	575.6	349.6	226.0			3.62
2001	18902.6	703.3	444.3	258.9			3.72
2002	22053.2	816.2	511.2	305.0			3.70
2003	24650.0	944.6	609.9	335.6			3.83
2004	28486.9	1095.3	692.4	402.9			3.84
2005	33930.3	1334.9	807.8	527.1			3.93
2006	40422.7	1688.5	1009.7	678.8			4.18
2007	49781.4	2135.7	1044.1	1091.6	1783.0	352.6	4.29
2008	62592.7	2611.0	1287.2	1323.8	2129.2	481.8	4.17
2009	76299.9	3276.8	1653.3	1623.5	2744.5	532.3	4.29
2010	89874.2	4196.7	2052.5	2144.2	3250.2	946.5	4.67
2011	109247.8	4797.0	2343.3	2453.7	3828.0	969.0	4.39
2012	125953.0	5600.1	2613.6	2986.5	4452.6	1147.5	4.45
2013	140212.1	6184.9	2728.5	3456.4	5084.3	1100.6	4.41
2014	151785.6	6454.5	2899.2	3555.4	5314.5	1140.0	4.25
2015	175877.8	7005.8	3012.1	3993.7	5862.6	1143.2	3.98
2016	187755.2	7760.7	3269.3	4491.4	6564.0	1196.7	4.13

注：1.为规范财政科技支出统计，2013年对财政科学技术支出统计口径重新作了界定，并追溯调整了2007-2011年数据，以保持数据的可比性。
2.本表中财政科学技术支出的统计范围为公共财政支出安排的科技项目。
3.2012年中央国有资本经营支出中安排30亿元用于科学技术项目。

Note: a) To standardize the fiscal expenditure on S&T, we redifine statistical calibre of the fiscal expenditure on S&T and adjust the data of the year from 2007 to 2011 for the comparability of data.
b) In this table,statistical calibre of the fiscal expenditure on S&T is S&T projects of public fiscal expenditure.
c) There are 3000 million yuan used for S&T projects in central state-owned capital operating expenditure.

1-19 公有经济企事业单位专业技术人员
Technical Personnel in State-owned and Collective-owned Enterprises and Institutions

单位：人 (person)

年份 Year	合计 Total	小计 Subtotal	工程技术 Engineering	农业技术 Agriculture	科学研究 Scientific Research	卫生技术 Health Care	教学人员 Teaching	公有企事业单位在岗职工（万人） Staff and Workers in State-owned Enterprises (10 000 persons)	平均每万名职工中专业技术人员 Technical Personnel per 10 000 Employees
1997	28603117	20495006	5719337	611458	302684	3213762	10647765	9723	2942
1998	28773511	20913343	5656735	635929	290537	3254958	11075184	7766	3705
1999	29042988	21430140	5654863	654138	283532	3329706	11507901	7286	3986
2000	28874159	21650807	5551098	670105	274506	3371966	11783132	6820	4234
2001	28477431	21698037	5316327	674644	265554	3390233	12051279	6355	4481
2002	28344158	21860024	5289166	666998	262692	3402326	12238842	5890	4812
2003	27745585	21739699	4992867	683437	275496	3441109	12346790	5575	4977
2004	27504073	21783019	4807869	704576	282002	3532282	12456290	5375	5117
2005	27567260	21978684	4791227	705720	311166	3581181	12589390	5161	5341
2006	27739287	22298171	4893672	701930	326728	3612091	12763750	5085	5455
2007	28014657	22545110	5017747	701481	349208	3640554	12836120	5044	5554
2008	28635696	23098880	5176798	715774	368655	3888273	12949380	5006	5720
2009	28879635	23211769	5310622	714720	388150	3929037	12869240	5508	5244
2010	28157323	22697107	5415126	688651	339676	3840124	12413530	5525	5096
2011	29186650	23569312	5715561	714489	403853	4107373	12628036	5707	5114
2012	29774237	23874234	5950025	711841	416231	4144889	12651248	5764	5166
2013	30259517	24389488	6140240	733474	432018	4276401	12807355	5257	5756
2014	30611006	24675742	6341035	729434	438853	4294558	12871862	5145	5950
2015	30878358	24887415	6448210	722205	451096	4369822	12896082	4960	6226
2016	30940421	24926488	6494484	720627	462200	4372053	12877124	4860	6366

注：2008年及以前年份统计口径为“国有企事业单位”，不包含集体企事业单位情况。

Note: The statistics range before 2008 contain only state-owned enterprises and institutions and does not contain collective-owned enterprises and institutions.

1-20 公有经济企事业单位分行业专业技术人员(2016年)
Technical Personnel in State-owned and Collective-owned Enterprises and Institutions by Industrial Sector (2016)

单位：万人 (10 000 persons)

行 业	Industry	合 计 Total	企 业 Enterprise	事 业 Institution
总 计	**Total**	**3094.0**	**1008.0**	**2086.0**
农林牧渔业	Farming, Forestry, Animal Husbandry and Fishery	105.9	19.3	86.6
采矿业	Mining	92.7	92.1	0.6
制造业	Manufacturing	181.0	180.6	0.4
电力、煤气及水的生产和供应业	Production and Distribution of Electricity,Gas and Water	76.2	74.9	1.3
建筑业	Construction	139.8	132.0	7.9
批发和零售业	Wholesale and Retail Trade	34.7	34.4	0.3
交通运输、仓储和邮政业	Traffic,Transport, Storage and Post	102.4	79.7	22.8
住宿和餐饮业	Information Transfer,Software and Information	3.1	2.7	0.4
信息传输、软件和信息技术服务业	Information Transfer,Software and Information Technology Services	66.1	63.4	2.7
金融业	Finance	245.6	240.4	5.2
房地产业	Real Estate	16.4	13.6	2.8
租赁和商务服务业	Tenancy and Business Services	7.3	6.2	1.0
科学研究和技术服务业	Scientific Research, Technical Service	110.4	36.0	74.3
水利、环境和公共设施管理业	Management of Water Conservancy, Environment	46.6	5.8	40.8
居民服务、修理和其他服务业	Resident Services and Other Services	10.8	5.4	5.4
教育	Education	1315.0	2.2	1312.8
卫生和社会工作	Sanitation and Social Works	417.0	6.7	410.3
文化、体育和娱乐业	Culture, Sports and Entertainment	62.0	10.8	51.2
公共管理、社会保障和社会组织	Public Management and Social Organization	60.9	1.7	59.2
国际组织	International Organizations			

1-21 各地区公有经济企事业单位专业技术人员(2016年)

Technical Personnel in State-owned and Collective-owned Enterprises and Institutions by Region (2016)

单位：人 (person)

地区	Region	合计 Total	小计 Subtotal	工程技术 Engineering	农业技术 Agriculture	科学研究 Scientific Research	卫生技术 Health Care	教学人员 Teaching
全国	**National Total**	**30940421**	**24926488**	**6494484**	**720627**	**462200**	**4372053**	**12877124**
东部地区	Eastern Region	9013492	7716660	1253182	160337	72668	1669009	4561464
中部地区	Middle Region	5613712	5052809	664648	136531	23787	971476	3256367
西部地区	Western Region	6691664	6056083	819798	288521	39472	1109871	3798421
东北地区	Northeast Region	1952101	1717951	270147	94445	20000	355334	978025
北京	Beijing	533737	414296	127370	4400	8408	98450	175668
天津	Tianjin	307527	259624	65809	2943	4683	60269	125920
河北	Hebei	1163224	1042090	130576	26379	4293	184948	695894
山西	Shanxi	903398	759968	192515	22836	4500	126100	414017
内蒙古	Inner Mongolia	546717	486842	65784	24839	3362	91353	301504
辽宁	Liaoning	702129	620499	94625	22899	6148	137400	359427
吉林	Jilin	537388	475490	62436	29991	6807	94737	281519
黑龙江	Heilongjiang	712584	621962	113086	41555	7045	123197	337079
上海	Shanghai	696468	435158	142476	3895	6902	105695	176190
江苏	Jiangsu	1184225	1059530	117747	24416	10017	234610	672740
浙江	Zhejiang	1018462	877759	121659	15972	6438	252162	481528
安徽	Anhui	833245	751697	101844	19683	3201	132630	494339
福建	Fujian	694074	602715	86827	11973	8798	114527	380590
江西	Jiangxi	725211	658840	77917	16908	3163	127376	433476
山东	Shandong	1735820	1509921	282820	53148	15217	288105	870631
河南	Henan	1390638	1280851	122304	32359	5306	214341	906541
湖北	Hubei	794417	730993	73097	15741	3368	175566	463221
湖南	Hunan	966803	870460	96971	29004	4249	195463	544773
广东	Guangdong	1539232	1386623	169250	13211	7340	303633	893189
广西	Guangxi	748828	689160	92386	17549	3889	128552	446784
海南	Hainan	140723	128944	8648	4000	572	26610	89114
重庆	Chongqing	483251	428777	58238	14646	2129	79815	273949
四川	Sichuan	1160821	1068656	125348	45499	9659	213305	674845
贵州	Guizhou	689478	625120	70320	25013	2763	104319	422705
云南	Yunnan	827114	761270	119290	40499	5324	129619	466538
西藏	Tibet	84219	71445	4730	9289	769	12008	44649
陕西	Shaanxi	778895	674155	123890	33695	3731	119925	392914
甘肃	Gansu	572747	523274	72071	30652	2814	86709	331028
青海	Qinghai	132917	120520	24412	8443	829	26417	60419
宁夏	Ningxia	133410	117951	14985	8462	1297	22548	70659
新疆	Xinjiang	533267	488913	48344	29935	2906	95301	312427

注：全国数据包含中央属及地方属单位的专业技术人员，分地区数据只含地方属单位。

Note: The national data indude the professional technical personnel belonging to the central government and local units,and the regional data contain only local units.

1-22 分学科研究生情况（2016年）
Number of Postgraduate Students by Field of Study (2016)

单位：人 (person)

项 目	Item	毕业生数 Graduates	博 士 Doctor's Degree	硕 士 Master's Degree	招生数 Entrants	博 士 Doctor's Degree	硕 士 Master's Degree	在 校 学生数 Enrolment	博 士 Doctor's Degree	硕 士 Master's Degree
分学科研究生数（总计）	**Total**	**563938**	**55011**	**508927**	**667064**	**77252**	**589812**	**1981051**	**342027**	**1639024**
#女	Female	291037	21535	269502	354577	31639	322938	1003110	132132	870978
#学术型学位	Academic Degree	344415	52700	291715	384938	74743	310195	1245286	333076	912210
#专业学位	Professional Degree	219523	2311	217212	282126	2509	279617	735765	8951	726814
哲 学	Philosophy	3879	633	3246	4319	853	3466	14568	4165	10403
经济学	Economics	26978	2046	24932	30396	2809	27587	82970	13600	69370
法 学	Law	39576	2661	36915	43531	3834	39697	127775	17769	110006
教育学	Education	31427	1023	30404	37569	1452	36117	97878	6480	91398
文 学	Literature	31123	1852	29271	33561	2520	31041	95309	11399	83910
历史学	History	5164	674	4490	5884	997	4887	19135	4794	14341
理 学	Science	51437	11589	39848	66199	16084	50115	203901	63409	140492
工 学	Engineering	196827	19067	177760	232624	29643	202981	712357	141776	570581
农 学	Agriculture	21795	2445	19350	26957	3480	23477	71423	14291	57132
医 学	Medicine	65798	9211	56587	79341	10463	68878	227162	36427	190735
军事学	Military Science	195	24	171	185	29	156	663	168	495
管理学	Administrators	71998	3237	68761	85047	4369	80678	265871	24954	240917
艺术学	Art	17741	549	17192	21451	719	20732	62039	2795	59244
分学科研究生数（普通高校）	**Regular HEIs**	**556401**	**53641**	**502760**	**658510**	**75240**	**583270**	**1954755**	**334160**	**1620595**
#女	Female	287938	21060	266878	350724	30908	319816	992272	129459	862813
#学术型学位	Academic Degree	338426	51330	287096	378263	72736	305527	1223522	325214	898308
#专业学位	Professional Degree	217975	2311	215664	280247	2504	277743	731233	8946	722287
哲 学	Philosophy	3759	597	3162	4161	794	3367	14073	3954	10119
经济学	Economics	26336	1881	24455	29591	2555	27036	80625	12583	68042
法 学	Law	38701	2514	36187	42488	3566	38922	124729	16889	107840
教育学	Education	31427	1023	30404	37569	1452	36117	97878	6480	91398
文 学	Literature	31032	1813	29219	33445	2464	30981	94973	11231	83742
历史学	History	5039	647	4392	5731	960	4771	18714	4663	14051
理 学	Science	50811	11421	39390	65454	15839	49615	201557	62499	139058
工 学	Engineering	194116	18673	175443	229928	29118	200810	703194	139209	563985
农 学	Agriculture	21014	2270	18744	26023	3208	22815	68613	13380	55233
医 学	Medicine	65180	9093	56087	78643	10321	68322	225097	35969	189128
军事学	Military Science	194	24	170	184	29	155	660	168	492
管理学	Administrators	71217	3182	68035	84016	4273	79743	263156	24541	238615
艺术学	Art	17575	503	17072	21277	661	20616	61486	2594	58892
分学科研究生数（科研机构）	**Research Institutions**	**7537**	**1370**	**6167**	**8554**	**2012**	**6542**	**26296**	**7867**	**18429**
#女	Female	3099	475	2624	3853	731	3122	10838	2673	8165
#学术型学位	Academic Degree	5989	1370	4619	6675	2007	4668	21764	7862	13902
#专业学位	Professional Degree	1548		1548	1879	5	1874	4532	5	4527
哲 学	Philosophy	120	36	84	158	59	99	495	211	284
经济学	Economics	642	165	477	805	254	551	2345	1017	1328
法 学	Law	875	147	728	1043	268	775	3046	880	2166
教育学	Education									
文 学	Literature	91	39	52	116	56	60	336	168	168
历史学	History	125	27	98	153	37	116	421	131	290
理 学	Science	626	168	458	745	245	500	2344	910	1434
工 学	Engineering	2711	394	2317	2696	525	2171	9163	2567	6596
农 学	Agriculture	781	175	606	934	272	662	2810	911	1899
医 学	Medicine	618	118	500	698	142	556	2065	458	1607
军事学	Military Science	1		1	1		1	3		3
管理学	Administrators	781	55	726	1031	96	935	2715	413	2302
艺术学	Art	166	46	120	174	58	116	553	201	352

1-23 普通本科分学科学生数（2016年）
Number of Students Regular Enrolled in Full Undergraduate Course by Field of Study (2016)

单位：人 (person)

项 目	Item	毕业生数 Graduates	招生数 Entrants	在校学生数 Enrolment
总 计	**Total**	**3743680**	**4054007**	**16129535**
#女	Female	1995345	2279299	8619566
#师范	Teacher Training	369501	356452	1468144
哲 学	Philosophy	2046	2866	9911
经济学	Economics	224165	236371	946488
法 学	Law	134880	139750	559597
教育学	Education	134202	155838	596697
文 学	Literature	374636	386342	1491599
#外语	Foreign Languages	204487	209267	795313
历史学	History	17946	18609	73777
理 学	Science	257436	281861	1085235
工 学	Engineering	1226730	1378558	5375655
农 学	Agriculture	64499	72529	279373
医 学	Medicine	234751	270173	1207311
管理学	Administrators	729175	720367	2966717
艺术学	Art	343214	390743	1537175

1-24 普通专科分学科学生数（2016年）
Number of Students Regular Enrolled in Specialized Courses by Field of Study (2016)

单位：人 (person)

项 目	Item	毕业生数 Graduates	招生数 Entrants	在校学生数 Enrolment
总 计	**Total**	**3298120**	**3432103**	**10828898**
#女	Female	1722508	1925097	5541438
#师范	Teacher Training	215159	193701	667532
农林牧渔大类	Agriculture,Forestry,Husbandry and Fishing	55911	57727	179040
资源环境与安全大类	Resources Environment and Safety	59693	41521	150107
能源动力与材料大类	Energy Power and Material	40176	38928	124093
土木建筑大类	Civil Engineering and Architecture	380770	268687	1010323
水利大类	Water Resources	13965	13389	42802
装备制造大类	Equipment Manufacturing	386263	393597	1301903
生物与化工大类	Biology and Chemical Engineering	42809	31234	117289
轻工纺织大类	Light Idustry and Textile	17206	16364	51878
食品药品与粮食大类	Food,Medicine and Grain	50289	56278	172504
交通运输大类	Transportation and Communication	150735	210564	587929
电子信息大类	Electronic Information	283440	408656	1104021
医药卫生大类	Medical and Health	373714	425334	1307628
财经商贸大类	Finance,Economics and Business	716563	729323	2363155
旅游大类	Tourism	102422	114986	340687
文化艺术大类	Culture and Arts	164272	163211	525817
新闻传播大类	Journalism and Communication	28837	30620	91606
教育与体育大类	Education and Sport	354196	351902	1118253
公安与司法大类	Public Security and Justice	48192	47069	141455
公共管理与服务大类	Public Administration and Service	28667	32713	98408

1-25 中国科学院院士和中国工程院院士
Academicians of China Academy of Sciences and Academicians of China Academy of Engineering

单位：人 (person)

项 目	Item	2003	2004	2005	2006	2007	2008	2009	2010	2011	2012	2013	2014	2015	2016
中国科学院院士合计①	**Academicians of China Academy of Sciences**	**685**	**672**	**706**	**692**	**709**	**692**	**714**	**694**	**727**	**710**	**750**	**730**	**777**	**753**
数学物理学部	Division of Mathematics and Physics	128	126	130	130	135	134	137	133	139	136	143	139	148	144
化学部	Division of Chemistry	119	119	125	121	124	120	125	121	126	123	128	125	131	124
生命科学和医学学部	Division of Life Sciences and Medical Sciences	122	117	126	123	129	124	126	120	128	124	132	131	143	140
地学部	Division of Earth Sciences	117	113	119	117	117	113	116	112	119	116	124	122	127	124
信息技术科学部	Division of Information Technological Sciences		76	81	79	80	79	83	82	83	82	88	85	90	88
技术科学部	Division of Technological Sciences	199	121	125	122	124	122	127	126	132	129	135	128	138	133
中国工程院院士合计	**Academicians of China Academy of Engineering**	**660**	**655**	**701**	**694**	**718**	**711**	**749**	**736**	**766**	**763**	**802**	**786**	**836**	**822**
机械与运载工程学部	Division of Mechanical and Vehicle Engineering	96	96	104	102	105	103	106	105	110	110	117	115	121	119
信息与电子工程学部	Division of Information and Electronic Engineering	105	104	107	106	105	105	108	106	110	109	114	113	120	118
化工、冶金与材料工程学部	Division of Chemical, Metallurgic and Material	88	88	93	92	94	92	95	93	98	98	101	98	104	103
能源与矿业工程学部	Division of Energy and Mining Engineering	88	88	95	94	95	95	100	98	102	102	107	105	113	112
土木、水利与建筑工程学部	Division of Civil , Hydraulic and Architecture Engineering	87	86	93	93	97	96	100	98	101	101	105	103	108	104
环境与轻纺工程学部②	Division of Environment, Light and Textile Industries Engineering	92	91	97	95	37	36	42	41	43	43	47	46	51	51
农业学部	Division of Agriculture					64	64	70	70	71	71	74	72	75	71
医药与卫生学部	Division of Medical and Health	96	94	101	101	107	107	112	109	112	110	115	112	116	116
工程管理学部③	Division of Engineering Management	36	36	39	39	41	41	44	44	46	46	48	49	55	54

注：① 2006年中国科学院另有53位外籍院士。
② 2007年以前数据包括农业学部。
③ 2013年和2016年工程管理学部中有26人是跨学部院士；2011年、2012年、2014年和2015年工程管理学部中有27人是跨学部院士。

1-26　中国科学院全体院士名单

一、数学物理学部(144人)

艾国祥	白以龙	陈 彪	陈和生	陈佳洱	陈建生	陈木法	陈难先	陈十一	陈式刚
陈恕行	陈仙辉	陈永川	程开甲	崔向群（女）	戴元本	邓小刚	杜江峰	鄂维南	范海福
方 成	方守贤	冯 端	甘子钊	高鸿钧	葛墨林	龚昌德	郭柏灵	郭尚平	郝柏林
何祚庥	贺贤土	洪朝生	洪家兴	胡和生（女）	胡仁宇	霍裕平	江 松	姜伯驹	解思深
景益鹏	邝宇平	李安民	李邦河	李大潜	李德平	李方华（女）	李家春	李家明	李惕碚
励建书	林 群	龙以明	罗 俊	罗民兴	吕 敏	马志明	闵乃本	莫毅明	欧阳颀
欧阳钟灿	潘建伟	彭实戈	曲钦岳	沈文庆	沈学础	石钟慈	苏定强	苏肇冰	孙昌璞
孙 鑫	孙义燧	汤定元	唐孝威	陶瑞宝	田 刚	童秉纲	万哲先	汪承灏	汪景琇
王鼎盛	王恩哥	王广厚	王乃彦	王诗宬	王世绩	王绶琯	王 迅	王业宁（女）	王贻芳
王 元	王梓坤	魏宝文	文 兰	吴文俊	吴岳良	武向平	席南华	夏道行	向 涛
谢心澄	邢定钰	熊大闰	徐叙瑢	徐至展	严加安	杨福家	杨国桢	杨 乐	杨应昌
叶朝辉	叶叔华（女）	于 渌	于 敏	俞昌旋	袁亚湘	詹文龙	张殿琳	张恭庆	张涵信
张焕乔	张 杰	张平文	张仁和	张淑仪（女）	张维岩	张伟平	张裕恒	张肇西	张宗烨（女）
章 综	赵光达	赵政国	赵忠贤	郑厚植	郑晓静（女）	周光召	周 恒	周向宇	周又元
周毓麟	朱邦芬	朱诗尧	邹广田						

二、化学部(124人)

安立佳	白春礼	包信和	曹 镛	查全性	柴之芳	陈洪渊	陈家镛	陈俊武	陈凯先
陈庆云	陈小明	陈新滋	陈 懿	程津培	程镕时	戴立信	丁奎岭	段 雪	方维海
费维扬	冯守华	冯小明	高 松	郭景坤	韩布兴	何国钟	何鸣元	洪茂椿	侯建国
胡 英	黄本立	黄春辉（女）	黄乃正	计亮年	江桂斌	江 雷	江 龙	江 明	蒋锡夔
黎乐民	李 灿	李洪钟	李静海	李亚栋	李永舫	李玉良	梁敬魁	林国强	刘若庄
刘元方	刘云圻	刘忠范	卢佩章	陆熙炎	麻生明	麦松威	倪嘉缵	彭少逸	钱逸泰
任詠华（女）	沙国河	申泮文	沈家骢	沈之荃（女）	宋礼成	苏 锵	孙世刚	谭蔚泓	唐本忠
唐 勇	唐有祺	田 禾	田昭武	田中群	佟振合	涂永强	万惠霖	万立骏	汪尔康
王方定	王佛松	王 夔	吴 奇	吴新涛	吴养洁	吴云东	席振峰	谢 毅（女）	谢毓元
徐如人	严纯华	颜德岳	杨秀荣（女）	杨学明	杨玉良	姚建年	姚守拙	于吉红（女）	余国琮
俞汝勤	袁承业	袁 权	张存浩	张洪杰	张礼和	张俐娜（女）	张乾二	张锁江	张 涛
张 希	张玉奎	赵东元	赵进才	赵玉芬（女）	郑兰荪	支志明	周其凤	周其林	周同惠
朱道本	朱起鹤	朱清时	卓仁禧						

三、生命科学和医学学部(140人)

曹文宣	曹晓风（女）	曾益新	曾 毅	常文瑞	陈国强	陈可冀	陈 霖	陈润生	陈文新（女）
陈晓亚	陈孝平	陈宜瑜	陈宜张	陈义汉	陈 竺	陈子元	程和平	邓子新	段树民
方精云	方荣祥	高 福	葛均波	桂建芳	郭爱克	韩 斌	韩济生	韩家淮	韩启德
贺福初	贺 林	赫 捷	洪德元	洪国藩	侯凡凡（女）	黄路生	蒋有绪	金国章	金 力
鞠 躬	康 乐	孔祥复	匡廷云（女）	李朝义	李季伦	李家洋	李 林	李 蓬（女）	李振声
梁栋材	梁智仁	林鸿宣	林其谁	刘建康	刘新垣	刘以训	刘允怡	卢永根	陆士新
毛江森	孟安明	裴 钢	戚正武	强伯勤	饶子和	尚永丰	邵 峰	沈善炯	沈 岩
沈允钢	沈自尹	施教耐	施一公	施蕴渝（女）	石元春	舒红兵	宋微波	苏国辉	隋森芳
孙大业	孙汉董	孙曼霁	孙儒泳	唐崇惕（女）	唐守正	田 波	童坦君	汪忠镐	王大成
王恩多（女）	王福生	王文采	王正敏	王志新	王志珍（女）	魏江春	魏于全	吴常信	吴孟超
吴 旻	吴祖泽	武维华	谢华安	谢联辉	徐国良	许智宏	薛社普	阎锡蕴（女）	杨福愉
杨焕明	杨雄里	姚开泰	叶玉如（女）	尹文英（女）	印象初	翟中和	张春霆	张明杰	张启发
张新时	张 旭	张学敏	张亚平	张永莲（女）	张友尚	赵国屏	赵继宗	赵进东	赵玉沛
郑光美	郑儒永（女）	郑守仪（女）	周 俊	周 琪	朱玉贤	朱兆良	朱作言	庄巧生	庄文颖（女）

四、地学部(124人)

安芷生　曾庆存　曾融生　常印佛　巢纪平　陈大可　陈发虎　陈俊勇　陈 骏　陈晓非
陈 旭　陈 颙　陈运泰　程国栋　丑纪范　崔 鹏　戴金星　邓起东　丁国瑜　丁仲礼
冯士筰　符淙斌　傅伯杰　高 俊　高 锐　龚健雅　郭华东　郭正堂　郝 芳　胡敦欣
黄荣辉　贾承造　焦念志　金振民　金之钧　李崇银　李德仁　李德生　李吉均　李曙光
李廷栋　林学钰（女）　刘宝珺　刘昌明　刘丛强　刘光鼎　刘嘉麒　陆大道　吕达仁　马 瑾（女）
马宗晋　莫宣学　穆 穆　欧阳自远　彭平安　秦大河　邱占祥　任纪舜　戎嘉余　沈其韩
沈树忠　石广玉　石耀霖　舒德干　苏纪兰　孙鸿烈　孙 枢　陶 澍　滕吉文　童庆禧
涂传诒　万卫星　汪集旸　汪品先　王成善　王德滋　王会军　王 水　王铁冠　王 颖（女）
魏奉思　文圣常　吴福元　吴国雄　吴立新　吴新智　伍荣生　夏 军　肖序常　谢学锦
徐冠华　许厚泽　许志琴（女）　薛禹群　杨树锋　杨文采　杨元喜　姚檀栋　姚振兴　叶大年
叶嘉安　殷鸿福　於崇文　袁道先　翟明国　翟裕生　张国伟　张 经　张弥曼（女）　张培震
张人禾　赵柏林　赵鹏大　赵其国　郑 度　郑永飞　钟大赉　周成虎　周卫健（女）　周秀骥
周志炎　周忠和　朱日祥　朱显谟

五、信息技术科学部(88人)

包为民　保 铮　陈定昌　陈桂林　陈国良　陈翰馥　陈俊亮　陈星弼　陈星旦　褚君浩
戴汝为　董韫美　房建成　干福熹　龚旗煌　顾 瑛（女）　郭光灿　郭 雷　郝 跃　何积丰
侯朝焕　侯 洵　怀进鹏　黄宏嘉　黄 琳　黄民强　黄 如（女）　黄 维　简水生　姜 杰（女）
金亚秋　匡定波　雷啸霖　李启虎　李树深　李 未　李衍达　林惠民　林尊琪　刘国治
刘 明（女）　刘盛纲　刘颂豪　刘永坦　陆建华　陆汝钤　陆元九　吕 建　梅 宏　彭堃墀
秦国刚　沈绪榜　宋 健　谭铁牛　王家骐　王立军　王启明　王 巍　王 圩　王阳元
王永良　王育竹　王 越　王占国　王之江　吴德馨（女）　吴宏鑫　吴培亨　吴一戎　夏建白
徐宗本　许宁生　薛永祺　杨芙清（女）　杨学军　姚建铨　尹 浩　张 钹　张景中　张嗣瀛
郑建华　郑耀宗　郑有炓　周炳琨　周巢尘　周兴铭　周志鑫　朱中梁

六、技术科学部(133人)

蔡其巩　曹楚南　曹春晓　常 青　陈创天　陈维江　陈学俊　陈云敏　陈祖煜　成会明
程耿东　程时杰　丁 汉　都有为　范守善　方岱宁　高德利　高镇同　葛昌纯　顾秉林
顾诵芬　顾逸东　过增元　韩杰才　韩祯祥　何满潮　何雅玲（女）　胡海岩　胡文瑞　胡聿贤
黄克智　姜中宏　金红光　金展鹏　柯 俊　赖远明　李济生　李述汤　李 天　李依依（女）
李应红　林 皋　刘宝镛　刘广均　刘维民　刘竹生　柳百新　卢 柯　卢 强　路甬祥
雒建斌　闵桂荣　南策文　倪晋仁　欧阳予　潘际銮　彭一刚　齐 康　邱大洪　邱 勇
任露泉　任新民　申长雨　沈保根　沈志云　宋家树　宋玉泉　宋振骐　孙家栋　孙 钧
唐叔贤　陶文铨　汪 耕　汪卫华　王补宣　王崇愚　王大中　王淀佐　王光谦　王立鼎
王希季　王锡凡　王 曦　王自强　魏炳波　温诗铸　闻邦椿　吴承康　吴良镛　吴硕贤
伍小平（女）　邢球痕　熊有伦　徐建中　徐性初　徐祖耀　宣益民　薛其坤　闫楚良　严陆光
杨叔子　杨 卫　杨 槱　姚 熹　叶恒强　叶培建　于起峰　余梦伦　俞大鹏　俞鸿儒
翟婉明　张楚汉　张统一　张兴钤　张佑启　张 泽　赵淳生　郑 平　郑时龄　郑哲敏
钟万勰　周国治　周孝信　周尧和　周 远　朱 荻　朱 静（女）　朱森元　朱位秋　祝世宁
庄逢辰　邹世昌　邹志刚

1-27 中国工程院全体院士名单

一、机械与运载工程学部(119人)

陈学东	丁荣军	董春鹏	杜善义	樊会涛	冯培德	甘晓华	高金吉	关 杰	郭东明
侯 晓	黄瑞松	黄先祥	蒋庄德	金东寒	李椿萱	李德群	李 骏	李魁武	李培根
李 钊	林忠钦	刘大响	刘人怀	刘怡昕	刘永才	刘友梅	龙乐豪	卢秉恒	路甬祥
马伟明	邱志明	孙 聪	谭建荣	唐长红	田红旗(女)	王华明	王玉明	吴有生	徐德民
杨德森	杨凤田	杨华勇	杨绍卿	尹泽勇	尤 政	张 军	张立同(女)	张彦仲	赵 煦
钟志华	周 济	朱能鸿	朱英富						

资深院士:

艾 兴	陈懋章	陈一坚	陈予恕	丁衡高	段正澄	朵英贤	范本尧	高伯龙	顾国彪
顾诵芬	管 德	关 桥	郭重庆	郭孔辉	何友声	胡正寰	黄崇祺	黄文虎	黄旭华
乐嘉陵	李鹤林	李鸿志	李 明	梁晋才	林尚扬	林宗虎	柳百成	陆元九	孟执中
闵桂荣	潘健生	潘镜芙	戚发轫	钱清泉	饶芳权	阮雪榆	沈闻孙	沈志云	苏哲子
孙敬良	唐任远	涂铭旌	王 浚	汪顺亭	王兴治	王永志	汪槱生	王哲荣	温俊峰
谢友柏	徐滨士	徐芑南	徐志磊	杨士莪	于本水	臧克茂	曾广商	张福泽	张贵田
张金麟	钟 掘(女)	钟群鹏	周勤之	朱英浩					

二、信息与电子工程学部(118人)

贲 德	柴天佑	陈 纯	陈 鲸	陈良惠	陈志杰	陈左宁(女)	戴 浩	邓中翰	丁文华
段宝岩	樊邦奎	范滇元	方滨兴	方家熊	费爱国	封锡盛	高 文	龚惠兴	宫先仪
桂卫华	郭桂蓉	何新贵	何 友	姜会林	李伯虎	李德仁	李德毅	李国杰	李天初
李同保	廖湘科	刘 玠	刘韵洁	卢锡城	吕跃广	马远良	倪光南	潘云鹤	沈昌祥
孙家广	孙优贤	王恩东	王天然	王小谟	韦 钰(女)	吴 澄	邬贺铨	邬江兴	吴建平
吴曼青	吴伟仁	吾守尔.斯拉木	徐扬生	许祖彦	杨士中	杨小牛	叶尚福	于 全	余少华
张广军	张明高	张尧学	张钟华	赵沁平	郑南宁	庄松林			

资深院士:

蔡鹤皋	蔡吉人	陈敬熊	陈俊亮	高 洁	龚知本	何德全	胡光镇	胡启恒(女)	黄培康
姜景山	姜文汉	金国藩	金怡濂	李乐民	李三立	李幼平	梁骏吾	林祥棣	林永年
凌永顺	刘尚合	刘永坦	陆建勋	毛二可	潘君骅	宋 健	苏君红	孙 玉	孙忠良
童志鹏	汪成为	王任享	王 越	王子才	魏正耀	魏子卿	许居衍	姚骏恩	叶铭汉
叶声华	张光义	张履谦	张锡祥	赵伊君	赵梓森	钟 山	周立伟	周寿桓	周仲义
朱高峰									

三、化工、冶金与材料工程学部(103人)

才鸿年	曹湘洪	陈芬儿	陈建峰	陈立泉	陈祥宝	丁文江	付贤智	干 勇	高从堦
何季麟	胡永康	黄伯云	蹇锡高	姜德生	江东亮	李大东	李冠兴	李 卫	李言荣
李元元	李仲平	刘炯天	刘中民	毛新平	欧阳平凯	钱 锋	钱旭红	邱定蕃	邱冠周
桑凤亭	沈寅初	舒兴田	孙传尧	谭天伟	屠海令	王国栋	王海舟	王静康(女)	汪旭光
王一德	王迎军(女)	王玉忠	王震西	翁宇庆	吴以成	谢建新	徐德龙	徐惠彬	徐匡迪
徐南平	薛群基	袁晴棠(女)	张生勇	张文海	张兴栋	张耀明	赵连城	赵振业	周克崧
周 廉	周 玉								

资深院士:

陈丙珍(女)	陈 景	陈清如	陈蕴博	崔 崑	戴永年	丁传贤	傅恒志	顾真安	关兴亚
侯芙生	金 涌	柯 伟	李东英	李恒德	李俊贤	李龙土	李正邦	李正名	刘伯里
刘业翔	陆钟武	毛炳权	唐明述	王淀佐	汪燮卿	王泽山	武 胜	吴慰祖	徐承恩
杨启业	殷国茂	殷瑞钰	余永富	袁渭康	张国成	张寿荣	周光耀	朱永濬	邹 竞(女)
左铁镛									

四、能源与矿业工程学部(112人)

安继刚	蔡美峰	陈念念	陈森玉	陈 勇	邓运华	杜祥琬	多 吉	樊明武	范维澄
顾大钊	古德生	顾金才	郭剑波	韩英铎	何多慧	黄其励	蒋洪德	康红普	雷清泉
李根生	李建刚	李立浧	李晓红	李 阳	李焯芬	刘吉臻	罗 安	罗平亚	马永生
欧阳晓平	彭苏萍	彭先觉	邱爱慈(女)	沈国荣	苏万华	苏义脑	孙承纬	孙龙德	唐西生
万元熙	闻雪友	武 强	夏佳文	谢和平	谢克昌	薛禹胜	杨奇逊	衣宝廉	于俊崇
袁 亮	袁士义	岳光溪	曾恒一	张铁岗	张信威	张玉卓	赵文智	赵宪庚	郑健超
周守为									

资深院士:

陈清泉	岑可法	常印佛	陈毓川	范维唐	傅依备	顾心怿	韩大匡	何继善	洪伯潜
胡见义	胡思得	金庆焕	康玉柱	李庆忠	梁维燕	刘宝琛	毛用泽	倪维斗	潘 垣
潘自强	裴荣富	彭士禄	钱皋韵	钱鸣高	钱绍钧	秦裕琨	邱中建	沈忠厚	孙玉发
汤中立	童晓光	王德民	王思敬	王仲奇	翁史烈	鲜学福	徐大懋	徐 銤	许绍燮
杨裕生	叶奇蓁	于润沧	余贻鑫	翟光明	张勇传	赵文津	郑绵平	周邦新	周世宁
周永茂									

五、土木、水利与建筑工程学部（104人）

陈政清 崔俊芝 崔恺 杜彦良 龚晓南 郭仁忠 何华武 何镜堂 胡春宏 黄卫
江欢成 江亿 李建成 梁文灏 刘加平 刘经南 刘先林 马国馨 马洪琪 孟建民
缪昌文 聂建国 钮新强 欧进萍 彭永臻 钱七虎 秦顺全 任辉启 任南琪 谭述森
王超 王复明 王浩 王建国 王景全 王梦恕 王瑞珠 王小东 吴中如 肖绪文
谢礼立 杨秀敏 杨永斌 张超然 张建云 张杰 郑健龙 郑皆连 郑守仁 钟登华
周丰峻 周福霖 周绪红

资深院士：

曹楚生 陈厚群 陈吉余 陈肇元 程泰宁 戴复东 董石麟 冯叔瑜 傅熹年 葛修润
关肇邺 韩其为 黄熙龄 李道增 李圭白 李玶 李猷嘉 廖振鹏 林元培 龙驭球
卢耀如 罗绍基 马克俭 茆智 孟兆祯 宁津生 钱正英（女） 容柏生 沙庆林 沈世钊
沈祖炎 施仲衡 孙伟（女） 王光远 王家耀 魏敦山 文伏波 吴良镛 项海帆 谢世楞
许其凤 叶可明 张锦秋（女） 张祖勋 郑颖人 郑哲敏 钟训正 周镜 周君亮 朱伯芳
邹德慈

六、环境与轻纺工程学部（51人）

陈克复 丁德文 丁一汇 段宁 方国洪 郝吉明 贺克斌 侯保荣 侯立安 李家彪
刘文清 孟伟 潘德炉 庞国芳 瞿金平 曲久辉 石碧 宋君强 孙宝国 孙晋良
魏复盛 吴清平 谢剑平 许健民 徐祥德 杨志峰 俞建勇 袁业立 岳国君 张全兴
张偲 张懿（女） 张远航 朱蓓薇（女）

资深院士：

蔡道基 陈联寿 季国标 蒋士成 金鉴明 金翔龙 李泽椿 刘鸿亮 伦世仪 钱易（女）
任阵海 汤鸿霄 唐孝炎（女） 王文兴 姚穆 郁铭芳 周翔（女）

七、农业学部（71人）

曹福亮 陈焕春 陈剑平 陈温福 陈学庚 程顺和 邓秀新 方智远 傅廷栋 官春云
管华诗 金宁一 康绍忠 李德发 李坚 李天来 李玉 刘秀梵 刘旭 罗锡文
麦康森 南志标 沈建忠 宋宝安 宋湛谦 孙九林 唐华俊 唐启升 万建民 吴孔明
夏咸柱 辛世文 颜龙安 尹伟伦 印遇龙 喻树迅 于振文 张改平 张洪程 张齐生
张新友 赵振东 朱英国 朱有勇

资深院士：

陈宗懋 戴景瑞 范云六（女） 盖钧镒 侯锋 蒋亦元 李佩成 李文华 林浩然 刘守仁
刘兴土 马建章 任继周 荣廷昭 山仑 沈国舫 石元春 石玉林 束怀瑞 汪懋华
王明庥 吴明珠（女） 向仲怀 徐洵（女） 袁隆平 张子仪 赵法箴

八、医药卫生学部（116人）

巴德年 曹雪涛 陈赛娟（女） 陈香美（女） 陈肇隆 陈志南 程京 程书钧 从斌 丁健
樊代明 范上达 付小兵 高长青 高润霖 顾晓松 顾玉东 韩德民 韩雅玲（女） 郝希山
侯惠民 胡盛寿 黄璐琦 郎景和 李春岩 李大鹏 李兰娟（女） 李松 廖万清 林东昕
刘昌孝 刘德培 刘耀 刘志红（女） 宁光 邱贵兴 阮长耿 桑国卫 沈倍奋（女） 沈祖尧
石学敏 孙颖浩 王辰 王广基 王红阳（女） 王威琪 王学浩 王永炎 吴以岭 夏照帆（女）
谢立信 徐建国 杨宝峰 杨胜利 于金明 袁国勇 曾溢滔 詹启敏 张伯礼 张心湜
张运 张志愿 郑树森 周宏灏 周良辅

资深院士：

陈灏珠 陈洪铎 陈冀胜 陈君石 陈亚珠（女） 程天民 池志强 戴尅戎 顾健人 郭应禄
洪涛 侯云德 胡亚美（女） 胡之璧（女） 黎介寿 李连达 李载平 刘彤华（女） 刘玉清 陆道培
卢世璧 彭司勋 秦伯益 邱蔚六 沈渔邨（女） 盛志勇 孙燕 唐希灿 汤钊猷 王琳芳（女）
王正国 王振义 闻玉梅（女） 吴德昌 吴天一 吴咸中 夏家辉 项坤三 肖碧莲（女） 肖培根
姚新生 于德泉 俞梦孙 俞永新 张金哲 赵铠 甄永苏 钟南山 钟世镇 朱晓东
庄辉

九、工程管理学部（54人，其中26人为跨学部院士）

巴德年 曹耀峰 柴洪峰 丁烈云 杜祥琬 傅志寰 郭桂蓉 胡文瑞 黄维和 金智新
凌文 刘德培 刘玠 刘人怀 栾恩杰 钱七虎 邵安林 孙永福 王安 王基铭
王礼恒 王陇德 王玉普 向巧（女） 徐匡迪 杨善林 袁晴棠（女） 赵晓哲 郑静晨 郑南宁
周建平

资深院士：

陈清泉 程天民 郭重庆 何继善 蒋士成 金鉴明 李东英 李京文 陆佑楣 罗绍基
饶芳权 沈荣骏 汪应洛 王众托 徐滨士 许庆瑞 徐寿波 叶可明 殷瑞钰 翟光明
张寿荣 朱高峰 朱晓东

二、工业企业

Industrial Enterprises

2-1 规模以上工业企业
Basic Statistics on Science and Technology Activities

指 标	Item	2000	2004	2008
企业基本情况	**Statistics on Industrial Enterprises**			
有R&D活动企业数(个)	Number of Enterprises Having R&D Activities(unit)	17272	17075	27278
有R&D活动企业所占比重(%)	Percentage of Enterprises Having R&D Activities to Total Number of Enterprises(%)	10.6	6.2	6.5
研究与试验发展(R&D)活动情况	**Statitstics on R&D Activities**			
R&D人员全时当量(万人年)	Full-time Equivalent of R&D Personnel (10 000 man-years)	43.9	54.2	123.0
R&D经费内部支出(亿元)	Expenditure on R&D(100 million yuan)	489.7	1104.5	3073.1
R&D经费内部支出与主营业务收入之比 (%)	Percentage of Expenditure on R&D to Sales Revenue(%)	0.58	0.56	0.61
R&D项目数(项)	R&D Projects(item)	65289	53641	143448
R&D项目经费内部支出(亿元)	Expenditure on R&D Projects (100 million yuan)	417.6	921.2	2902.0
企业办R&D机构情况	**Statistics on R&D Institutions**			
机构数(个)	Number of R&D Institutions(unit)	15529	17555	26177
机构人员数(万人)	R&D Personnel(10 000 persons)	60.1	64.4	130.4
机构经费支出(亿元)	Expenditure on R&D(100 million yuan)	435.8	841.6	2634.8
新产品开发及生产情况	**Statitstics on New Products Development and Production**			
新产品开发项目数(个)	Number of New Products(unit)	91880	76176	184859
新产品开发经费支出(亿元)	Expenditure on New Products Development (100 million yuan)	529.5	965.7	3676.0
新产品销售收入(亿元)	Sales Revenue of New Products (100 million yuan)	9369.5	22808.6	57027.1
#新产品出口	Export	1728.4	5312.2	14081.6
专利情况	**Statistics on Patents**			
专利申请数(件)	Patent Applications(piece)	26184	64569	173573
#发明专利	Inventions	7970	20456	59254
有效发明专利数(件)	Inventions In Force(piece)	15333	30315	80252
技术获取和技术改造情况	**Statistics on Technology Acquisition and Technology Reconstruction**			
引进国外技术经费支出(亿元)	Expenditure for Acquisition of Foreign Technology (100 million yuan)	304.9	397.4	466.9
引进技术消化吸收经费支出(亿元)	Expenditure for Assimilation of Technology (100 million yuan)	22.8	61.2	122.7
购买国内技术经费支出(亿元)	Expenditure for Purchase of Domestic Technology (100 million yuan)	34.5	82.5	184.2
技术改造经费支出(亿元)	Expenditure for Technical Renovation (100 million yuan)	1291.5	2953.5	4672.7

注：从2011年起，规模以上工业企业的统计范围从年主营业务收入为500万元及以上的法人工业企业调整为年主营业务收入为2000万元及以上的法人工业企业。以下各表同。

的科技活动基本情况
of Industrial Enterprises above Designated Size

2009	2011	2012	2013	2014	2015	2016
36387	37467	47204	54832	63676	73570	86891
8.5	11.5	13.7	14.8	16.9	19.2	23.0
144.7	193.9	224.6	249.4	264.2	263.8	270.2
3775.7	5993.8	7200.6	8318.4	9254.3	10013.9	10944.7
0.69	0.71	0.77	0.80	0.84	0.90	0.94
194400	232158	287524	322567	342507	309895	360997
3185.9	5052.0	6230.6	7294.5	8163.0	9146.7	10064.3
29879	31320	45937	51625	57199	62954	72963
155.0	181.6	226.8	238.8	246.4	266.8	292.4
2983.6	3957.0	5233.4	5941.5	6257.6	6793.9	7664.5
237754	266232	323448	358287	375863	326286	391872
4482.0	6845.9	7998.5	9246.7	10123.2	10270.8	11766.3
65838.2	100582.7	110529.8	128460.7	142895.3	150856.5	174604.2
11572.5	20223.1	21894.2	22853.5	26904.4	29132.7	32713.1
265808	386075	489945	560918	630561	638513	715397
92450	134843	176167	205146	239925	245688	286987
118245	201089	277196	335401	448885	573765	769847
422.2	449.0	393.9	393.9	387.5	414.1	475.4
182.0	202.2	156.8	150.6	143.2	108.4	109.2
203.4	220.5	201.7	214.4	213.5	229.9	208.0
4344.7	4293.7	4161.8	4072.1	3798.0	3147.6	3016.6

Note: From 2011, the statistics range of industrial enterprises above designated size change form the industrial enterprises with the sales revenue above 5 million RMB to the industrial enterprises with the sales revenue above 20 million RMB. The same applies to the following table.

2-2 按企业规模及登记注册类型分

Basic Statistics on Industrial Enterprises above

单位：个，人，万元

注册类型	Type of Registration	企业数 Number of Industrial Enterprises above Designated Size	#有研发机构的企业数 Number of Enterprises Having R&D Institutions	#有R&D活动的企业数 Number of Enterprises Having R&D Activities
总　计	**Total**	**378579**	**61765**	**86891**
#大型企业	Large-sized Industrial Enterprises	9644	4987	6017
中型企业	Medium-sized Industrial Enterprises	52669	15760	20452
内资企业	**Domestic Funded**	**329026**	**50219**	**72452**
国有企业	State-owned Enterprises	2441	294	490
集体企业	Collective-owned Enterprises	2091	142	184
股份合作企业	Cooperative Enterprises	946	100	184
联营企业	Joint Ownership Enterprises	111	7	11
国有联营企业	State Joint Ownership Enterprises	10	3	4
集体联营企业	Collective Joint Ownership Enterprises	49	1	2
国有与集体联营企业	Joint State-collective Enterprises	23	2	3
其他联营企业	Other Joint Ownership Enterprises	29	1	2
有限责任公司	Limited Liability Corporations	96247	13787	21196
国有独资公司	State Sole Funded Corporations	3438	668	1027
其他有限责任公司	Other Limited Liability Corporations	92809	13119	20169
股份有限公司	Share-holding Corporations Ltd.	12001	4240	5830
私营企业	Private Enterprises	214309	31594	44485
私营独资企业	Private-funded Enterprises	12337	826	1100
私营合伙企业	Private Partnership Enterprises	2102	82	150
私营有限责任公司	Private Limited Liability Corporations	190690	28499	40159
私营股份有限公司	Private Share-holding Corporations Ltd.	9180	2187	3076
其他企业	Other Enterprises	880	55	72
港澳台商投资企业	**Enterprises with Funds from Hong Kong, Macau and Taiwan**	**23429**	**5483**	**6730**
与港澳台商合资经营企业	Joint-venture Enterprises with Funds from Hong Kong, Macau and Taiwan	7037	2042	2656
与港澳台商合作经营企业	Cooperative Enterprises with Funds from Hong Kong, Macau and Taiwan	580	95	127
港澳台商独资经营企业	Enterprises with Sole Funds from Hong Kong, Macau and Taiwan	15175	3149	3694
港澳台商投资股份有限公司	Share-holding Corporations Ltd. with Funds from Hong Kong, Macau and Taiwan	478	166	211
外商投资企业	**Foreign Funded Enterprises**	**26124**	**6063**	**7709**
中外合资经营企业	Joint-venture Enterprises	9037	2292	3213
中外合作经营	Cooperation Enterprises	540	83	117
外资企业	Enterprises with Sole Foreign Funds	15858	3519	4159
外商投资股份有限公司	Share-holding Corporations Ltd.with Foreign Funds	453	138	165

注：大型企业指同时满足年末从业人员人数在1000人及以上、年主营业务收入在4亿元及以上的工业企业；中型企业指年末从业人员人数介于300人(含)至1000人(不含),并且年主营业务收入介于2000万元(含)至4亿元(不含)的工业企业。

规上工业企业基本情况(2016年)
Designated Size by Scale and Registration Status (2016)

(unit, person, 10 000 yuan)

资产总计 Total Assets	主营业务收入 Revenue from Principal Business	#新产品 New Products	利润总额 Total Profits
10854451979	**11589935375**	**1746041534**	**719001215**
5078593310	4364414025	1103157149	267691326
2587850962	2864794257	370206403	194012196
8727297528	**9086173387**	**1208390782**	**542985224**
670478146	404937469	46783703	17403322
49217335	59193873	8379212	4331654
7697655	13216074	669875	1000456
1091890	2268834	73808	121948
284221	165400	27800	639
324029	727456	6845	47214
172001	202302	32838	-895
311640	1173675	6326	74989
4059304206	3450394051	494761828	187477880
913949509	470488113	67108647	19025333
3145354698	2979905938	427653181	168452547
1537498372	1038433889	267755911	76610974
2395445072	4101869458	389675620	254947478
73377219	181104041	3446542	13425080
13491830	28361080	450071	1909046
2071995185	3593044608	331202138	218131127
236580839	299359730	54576869	21482226
6564851	15859739	290826	1091511
882999878	**991728041**	**216260034**	**66041112**
327884253	336391466	75665012	24131400
17177864	23922606	1443032	2064938
474994354	583837786	126413080	34725580
51123750	39609360	11508899	4652371
1244154573	**1512033947**	**321390718**	**109974879**
602951491	704090448	190563565	57754621
21067498	24541983	3022294	1933081
550494297	727006033	114303509	46226702
62986128	48588260	12734725	3829234

Note: Large-sized industrial enterprises cover industrial enterprises with employed persons at the year-end above 1 000 and annual revenue from principal business above 400 million RMB; Medium-sized industrial enterprises cover industrial enterprises with employed persons between 300 and 1 000 and annual revenue from principal business between 20 million and 400 million RMB.

2-3 按行业分规上工业
Basic Statistics on Industrial Enterprises above

单位：个，人，万元

行 业	Industry	企业数 Number of Industrial Enterprises above Designated Size
总 计	**Total**	**378579**
煤炭开采和洗选业	Mining and Washing of Coal	5049
石油和天然气开采业	Extraction of Petroleum and Natural Gas	136
黑色金属矿采选业	Mining of Ferrous Metal Ores	1878
有色金属矿采选业	Mining of Non-ferrous Metal Ores	1654
非金属矿采选业	Mining and Processing of Nonmetal Ores	3634
农副食品加工业	Processing of Food from Agricultural Products	26010
食品制造业	Manufacture of Foods	9043
酒、饮料和精制茶制造业	Manufacture of Liquor, Beverages and Refined Tea	6962
烟草制品业	Manufacture of Tobacco	128
纺织业	Manufacture of Textile	19752
纺织服装、服饰业	Manufacture of Textile, Apparel and Accessories	15445
皮革、毛皮、羽毛及其制品和制鞋业	Manufacture of Leather, Fur, Feather and Related Products and Shoes	8727
木材加工和木、竹、藤、棕、草制品业	Processing of Timbers and Manufacture of Wood,Bamboo, Rattan, Palm and Straw	9123
家具制造业	Manufacture of Furniture	5777
造纸和纸制品业	Manufacture of Paper and Paper Products	6586
印刷和记录媒介复制业	Printing,Reproduction of Recording Media	5577
文教、工美、体育和娱乐用品制造业	Manufacture of Artworks, and Articles for Culture, Education, Sports and Recreation	9262
石油加工、炼焦和核燃料加工业	Processing of Petroleum ,Coking and Processing of Nucleus Fuel	1875
化学原料和化学制品制造业	Manufacture of Chemical Raw Material and Chemical Products	24584
医药制造业	Manufacture of Medicines	7540
化学纤维制造业	Manufacture of Chemical Fiber	1820
橡胶和塑料制品业	Manufacture of Rubber and Plastic	18298
非金属矿物制品业	Manufacture of Non-metallic Mineral Products	35026
黑色金属冶炼和压延加工业	Manufacture and Processing of Ferrous Metals	8499
有色金属冶炼和压延加工业	Manufacture and Processing of Non-ferrous Metals	7022
金属制品业	Manufacture of Metal Products	20748
通用设备制造业	Manufacture of General Purpose Machinery	23674
专用设备制造业	Manufacture of Special Purpose Machinery	17605
汽车制造业	Manufacture of Motor Vehicles	14499
铁路、船舶、航空航天和其他运输设备制造业	Manufacture of Railway Equipment, Ships, Aerospace Equipment and Other Transport Equipment	4947
电气机械和器材制造业	Manufacture of Electrical Machinery and Equipment	23601
计算机、通信和其他电子设备制造业	Manufacture of Computer, Communication and Other Electronic Equipment	15220
仪器仪表制造业	Manufacture of Measuring Instrument and Meter	4337
其他制造业	Other Manufacturing	1886
金属制品、机械和设备修理业	Repaire Service of Metal Products, Machinery and Equipment	374
电力、热力生产和供应业	Production and Supply of Electric Power and Heat Power	7266
燃气生产和供应业	Production and Distribution of Gas	1498
水的生产和供应业	Production and Distribution of Water	1741

企业基本情况(2016年)
Designated Size by Industrial Sector (2016)

(unit, person, 10 000 yuan)

#有研发机构的企业数 Number of Enterprises Having R&D Institutions	#有R&D活动的企业数 Number of Enterprises Having R&D Activities	资产总计 Total Assets	主营业务收入 Revenue from Principal Business	#新产品 New Products	利润总额 Total Profits
61765	**86891**	**10854451979**	**11589935375**	**1746041534**	**719001215**
124	237	533684466	223202484	4979234	11589929
28	36	199956581	64699576	952724	-5670526
37	94	96742882	60858259	338905	4109059
60	171	58784832	61747686	2294420	4595450
129	204	39955541	54354715	983409	4056976
2276	3309	339243236	688216945	33319428	36233491
1118	1708	154968300	239553823	16039336	20834262
687	1120	167615307	185380326	11330460	19085188
37	52	101967988	86848240	17742749	10381927
2581	3112	245228307	408442071	51746138	22856290
1513	1714	137480787	237413570	21944598	14282873
814	959	73962640	151630391	10857795	9880729
917	1036	64980200	147913292	6095458	9051495
584	693	55528207	87796381	9466171	5743911
691	999	141173205	146228201	20926495	8668659
602	864	59400485	80574799	6484639	5751063
1311	1709	89319651	169928804	13626197	10187607
246	394	263861941	345160736	26737036	18814513
5128	7348	760665056	872887960	117622696	51798907
2310	3607	287660840	281985870	54227527	31127079
484	584	71486808	77824760	18454130	3887478
2684	3761	226335778	324565490	37482146	20808076
2981	4534	508643868	619994468	33953918	42466560
1119	1501	635084146	619814414	71200326	17737215
1264	1934	399620258	533153183	69760133	19857157
3014	4352	273390490	402548396	39656071	24011743
5658	8196	432425596	481660084	89485475	31773882
4634	6793	368427272	374024458	64300459	22791612
2926	4448	684425862	812493376	254775542	68505173
1125	1663	236336217	192851603	64443442	11657511
6809	9215	631071307	736252068	194090806	51474153
5489	6853	790448932	996891903	348386662	50680351
1565	2262	87474931	94976517	21426113	8197818
247	386	21277965	27513040	2895710	1739768
47	79	22498369	12135937	2675727	160410
251	506	1344389273	549934480	2792641	41271414
36	71	82787242	60584260	510130	5043343
92	145	116476517	21354377	258053	2089750

2-4 各地区规上工业
Basic Statistics on Industrial Enterprises above

单位：个，人，万元

地区	Region	企业数 Number of Industrial Enterprises above Designated Size	#有研发机构的企业数 Number of Enterprises Having R&D Institutions	#有R&D活动的企业数 Number of Enterprises Having R&D Activities
全　国	**National Total**	**378579**	**61765**	**86891**
东部地区	Eastern Region	219523	47833	62145
中部地区	Middle Region	88686	9244	15190
西部地区	Western Region	52390	3936	7736
东北地区	Northeast Region	17980	752	1820
北　京	Beijing	3340	607	1155
天　津	Tianjin	5198	812	2051
河　北	Hebei	14764	1123	1701
山　西	Shanxi	3554	305	348
内蒙古	Inner Mongolia	4295	170	415
辽　宁	Liaoning	8019	411	1077
吉　林	Jilin	6003	164	361
黑龙江	Heilongjiang	3958	177	382
上　海	Shanghai	8351	592	1982
江　苏	Jiangsu	47899	20910	19186
浙　江	Zhejiang	40127	9387	14493
安　徽	Anhui	19833	3489	3839
福　建	Fujian	17262	1406	3486
江　西	Jiangxi	10938	1112	2214
山　东	Shandong	39563	3275	7090
河　南	Henan	23680	1738	2666
湖　北	Hubei	16297	1004	2979
湖　南	Hunan	14384	1596	3144
广　东	Guangdong	42682	9695	10928
广　西	Guangxi	5454	235	508
海　南	Hainan	337	26	73
重　庆	Chongqing	6783	924	1346
四　川	Sichuan	13818	805	1840
贵　州	Guizhou	5123	372	650
云　南	Yunnan	4190	465	879
西　藏	Tibet	108	5	10
陕　西	Shaanxi	5862	436	1071
甘　肃	Gansu	2097	184	453
青　海	Qinghai	593	39	57
宁　夏	Ningxia	1174	142	224
新　疆	Xinjiang	2893	159	283

企业基本情况(2016年)
Designated Size by Region (2016)

(unit, person, 10 000 yuan)

资产总计 Total Assets	主营业务收入 Revenue from Principal Business	#新产品 New Products	利润总额 Total Profits
10854451979	**11589935375**	**1746041534**	**719001215**
5819873828	6732615279	1213308787	446261131
2126885048	2569726899	324699482	149462275
2207874178	1719590576	142858527	101880598
699818925	568002620	65174739	21397212
430443349	197073842	40858562	16085208
250605806	258846112	56428282	20470851
445871389	473286261	39231360	28154731
338318787	143742074	10850063	2968358
312980370	202570409	7796103	13482206
360708132	220227869	33872375	5753280
189694654	234313690	26276146	12684904
149416139	113461062	5026218	2959028
398382369	343151474	90334750	29139106
1145309407	1565904493	280846698	105744435
694685606	654536276	213968302	44693593
334971413	421639327	73210508	22402970
320591074	425244322	40526601	28920984
221469259	361710264	31368046	24505335
1050403378	1506397690	163134209	88203737
597606281	792816567	61154137	52166879
379388104	458483923	67132019	27133476
255131204	391334744	80984709	20285258
1055939626	1291485622	286714109	83829822
159405201	221703785	19808824	13925723
27641824	16689189	1265915	1018664
202432707	234864446	50143454	16488009
415200441	415337554	30447284	23414854
143026191	111928522	5752002	8461664
194194040	101318576	6284487	3312116
11106497	1718230	78690	169397
308289059	210277338	12364855	15889994
119658409	77986833	3031098	638406
61437711	22444735	379404	800210
85211765	36461043	2026821	1432324
194931788	82979106	4745506	3865694

2-5 按企业规模及登记注册类型分

R&D Personnel in Industrial Enterprises above

单位：人，人年

注册类型	Type of Registration	R&D人员 R&D Personnel
总　　计	**Total**	**3867344**
#大型企业	Large-sized Industrial Enterprises	1736882
中型企业	Medium-sized Industrial Enterprises	1034151
内资企业	**Domestic Funded**	**3038869**
国有企业	State-owned Enterprises	105659
集体企业	Collective-owned Enterprises	9199
股份合作企业	Cooperative Enterprises	3066
联营企业	Joint Ownership Enterprises	291
国有联营企业	State Joint Ownership Enterprises	136
集体联营企业	Collective Joint Ownership Enterprises	42
国有与集体联营企业	Joint State-collective Enterprises	58
其他联营企业	Other Joint Ownership Enterprises	55
有限责任公司	Limited Liability Corporations	1251383
国有独资公司	State Sole Funded Corporations	195775
其他有限责任公司	Other Limited Liability Corporations	1055608
股份有限公司	Share-holding Corporations Ltd.	596028
私营企业	Private Enterprises	1071149
私营独资企业	Private-funded Enterprises	14535
私营合伙企业	Private Partnership Enterprises	1628
私营有限责任公司	Private Limited Liability Corporations	924692
私营股份有限公司	Private Share-holding Corporations Ltd.	130294
其他企业	Other Enterprises	2094
港澳台商投资企业	**Enterprises with Funds from Hong Kong, Macau and Taiwan**	**395713**
与港澳台商合资经营企业	Joint-venture Enterprises with Funds from Hong Kong, Macau and Taiwan	149692
与港澳台商合作经营企业	Cooperative Enterprises with Funds from Hong Kong, Macau and Taiwan	5067
港澳台商独资经营企业	Enterprises with Sole Funds from Hong Kong, Macau and Taiwan	213620
港澳台商投资股份有限公司	Share-holding Corporations Ltd. with Funds from Hong Kong, Macau and Taiwan	24933
外商投资企业	**Foreign Funded Enterprises**	**432762**
中外合资经营企业	Joint-venture Enterprises	213620
中外合作经营	Cooperation Enterprises	5353
外资企业	Enterprises with Sole Foreign Funds	191790
外商投资股份有限公司	Share-holding Corporations Ltd.with Foreign Funds	20299

规上工业企业R&D人员(2016年)
Designated Size by Scale and Registration Status(2016)

(person, man-year)

#女性 Female	R&D人员折合 全时当量 Full-time Equivalent	#研究人员 Researchers
858521	**2702489**	**908031**
383545	1248039	469999
238028	716402	218602
666745	**2085938**	**714375**
25163	74005	33913
2249	4693	1737
695	2183	580
54	202	65
26	108	50
9	36	6
7	26	7
12	31	2
274120	845680	307902
40956	126210	52270
233164	719470	255632
131840	425175	158647
232157	732398	210865
3579	9656	2530
334	986	237
200731	631502	179770
27513	90254	28329
467	1601	667
95667	**285902**	**83713**
36116	106527	30775
999	3427	883
51204	154955	44511
6789	19219	7066
96109	**330649**	**109942**
44077	161846	56736
1185	3621	1161
45566	147699	45334
4905	16266	6321

2-6 按行业分规上工业企业R&D人员(2016年)
R&D Personnel in Industrial Enterprises above Designated Size by Industrial Sector(2016)

单位：人，人年 (person, man-year)

行 业	Industry	R&D人员 R&D Personnel	#女性 Female	R&D人员折合全时当量 Full-time Equivalent	#研究人员 Researchers
总 计	**Total**	**3867344**	**858521**	**2702489**	**908031**
煤炭开采和洗选业	Mining and Washing of Coal	73352	6471	40193	14146
石油和天然气开采业	Extraction of Petroleum and Natural Gas	34209	10545	24483	12445
黑色金属矿采选业	Mining of Ferrous Metal Ores	4663	956	3296	1176
有色金属矿采选业	Mining of Non-ferrous Metal Ores	8390	1455	4631	1473
非金属矿采选业	Mining and Processing of Nonmetal Ores	5237	1196	3314	1137
农副食品加工业	Processing of Food from Agricultural Products	75634	19937	49335	15204
食品制造业	Manufacture of Foods	50642	17175	33886	10465
酒、饮料和精制茶制造业	Manufacture of Liquor, Beverages and Refined Tea	37238	9772	21974	7357
烟草制品业	Manufacture of Tobacco	7629	1578	4713	2111
纺织业	Manufacture of Textile	95821	35422	63636	14769
纺织服装、服饰业	Manufacture of Textile, Apparel and Accessories	52383	22631	34274	8212
皮革、毛皮、羽毛及其制品和制鞋业	Manufacture of Leather, Fur, Feather and Related Products and Shoes	28262	10134	19402	3612
木材加工和木、竹、藤、棕、草制品业	Processing of Timbers and Manufacture of Wood,Bamboo, Rattan, Palm and Straw	20420	4952	13503	3442
家具制造业	Manufacture of Furniture	20794	4791	14878	3560
造纸和纸制品业	Manufacture of Paper and Paper Products	35939	7250	24222	6502
印刷和记录媒介复制业	Printing,Reproduction of Recording Media	23600	6071	16021	4011
文教、工美、体育和娱乐用品制造业	Manufacture of Artworks, and Articles for Culture, Education, Sports and Recreation	43483	12419	30609	7806
石油加工、炼焦和核燃料加工业	Processing of Petroleum ,Coking and Processing of Nucleus Fuel	21813	4619	14196	5392
化学原料和化学制品制造业	Manufacture of Chemical Raw Material and Chemical Products	261703	60796	178870	57986
医药制造业	Manufacture of Medicines	187542	75469	130570	50958
化学纤维制造业	Manufacture of Chemical Fiber	26457	6380	17706	4618
橡胶和塑料制品业	Manufacture of Rubber and Plastic	111193	24857	78116	20693
非金属矿物制品业	Manufacture of Non-metallic Mineral Products	129124	25590	84337	24777
黑色金属冶炼和压延加工业	Manufacture and Processing of Ferrous Metals	129726	20398	91291	31783
有色金属冶炼和压延加工业	Manufacture and Processing of Non-ferrous Metals	97912	16858	65324	18915
金属制品业	Manufacture of Metal Products	135619	26609	94759	27566
通用设备制造业	Manufacture of General Purpose Machinery	294511	53066	208614	68025
专用设备制造业	Manufacture of Special Purpose Machinery	251109	43123	174306	60164
汽车制造业	Manufacture of Motor Vehicles	313965	54180	229363	84769
铁路、船舶、航空航天和其他运输设备制造业	Manufacture of Railway Equipment, Ships, Aerospace Equipment and Other Transport Equipment	143759	31517	102121	39511
电气机械和器材制造业	Manufacture of Electrical Machinery and Equipment	400791	82705	279364	87512
计算机、通信和其他电子设备制造业	Manufacture of Computer, Communication and Other Electronic Equipment	565866	125961	430794	163010
仪器仪表制造业	Manufacture of Measuring Instrument and Meter	94009	18068	69474	26180
其他制造业	Other Manufacturing	13966	3695	10296	3619
金属制品、机械和设备修理业	Repaire Service of Metal Products, Machinery and Equipment	8366	1390	6413	2436
电力、热力生产和供应业	Production and Supply of Electric Power and Heat Power	41750	6218	22366	8218
燃气生产和供应业	Production and Distribution of Gas	3202	672	2201	686
水的生产和供应业	Production and Distribution of Water	3550	927	2317	950

2-7 各地区规上工业企业R&D人员(2016年)

R&D Personnel in Industrial Enterprises above Designated Size by Region(2016)

单位：人，人年 (person, man-year)

地区	Region	R&D人员 R&D Personnel	#女性 Female	R&D人员折合全时当量 Full-time Equivalent	#研究人员 Researchers
全国	**National Total**	**3867344**	**858521**	**2702489**	**908031**
东部地区	Eastern Region	2557214	573636	1855280	599282
中部地区	Middle Region	731876	149362	479336	163367
西部地区	Western Region	424689	97954	262932	99028
东北地区	Northeast Region	153565	37569	104942	46352
北京	Beijing	70658	19204	51143	22118
天津	Tianjin	111262	26543	78336	26643
河北	Hebei	122331	26883	82971	29945
山西	Shanxi	42800	8816	29450	11486
内蒙古	Inner Mongolia	38386	9215	30126	11677
辽宁	Liaoning	74626	16862	49254	20184
吉林	Jilin	33889	9752	23469	11224
黑龙江	Heilongjiang	45050	10955	32219	14944
上海	Shanghai	119470	26841	98671	39769
江苏	Jiangsu	609974	140110	451885	138974
浙江	Zhejiang	414652	93774	321845	84946
安徽	Anhui	154875	26575	99451	31803
福建	Fujian	145083	34715	102250	31332
江西	Jiangxi	66534	14166	34924	11824
山东	Shandong	374531	92713	241761	90667
河南	Henan	187804	38056	132731	43249
湖北	Hubei	149571	34010	96340	32890
湖南	Hunan	130292	27739	86440	32115
广东	Guangdong	585089	111434	423730	133870
广西	Guangxi	29025	6095	19402	7024
海南	Hainan	4164	1419	2688	1018
重庆	Chongqing	73946	16115	47392	16621
四川	Sichuan	110503	25097	60146	23686
贵州	Guizhou	27677	6506	15774	5491
云南	Yunnan	31321	6628	17166	5364
西藏	Tibet	339	68	208	93
陕西	Shaanxi	70832	18045	45362	18317
甘肃	Gansu	18179	4188	12610	5323
青海	Qinghai	3147	596	1750	742
宁夏	Ningxia	10076	2418	5686	2004
新疆	Xinjiang	11258	2983	7310	2686

2-8 按企业规模及登记注册类型分规上
Intramural Expenditure on R&D in Industrial Enterprises

单位：万元

注册类型	Type of Registration	R&D经费内部支出 Intramural Expenditure on R&D	#试验发展支出 Experimental Development	日常性支出 Routine Expenses
总　计	**Total**	**109446586**	**106481115**	**97485612**
#大型企业	Large-sized Industrial Enterprises	57189085	55183559	51973150
中型企业	Medium-sized Industrial Enterprises	25705547	25258602	22664630
内资企业	**Domestic Funded**	**85253739**	**82525463**	**75439682**
国有企业	State-owned Enterprises	2839204	2729950	2548853
集体企业	Collective-owned Enterprises	610530	604970	563369
股份合作企业	Cooperative Enterprises	63212	61360	53344
联营企业	Joint Ownership Enterprises	8324	8324	5991
国有联营企业	State Joint Ownership Enterprises	3685	3685	2130
集体联营企业	Collective Joint Ownership Enterprises	1241	1241	1119
国有与集体联营企业	Joint State-collective Enterprises	1135	1135	1084
其他联营企业	Other Joint Ownership Enterprises	2263	2263	1658
有限责任公司	Limited Liability Corporations	37549071	35876690	33370422
国有独资公司	State Sole Funded Corporations	5550642	5359114	5042966
其他有限责任公司	Other Limited Liability Corporations	31998429	30517575	28327456
股份有限公司	Share-holding Corporations Ltd.	16128282	15719331	14742569
私营企业	Private Enterprises	28005404	27476458	24111896
私营独资企业	Private-funded Enterprises	356704	351532	291926
私营合伙企业	Private Partnership Enterprises	34813	34813	26574
私营有限责任公司	Private Limited Liability Corporations	24040357	23613662	20599675
私营股份有限公司	Private Share-holding Corporations Ltd.	3573530	3476451	3193721
其他企业	Other Enterprises	49713	48381	43239
港澳台商投资企业	**Enterprises with Funds from Hong Kong, Macau and Taiwan**	**10135514**	**10024805**	**9230034**
与港澳台商合资经营企业	Joint-venture Enterprises with Funds from Hong Kong, Macau and Taiwan	3823996	3789335	3466734
与港澳台商合作经营企业	Cooperative Enterprises with Funds from Hong Kong, Macau and Taiwan	121803	121748	105517
港澳台商独资经营企业	Enterprises with Sole Funds from Hong Kong, Macau and Taiwan	5431472	5360742	4951321
港澳台商投资股份有限公司	Share-holding Corporations Ltd. with Funds from Hong Kong, Macau and Taiwan	651738	647121	602450
外商投资企业	**Foreign Funded Enterprises**	**14057332**	**13930846**	**12815896**
中外合资经营企业	Joint-venture Enterprises	7549756	7481309	6949729
中外合作经营	Cooperation Enterprises	162495	162124	150631
外资企业	Enterprises with Sole Foreign Funds	5630762	5587061	5077299
外商投资股份有限公司	Share-holding Corporations Ltd.with Foreign Funds	676840	664557	606849

工业企业R&D经费内部支出(2016年)

above Designated Size by Scale and Registration Status(2016)

(10 000 yuan)

#人员劳务费 Labor Cost	资产性支出 Assets Expenditure	#仪器和设备 Equipment	政府资金 Government Funds	企业资金 Self-raised Funds by Enterprises	境外资金 Foreign Funds	其他资金 Other Funds
32773937	**11960974**	**11714975**	**4037843**	**104052729**	**410525**	**945488**
18312506	5215935	5085960	2550234	54049190	240440	349221
7462723	3040917	2986792	788273	24511282	114140	291852
24648946	**9814057**	**9603674**	**3653911**	**80747312**	**84394**	**768123**
827610	290351	277883	374726	2441928	502	22049
147619	47161	43229	11462	596758		2310
18634	9868	9786	727	61403	74	1007
1942	2334	2322	864	7460		
930	1555	1555	446	3239		
174	122	121	418	823		
482	52	51		1135		
356	606	596		2263		
11141769	4178649	4097772	2006758	35158508	38872	344933
1494352	507676	494504	437498	5062188	2130	48826
9647417	3670973	3603268	1569261	30096320	36741	296107
5408681	1385713	1335892	617003	15417650	13398	80231
7093598	3893508	3830519	637297	27020636	31548	315923
85022	64778	63727	4524	345654	1714	4812
7063	8239	8116	617	33528		668
6049620	3440682	3385812	519457	23209324	26814	284762
951894	379808	372865	112699	3432130	3020	25681
9094	6474	6271	5074	42969		1670
3430809	**905480**	**892125**	**155048**	**9786177**	**127659**	**66631**
1184125	357262	351384	65570	3732266	7680	18481
34756	16286	16176	3603	115461	1065	1675
1920562	480150	474093	63838	5211082	114856	41695
271262	49288	48026	11853	631375	3733	4777
4694182	**1241436**	**1219175**	**228884**	**13519241**	**198473**	**110734**
2343872	600027	587839	116404	7268453	107419	57480
47265	11865	11596	1657	159081	109	1648
2067129	553463	545048	97061	5398672	87498	47530
224336	69991	68661	13030	656570	3298	3942

2-9 按行业分规上工业

Intramural Expenditure on R&D in Industrial Enterprises

单位：万元

行 业	Industry	R&D经费内部支出 Intramural Expenditure on R&D	#试验发展支出 Experimental Development	日常性支出 Routine Expenses
总 计	**Total**	**109446586**	**106481115**	**97485612**
煤炭开采和洗选业	Mining and Washing of Coal	1320744	1176586	1191596
石油和天然气开采业	Extraction of Petroleum and Natural Gas	638939	509305	613052
黑色金属矿采选业	Mining of Ferrous Metal Ores	103687	103570	83967
有色金属矿采选业	Mining of Non-ferrous Metal Ores	270861	258816	236625
非金属矿采选业	Mining and Processing of Nonmetal Ores	111477	101774	93941
农副食品加工业	Processing of Food from Agricultural Products	2497205	2428890	2122454
食品制造业	Manufacture of Foods	1528196	1490141	1297383
酒、饮料和精制茶制造业	Manufacture of Liquor, Beverages and Refined Tea	1006378	947156	889068
烟草制品业	Manufacture of Tobacco	214301	180010	184910
纺织业	Manufacture of Textile	2199360	2163767	1884109
纺织服装、服饰业	Manufacture of Textile, Apparel and Accessories	1069738	1058474	939576
皮革、毛皮、羽毛及其制品和制鞋业	Manufacture of Leather, Fur, Feather and Related Products and Shoes	590153	581630	543821
木材加工和木、竹、藤、棕、草制品业	Processing of Timbers and Manufacture of Wood, Bamboo, Rattan, Palm and Straw	528737	511580	443223
家具制造业	Manufacture of Furniture	428659	417814	386581
造纸和纸制品业	Manufacture of Paper and Paper Products	1227575	1221514	1087888
印刷和记录媒介复制业	Printing,Reproduction of Recording Media	467515	450302	391880
文教、工美、体育和娱乐用品制造业	Manufacture of Artworks, and Articles for Culture, Education, Sports and Recreation	918855	891502	815251
石油加工、炼焦和核燃料加工业	Processing of Petroleum ,Coking and Processing of Nucleus Fuel	1196271	1143207	992290
化学原料和化学制品制造业	Manufacture of Chemical Raw Material and Chemical Products	8407489	8275944	7431632
医药制造业	Manufacture of Medicines	4884712	4772409	4258057
化学纤维制造业	Manufacture of Chemical Fiber	838238	833618	727524
橡胶和塑料制品业	Manufacture of Rubber and Plastic	2787722	2756094	2440552
非金属矿物制品业	Manufacture of Non-metallic Mineral Products	3230848	3162197	2711840
黑色金属冶炼和压延加工业	Manufacture and Processing of Ferrous Metals	5377121	5241547	4757964
有色金属冶炼和压延加工业	Manufacture and Processing of Non-ferrous Metals	4068224	3929826	3466853
金属制品业	Manufacture of Metal Products	3263459	3208553	2846483
通用设备制造业	Manufacture of General Purpose Machinery	6657263	6566357	5922233
专用设备制造业	Manufacture of Special Purpose Machinery	5771278	5674470	5206252
汽车制造业	Manufacture of Motor Vehicles	10487371	10365241	9513169
铁路、船舶、航空航天和其他运输设备制造业	Manufacture of Railway Equipment, Ships, Aerospace Equipment and Other Transport Equipment	4596331	4456716	4229839
电气机械和器材制造业	Manufacture of Electrical Machinery and Equipment	11023817	10895432	9999073
计算机、通信和其他电子设备制造业	Manufacture of Computer, Communication and Other Electronic Equipment	18109750	17163757	16647995
仪器仪表制造业	Manufacture of Measuring Instrument and Meter	1857045	1827511	1701369
其他制造业	Other Manufacturing	280596	272464	243380
金属制品、机械和设备修理业	Repaire Service of Metal Products, Machinery and Equipment	178397	171376	163498
电力、热力生产和供应业	Production and Supply of Electric Power and Heat Power	815657	790692	573068
燃气生产和供应业	Production and Distribution of Gas	76627	75052	68967
水的生产和供应业	Production and Distribution of Water	74012	69554	62942

企业R&D经费内部支出(2016年)

above Designated Size by Industrial Sector(2016)

(10 000 yuan)

#人员劳务费 Labor Cost	资产性支出 Assets Expenditure	#仪器和设备 Equipment	政府资金 Government Funds	企业资金 Self-raised Funds by Enterprises	境外资金 Foreign Funds	其他资金 Other Funds
32773937	**11960974**	**11714975**	**4037843**	**104052729**	**410525**	**945488**
440097	129148	124484	27309	1290562	1292	1581
325922	25887	24382	44808	592949		1182
28353	19720	19294	2028	99663		1996
46468	34236	33854	5496	265051	54	260
26869	17537	17048	3599	106040		1839
515741	374751	365632	79038	2385597	2024	30546
361064	230813	227162	36987	1466644	2952	21612
279161	117310	112881	23677	968117	843	13741
89560	29391	27942	354	211832		2115
569029	315251	310195	34071	2138079	3552	23659
348889	130163	127533	12823	1047847	1679	7390
185819	46332	45750	5461	573970	1839	8883
119012	85514	83452	10873	510044	754	7065
143299	42078	41273	4027	421399	724	2510
246261	139686	137668	17879	1200663	1160	7872
136525	75635	74844	6243	455053	75	6143
260562	103604	101669	17288	887389	1743	12435
180613	203981	199751	13946	1171597	1115	9614
1935895	975857	955560	161357	8164830	15520	65782
1413371	626656	602626	223677	4621319	12123	27593
174672	110714	109488	12738	819221	440	5838
735355	347170	341052	42562	2721477	329	23355
765776	519008	511939	79835	3110445	3241	37328
926998	619157	610181	47774	5284192	2910	42244
684048	601371	591118	107466	3923137	1541	36080
857967	416976	410478	121959	3108899	3530	29071
2156499	735029	723800	277491	6273437	31983	74352
1889048	565027	553774	232624	5477528	16823	44303
3393698	974203	951251	190397	10145357	82535	69082
1306432	366492	349591	923510	3555034	20491	97296
3050961	1024744	1001724	239358	10666885	44121	73453
7922215	1461755	1441748	853472	16996670	145310	114299
755094	155676	152707	106370	1720844	6693	23138
82620	37216	36784	33029	238030	120	9417
78486	14899	14815	15496	160576		2324
211716	242589	236849	10284	797900	20	7452
24916	7660	7576	1630	74644	182	171
24926	11070	10933	1951	70462		1599

2-10 各地区规上工业

Intramural Expenditure on R&D in Industrial Enterprises

单位：万元

地　区	Region	R&D经费内部支出 Intramural Expenditure on R&D	#试验发展支出 Experimental Development	日常性支出 Routine Expenses	#人员劳务费 Labor Cost
全　国	**National Total**	**109446586**	**106481115**	**97485612**	**32773937**
东部地区	Eastern Region	74843900	72925900	67088126	23889312
中部地区	Middle Region	18969298	18415318	16586649	4845756
西部地区	Western Region	11419223	11045960	9884165	2947149
东北地区	Northeast Region	4214164	4093936	3926673	1091719
北　京	Beijing	2548433	2515965	2407294	1030765
天　津	Tianjin	3499551	3439169	3007524	901240
河　北	Hebei	3086608	2948016	2708063	865999
山　西	Shanxi	976283	908442	889433	235300
内蒙古	Inner Mongolia	1279853	1235582	1086969	261951
辽　宁	Liaoning	2420637	2344540	2309315	560928
吉　林	Jilin	908602	883607	834180	268891
黑龙江	Heilongjiang	884925	865788	783178	261900
上　海	Shanghai	4900778	4853398	4606377	1869766
江　苏	Jiangsu	16575418	16437964	14605306	4858950
浙　江	Zhejiang	9357877	9350558	8681346	3210694
安　徽	Anhui	3709224	3666449	3179584	1076798
福　建	Fujian	3882632	3875267	3366139	1198668
江　西	Jiangxi	1797561	1767403	1575863	386517
山　东	Shandong	14150035	13637790	12165816	3101422
河　南	Henan	4096962	4027912	3493488	1029867
湖　北	Hubei	4459622	4371422	3893038	1057384
湖　南	Hunan	3929647	3673690	3555243	1059890
广　东	Guangdong	16762749	15788099	15465260	6829642
广　西	Guangxi	827248	808994	750524	236884
海　南	Hainan	79819	79675	75002	22167
重　庆	Chongqing	2374859	2338230	2012417	665095
四　川	Sichuan	2572607	2498936	2295716	823369
贵　州	Guizhou	556853	544182	460863	124092
云　南	Yunnan	741847	721180	616491	147106
西　藏	Tibet	4003	3889	2872	774
陕　西	Shaanxi	1844216	1736234	1611855	425785
甘　肃	Gansu	509228	491231	440871	102422
青　海	Qinghai	77940	76208	63354	23476
宁　夏	Ningxia	239624	232667	206633	62426
新　疆	Xinjiang	390946	358628	335601	73770

企业R&D经费内部支出(2016年)
above Designated Size by Region(2016)

(10 000 yuan)

资产性支出 Assets Expenditure	#仪器和设备 Equipment	政府资金 Government Funds	企业资金 Self-raised Funds by Enterprises	境外资金 Foreign Funds	其他资金 Other Funds
11960974	**11714975**	**4037843**	**104052729**	**410525**	**945488**
7755774	7600177	1837915	71980173	376447	649365
2382650	2335787	811233	18001131	18207	138727
1535059	1506147	971897	10301862	13576	131888
287491	272864	416797	3769564	2294	25509
141140	138671	195161	2274450	14571	64252
492026	478202	64992	3290828	132990	10740
378544	371976	70672	2972901	1032	42002
86849	84451	38467	934188	258	3370
192884	188544	49983	1192857	1590	35423
111322	109666	220882	2186574	1848	11333
74422	65272	21107	884786	446	2263
101747	97926	174809	698204		11913
294402	284514	301745	4551597	25495	21940
1970112	1933930	255264	16100623	77535	141995
676532	665811	124909	9137882	13407	81679
529640	521653	199443	3484635	4251	20895
516493	511232	130165	3692007	13515	46945
221698	218482	30178	1740935	1038	25410
1984219	1941061	309718	13637977	37129	165212
603474	594385	95988	3975549	30	25394
566584	554128	241284	4179810	2823	35705
374405	362688	205874	3686014	9807	27953
1297490	1270120	380121	16248412	60774	73441
76724	74942	33126	788248	204	5669
4817	4661	5168	73494		1158
362442	357074	90429	2253992	3779	26659
276891	271423	267270	2273073	7234	25031
95990	94906	46900	499387	447	10119
125356	123146	37913	701331	54	2548
1131	1122	230	3692		81
232361	225695	396019	1433213	107	14878
68357	67116	22527	482748	99	3853
14586	14348	7016	70924		
32992	32723	12349	225321	63	1891
55345	55107	8134	377076		5736

2-11 按企业规模及登记注册类型分规上工业企业R&D经费外部支出(2016年)

External Expenditure on R&D in Industrial Enterprises above Designated Size by Scale and Registration Status(2016)

单位：万元 (10 000 yuan)

注册类型	Type of Registration	R&D经费外部支出 External Expenditure on R&D	#对境内研究机构支出 to Domestic Research Institutions	#对境内高校支出 to Domestic Higher Education
总　计	**Total**	**6049317**	**2849635**	**702654**
#大型企业	Large-sized Industrial Enterprises	4333355	2105099	401077
中型企业	Medium-sized Industrial Enterprises	1003858	482483	132785
内资企业	**Domestic Funded**	**4795514**	**2402818**	**638554**
国有企业	State-owned Enterprises	244594	92204	43367
集体企业	Collective-owned Enterprises	65991	4812	4900
股份合作企业	Cooperative Enterprises	1802	494	375
联营企业	Joint Ownership Enterprises	50		50
国有联营企业	State Joint Ownership Enterprises	42		42
集体联营企业	Collective Joint Ownership Enterprises	8		8
国有与集体联营企业	Joint State-collective Enterprises			
其他联营企业	Other Joint Ownership Enterprises			
有限责任公司	Limited Liability Corporations	2388524	1327306	267436
国有独资公司	State Sole Funded Corporations	555668	231179	62743
其他有限责任公司	Other Limited Liability Corporations	1832856	1096127	204693
股份有限公司	Share-holding Corporations Ltd.	949828	233927	145505
私营企业	Private Enterprises	1143852	743461	176689
私营独资企业	Private-funded Enterprises	6525	2601	2705
私营合伙企业	Private Partnership Enterprises	673	184	72
私营有限责任公司	Private Limited Liability Corporations	1039847	705618	143459
私营股份有限公司	Private Share-holding Corporations Ltd.	96809	35057	30452
其他企业	Other Enterprises	873	614	233
港澳台商投资企业	**Enterprises with Funds from Hong Kong, Macau and Taiwan**	**312272**	**100847**	**35646**
与港澳台商合资经营企业	Joint-venture Enterprises with Funds from Hong Kong, Macau and Taiwan	131285	49929	12503
与港澳台商合作经营企业	Cooperative Enterprises with Funds from Hong Kong, Macau and Taiwan	5485	3027	418
港澳台商独资经营企业	Enterprises with Sole Funds from Hong Kong, Macau and Taiwan	157692	45020	19567
港澳台商投资股份有限公司	Share-holding Corporations Ltd. with Funds from Hong Kong, Macau and Taiwan	13792	2827	2658
外商投资企业	**Foreign Funded Enterprises**	**941531**	**345969**	**28454**
中外合资经营企业	Joint-venture Enterprises	602375	215697	18184
中外合作经营	Cooperation Enterprises	6107	952	623
外资企业	Enterprises with Sole Foreign Funds	291033	99442	7691
外商投资股份有限公司	Share-holding Corporations Ltd.with Foreign Funds	41403	29862	1831

2-12 按行业分规上工业企业R&D经费外部支出(2016年)
External Expenditure on R&D in Industrial Enterprises above Designated Size by Industrial Sector(2016)

单位：万元 (10 000 yuan)

行业	Industry	R&D经费外部支出 External Expenditure on R&D	#对境内研究机构支出 to Domestic Research Institutions	#对境内高校支出 to Domestic Higher Education
总　计	**Total**	**6049317**	**2849635**	**702654**
煤炭开采和洗选业	Mining and Washing of Coal	73071	25967	27771
石油和天然气开采业	Extraction of Petroleum and Natural Gas	71705	16811	21696
黑色金属矿采选业	Mining of Ferrous Metal Ores	3275	2120	993
有色金属矿采选业	Mining of Non-ferrous Metal Ores	12327	6613	4200
非金属矿采选业	Mining and Processing of Nonmetal Ores	3750	1119	1936
农副食品加工业	Processing of Food from Agricultural Products	81041	21380	41535
食品制造业	Manufacture of Foods	82740	13685	21017
酒、饮料和精制茶制造业	Manufacture of Liquor, Beverages and Refined Tea	37163	16903	13311
烟草制品业	Manufacture of Tobacco	25701	4988	8595
纺织业	Manufacture of Textile	40068	14701	10373
纺织服装、服饰业	Manufacture of Textile, Apparel and Accessories	16941	4874	3777
皮革、毛皮、羽毛及其制品和制鞋业	Manufacture of Leather, Fur, Feather and Related Products and Shoes	5298	1819	1197
木材加工和木、竹、藤、棕、草制品业	Processing of Timbers and Manufacture of Wood,Bamboo, Rattan, Palm and Straw	6639	4517	1305
家具制造业	Manufacture of Furniture	13138	7587	411
造纸和纸制品业	Manufacture of Paper and Paper Products	14839	7167	5442
印刷和记录媒介复制业	Printing,Reproduction of Recording Media	6344	3264	1232
文教、工美、体育和娱乐用品制造业	Manufacture of Artworks, and Articles for Culture, Education, Sports and Recreation	16034	3295	4671
石油加工、炼焦和核燃料加工业	Processing of Petroleum ,Coking and Processing of Nucleus Fuel	67672	27935	11764
化学原料和化学制品制造业	Manufacture of Chemical Raw Material and Chemical Products	228309	107205	57952
医药制造业	Manufacture of Medicines	600518	332075	65538
化学纤维制造业	Manufacture of Chemical Fiber	14343	3393	4322
橡胶和塑料制品业	Manufacture of Rubber and Plastic	52010	20743	11874
非金属矿物制品业	Manufacture of Non-metallic Mineral Products	54478	19271	19302
黑色金属冶炼和压延加工业	Manufacture and Processing of Ferrous Metals	99475	37475	27363
有色金属冶炼和压延加工业	Manufacture and Processing of Non-ferrous Metals	63948	20646	26136
金属制品业	Manufacture of Metal Products	57589	17617	16262
通用设备制造业	Manufacture of General Purpose Machinery	305643	86617	45848
专用设备制造业	Manufacture of Special Purpose Machinery	107341	29891	31649
汽车制造业	Manufacture of Motor Vehicles	1012779	342050	26797
铁路、船舶、航空航天和其他运输设备制造业	Manufacture of Railway Equipment, Ships, Aerospace Equipment and Other Transport Equipment	696600	267299	55705
电气机械和器材制造业	Manufacture of Electrical Machinery and Equipment	370783	119778	51192
计算机、通信和其他电子设备制造业	Manufacture of Computer, Communication and Other Electronic Equipment	1526435	1183550	27460
仪器仪表制造业	Manufacture of Measuring Instrument and Meter	85544	11893	14962
其他制造业	Other Manufacturing	15378	3914	3047
金属制品、机械和设备修理业	Repaire Service of Metal Products, Machinery and Equipment	10921	2910	706
电力、热力生产和供应业	Production and Supply of Electric Power and Heat Power	151143	54359	29725
燃气生产和供应业	Production and Distribution of Gas	1230	95	360
水的生产和供应业	Production and Distribution of Water	3528	1032	548

2-13 各地区规上工业企业R&D经费外部支出(2016年)
External Expenditure on R&D in Industrial Enterprises above Designated Size by Region(2016)

单位：万元　　　　(10 000 yuan)

地区	Region	R&D经费外部支出 External Expenditure on R&D	#对境内研究机构支出 to Domestic Research Institutions	#对境内高校支出 to Domestic Higher Education
全　国	**National Total**	**6049317**	**2849635**	**702654**
东部地区	Eastern Region	4342087	2216244	363214
中部地区	Middle Region	762703	294165	170641
西部地区	Western Region	618874	228918	117116
东北地区	Northeast Region	325653	110308	51682
北　京	Beijing	257791	137073	6155
天　津	Tianjin	182092	108657	13990
河　北	Hebei	141727	41267	30808
山　西	Shanxi	61268	24869	14426
内蒙古	Inner Mongolia	57604	14934	7547
辽　宁	Liaoning	145051	30824	19648
吉　林	Jilin	80847	27912	12914
黑龙江	Heilongjiang	99756	51572	19120
上　海	Shanghai	504391	70130	15916
江　苏	Jiangsu	554045	228003	87868
浙　江	Zhejiang	355096	128704	37509
安　徽	Anhui	195486	49754	36125
福　建	Fujian	126983	26406	16127
江　西	Jiangxi	59144	31496	11021
山　东	Shandong	592650	189687	130690
河　南	Henan	109727	43201	36636
湖　北	Hubei	184731	79883	28854
湖　南	Hunan	152347	64961	43581
广　东	Guangdong	1595172	1258916	23181
广　西	Guangxi	44630	24909	7025
海　南	Hainan	32141	27401	970
重　庆	Chongqing	104155	30309	13517
四　川	Sichuan	172363	65843	37043
贵　州	Guizhou	30548	17176	5019
云　南	Yunnan	37098	9637	6737
西　藏	Tibet	328	299	24
陕　西	Shaanxi	100078	35393	18804
甘　肃	Gansu	29856	13276	13617
青　海	Qinghai	7231	2628	987
宁　夏	Ningxia	9733	5227	2410
新　疆	Xinjiang	25251	9288	4387

2-14 按企业规模及登记注册类型分规上工业企业R&D项目情况(2016年)
R&D Projects in Industrial Enterprises above Designated Size by Scale and Registration Status(2016)

注册类型	Type of Registration	项目数(项) R&D Projects (item)	项目人员折合全时当量(人年) FTE of R&D Personnel (man-year)	项目经费支出(万元) Expenditure on R&D Project (10 000 yuan)
总　计	**Total**	**360997**	**2467758**	**100643333**
#大型企业	Large-sized Industrial Enterprises	89773	1111799	52227488
中型企业	Medium-sized Industrial Enterprises	97327	660629	23924554
内资企业	**Domestic Funded**	**293107**	**1896047**	**78033678**
国有企业	State-owned Enterprises	6473	54995	2212742
集体企业	Collective-owned Enterprises	737	4316	380240
股份合作企业	Cooperative Enterprises	467	2045	59752
联营企业	Joint Ownership Enterprises	31	189	8150
国有联营企业	State Joint Ownership Enterprises	16	102	3616
集体联营企业	Collective Joint Ownership Enterprises	4	35	1240
国有与集体联营企业	Joint State-collective Enterprises	7	24	1059
其他联营企业	Other Joint Ownership Enterprises	4	29	2235
有限责任公司	Limited Liability Corporations	107090	766279	34627864
国有独资公司	State Sole Funded Corporations	14786	109333	5053770
其他有限责任公司	Other Limited Liability Corporations	92304	656947	29574094
股份有限公司	Share-holding Corporations Ltd.	47793	380820	14811358
私营企业	Private Enterprises	130402	685869	25887069
私营独资企业	Private-funded Enterprises	1636	9015	323662
私营合伙企业	Private Partnership Enterprises	212	932	31938
私营有限责任公司	Private Limited Liability Corporations	114242	591797	22210299
私营股份有限公司	Private Share-holding Corporations Ltd.	14312	84124	3321169
其他企业	Other Enterprises	114	1534	46503
港澳台商投资企业	**Enterprises with Funds from Hong Kong, Macau and Taiwan**	**31396**	**267264**	**9483189**
与港澳台商合资经营企业	Joint-venture Enterprises with Funds from Hong Kong, Macau and Taiwan	13402	99863	3637351
与港澳台商合作经营企业	Cooperative Enterprises with Funds from Hong Kong, Macau and Taiwan	495	3217	114700
港澳台商独资经营企业	Enterprises with Sole Funds from Hong Kong, Macau and Taiwan	15716	144342	5003431
港澳台商投资股份有限公司	Share-holding Corporations Ltd. with Funds from Hong Kong, Macau and Taiwan	1611	18194	625340
外商投资企业	**Foreign Funded Enterprises**	**36494**	**304447**	**13126465**
中外合资经营企业	Joint-venture Enterprises	17648	148434	7124512
中外合作经营	Cooperation Enterprises	483	3292	138678
外资企业	Enterprises with Sole Foreign Funds	16821	137131	5226749
外商投资股份有限公司	Share-holding Corporations Ltd.with Foreign Funds	1330	14401	601175

2-15 按行业分规上工业企业R&D项目情况(2016年)
R&D Projects in Industrial Enterprises above Designated Size by Industrial Sector(2016)

行　业	Industry	项目数(项) R&D Projects (item)	项目人员折合全时当量(人年) FTE of R&D Personnel (man-year)	项目经费支出(万元) Expenditure on R&D Project (10 000 yuan)
总　计	**Total**	**360997**	**2467758**	**100643333**
煤炭开采和洗选业	Mining and Washing of Coal	2790	33950	1162129
石油和天然气开采业	Extraction of Petroleum and Natural Gas	2342	21511	417809
黑色金属矿采选业	Mining of Ferrous Metal Ores	399	2937	93384
有色金属矿采选业	Mining of Non-ferrous Metal Ores	600	4025	259535
非金属矿采选业	Mining and Processing of Nonmetal Ores	476	3090	101126
农副食品加工业	Processing of Food from Agricultural Products	8137	45369	2252140
食品制造业	Manufacture of Foods	5856	31058	1390646
酒、饮料和精制茶制造业	Manufacture of Liquor, Beverages and Refined Tea	3558	19486	881446
烟草制品业	Manufacture of Tobacco	1359	3742	162092
纺织业	Manufacture of Textile	7967	59132	2016778
纺织服装、服饰业	Manufacture of Textile, Apparel and Accessories	3560	31852	982920
皮革、毛皮、羽毛及其制品和制鞋业	Manufacture of Leather, Fur, Feather and Related Products and Shoes	2094	18272	541100
木材加工和木、竹、藤、棕、草制品业	Processing of Timbers and Manufacture of Wood, Bamboo, Rattan, Palm and Straw	1822	12961	483495
家具制造业	Manufacture of Furniture	2013	14164	390758
造纸和纸制品业	Manufacture of Paper and Paper Products	3276	22323	1144295
印刷和记录媒介复制业	Printing,Reproduction of Recording Media	2617	14968	430416
文教、工美、体育和娱乐用品制造业	Manufacture of Artworks, and Articles for Culture, Education, Sports and Recreation	4525	28508	850390
石油加工、炼焦和核燃料加工业	Processing of Petroleum ,Coking and Processing of Nucleus Fuel	2071	12659	1112350
化学原料和化学制品制造业	Manufacture of Chemical Raw Material and Chemical Products	29675	164400	7892702
医药制造业	Manufacture of Medicines	24434	120328	4460996
化学纤维制造业	Manufacture of Chemical Fiber	2282	16385	775316
橡胶和塑料制品业	Manufacture of Rubber and Plastic	12896	73184	2550216
非金属矿物制品业	Manufacture of Non-metallic Mineral Products	12704	77343	2971293
黑色金属冶炼和压延加工业	Manufacture and Processing of Ferrous Metals	8911	79197	4899436
有色金属冶炼和压延加工业	Manufacture and Processing of Non-ferrous Metals	8348	59694	3778569
金属制品业	Manufacture of Metal Products	15106	87436	3041089
通用设备制造业	Manufacture of General Purpose Machinery	33547	192020	6227944
专用设备制造业	Manufacture of Special Purpose Machinery	28589	160195	5370306
汽车制造业	Manufacture of Motor Vehicles	25403	203943	9705810
铁路、船舶、航空航天和其他运输设备制造业	Manufacture of Railway Equipment, Ships, Aerospace Equipment and Other Transport Equipment	9650	90725	3843752
电气机械和器材制造业	Manufacture of Electrical Machinery and Equipment	41883	255113	10139655
计算机、通信和其他电子设备制造业	Manufacture of Computer, Communication and Other Electronic Equipment	33811	400323	16951213
仪器仪表制造业	Manufacture of Measuring Instrument and Meter	10784	63568	1728598
其他制造业	Other Manufacturing	1379	9211	253801
金属制品、机械和设备修理业	Repaire Service of Metal Products, Machinery and Equipment	525	5363	152690
电力、热力生产和供应业	Production and Supply of Electric Power and Heat Power	3460	18430	772977
燃气生产和供应业	Production and Distribution of Gas	236	2047	72802
水的生产和供应业	Production and Distribution of Water	411	2023	65829

2-16 各地区规上工业企业R&D项目情况(2016年)
R&D Projects in Industrial Enterprises above Designated Size by Region (2016)

地区	Region	项目数 (项) R&D Projects (item)	项目人员折合全时当量 (人年) FTE of R&D Personnel (man-year)	项目经费支出 (万元) Expenditure on R&D Project (10 000 yuan)
全国	**National Total**	**360997**	**2467758**	**100643333**
东部地区	Eastern Region	258322	1717121	69862601
中部地区	Middle Region	55343	432409	16999328
西部地区	Western Region	35612	233042	10201714
东北地区	Northeast Region	11720	85186	3579689
北京	Beijing	7262	44066	2068205
天津	Tianjin	12019	69869	3165385
河北	Hebei	9533	73685	2759307
山西	Shanxi	2471	26012	836933
内蒙古	Inner Mongolia	2260	25801	1181787
辽宁	Liaoning	6399	41842	2115813
吉林	Jilin	2253	14532	662511
黑龙江	Heilongjiang	3068	28812	801366
上海	Shanghai	10909	90111	4659584
江苏	Jiangsu	59535	421046	15549618
浙江	Zhejiang	59088	308175	9002820
安徽	Anhui	15697	92101	3464167
福建	Fujian	12849	93787	3653407
江西	Jiangxi	6351	32277	1794439
山东	Shandong	35835	219388	12604297
河南	Henan	12562	120467	3757513
湖北	Hubei	10363	83436	3756171
湖南	Hunan	7899	78116	3390105
广东	Guangdong	50740	394607	16325490
广西	Guangxi	2664	17929	766541
海南	Hainan	552	2387	74488
重庆	Chongqing	7612	43759	2182344
四川	Sichuan	8869	52638	2116875
贵州	Guizhou	2145	13958	555737
云南	Yunnan	3441	15761	739661
西藏	Tibet	29	203	2520
陕西	Shaanxi	4487	39611	1653152
甘肃	Gansu	1465	10277	405098
青海	Qinghai	296	1394	61197
宁夏	Ningxia	1342	5267	215598
新疆	Xinjiang	1002	6444	321205

2-17 按企业规模及登记注册类型分规上工业企业办研发机构情况(2016年)

R&D Institutions in Industrial Enterprises above Designated Size by Scale and Registration Status(2016)

注册类型	Type of Registration	机构数(个) Institutions (unit)	机构人员(人) Personnel (person)	#博士和硕士 Doctor and Master	机构经费支出(万元) Expenditure on S&T Institutions (10 000 yuan)	仪器和设备原价(万元) Equipment (10 000 yuan)
总　计	**Total**	**72963**	**2923953**	**411715**	**76644847**	**73564754**
#大型企业	Large-sized Industrial Enterprises	8753	1386211	257664	45175309	34366980
中型企业	Medium-sized Industrial Enterprises	19450	795306	77684	16904994	23819081
内资企业	**Domestic Funded**	**59722**	**2201833**	**335050**	**56987138**	**54647380**
国有企业	State-owned Enterprises	572	58759	16285	1497585	2021250
集体企业	Collective-owned Enterprises	176	5550	1631	188292	124040
股份合作企业	Cooperative Enterprises	111	2022	125	32607	40070
联营企业	Joint Ownership Enterprises	7	172	21	5040	5981
国有联营企业	State Joint Ownership Enterprises	3	129	18	3158	5158
集体联营企业	Collective Joint Ownership Enterprises	1	1		1	2
国有与集体联营企业	Joint State-collective Enterprises	2	32	3	264	280
其他联营企业	Other Joint Ownership Enterprises	1	10		1617	541
有限责任公司	Limited Liability Corporations	17005	838649	148560	24768506	23546449
国有独资公司	State Sole Funded Corporations	1058	116397	24604	2908161	3762710
其他有限责任公司	Other Limited Liability Corporations	15947	722252	123956	21860345	19783739
股份有限公司	Share-holding Corporations Ltd.	6300	510069	96510	13193241	14046221
私营企业	Private Enterprises	35494	785629	71855	17278735	14847464
私营独资企业	Private-funded Enterprises	858	12103	1213	202149	123147
私营合伙企业	Private Partnership Enterprises	86	836	51	17099	12333
私营有限责任公司	Private Limited Liability Corporations	31723	670651	58946	14340552	12133219
私营股份有限公司	Private Share-holding Corporations Ltd.	2827	102039	11645	2718935	2578764
其他企业	Other Enterprises	57	983	63	23131	15906
港澳台商投资企业	**Enterprises with Funds from Hong Kong, Macau and Taiwan**	**6377**	**349513**	**28639**	**8129419**	**6803841**
与港澳台商合资经营企业	Joint-venture Enterprises with Funds from Hong Kong, Macau and Taiwan	2398	116584	9341	2989480	2762474
与港澳台商合作经营企业	Cooperative Enterprises with Funds from Hong Kong, Macau and Taiwan	112	4355	315	80505	95952
港澳台商独资经营企业	Enterprises with Sole Funds from Hong Kong, Macau and Taiwan	3594	201757	15952	4465836	3509431
港澳台商投资股份有限公司	Share-holding Corporations Ltd. with Funds from Hong Kong, Macau and Taiwan	238	24637	2958	548278	416237
外商投资企业	**Foreign Funded Enterprises**	**6864**	**372607**	**48026**	**11528291**	**12113533**
中外合资经营企业	Joint-venture Enterprises	2719	170162	24240	5979192	5337292
中外合作经营	Cooperation Enterprises	91	3472	328	114646	63751
外资企业	Enterprises with Sole Foreign Funds	3848	178352	18490	4766595	5951260
外商投资股份有限公司	Share-holding Corporations Ltd. with Foreign Funds	173	19562	4874	640049	747670

2-18 按行业分规上工业企业办研发机构情况(2016年)
R&D Institutions in Industrial Enterprises above Designated Size by Industrial Sector(2016)

行业	Industry	机构数(个) Institutions (unit)	机构人员(人) Personnel (person)	#博士和硕士 Doctor and Master	机构经费支出(万元) Expenditure on S&T Institutions (10 000 yuan)	仪器和设备原价(万元) Equipment (10 000 yuan)
总　　计	**Total**	**72963**	**2923953**	**411715**	**76644847**	**73564754**
煤炭开采和洗选业	Mining and Washing of Coal	207	18535	3094	385255	600403
石油和天然气开采业	Extraction of Petroleum and Natural Gas	68	32012	8858	596876	511328
黑色金属矿采选业	Mining of Ferrous Metal Ores	49	2861	635	53997	56402
有色金属矿采选业	Mining of Non-ferrous Metal Ores	77	3529	588	151590	53829
非金属矿采选业	Mining and Processing of Nonmetal Ores	142	2992	352	57531	43122
农副食品加工业	Processing of Food from Agricultural Products	2585	53551	8457	1391308	1030172
食品制造业	Manufacture of Foods	1317	35098	5155	821334	819303
酒、饮料和精制茶制造业	Manufacture of Liquor, Beverages and Refined Tea	904	31165	3439	707534	1019931
烟草制品业	Manufacture of Tobacco	50	3546	1140	241634	375507
纺织业	Manufacture of Textile	2821	66875	4390	1499169	1478667
纺织服装、服饰业	Manufacture of Textile, Apparel and Accessories	1660	45215	2116	765956	584122
皮革、毛皮、羽毛及其制品和制鞋业	Manufacture of Leather, Fur, Feather and Related Products and Shoes	900	22743	938	435147	184236
木材加工和木、竹、藤、棕、草制品业	Processing of Timbers and Manufacture of Wood, Bamboo, Rattan, Palm and Straw	981	14302	1342	296924	229388
家具制造业	Manufacture of Furniture	650	19712	798	373754	349611
造纸和纸制品业	Manufacture of Paper and Paper Products	772	26077	1657	889193	708045
印刷和记录媒介复制业	Printing,Reproduction of Recording Media	679	17598	1130	298307	648755
文教、工美、体育和娱乐用品制造业	Manufacture of Artworks, and Articles for Culture, Education, Sports and Recreation	1440	36877	1984	624708	406118
石油加工、炼焦和核燃料加工业	Processing of Petroleum ,Coking and Processing of Nucleus Fuel	311	14196	2104	640595	1096309
化学原料和化学制品制造业	Manufacture of Chemical Raw Material and Chemical Products	6347	181130	25626	5264543	5589366
医药制造业	Manufacture of Medicines	3043	133133	29530	3294409	3230752
化学纤维制造业	Manufacture of Chemical Fiber	568	20698	1462	636493	849933
橡胶和塑料制品业	Manufacture of Rubber and Plastic	2992	82826	5682	1894997	2137335
非金属矿物制品业	Manufacture of Non-metallic Mineral Products	3406	86223	8035	1634366	1882596
黑色金属冶炼和压延加工业	Manufacture and Processing of Ferrous Metals	1268	59697	7222	2279097	2078379
有色金属冶炼和压延加工业	Manufacture and Processing of Non-ferrous Metals	1516	56943	6382	1834660	2183788
金属制品业	Manufacture of Metal Products	3441	100308	7467	1938554	2298193
通用设备制造业	Manufacture of General Purpose Machinery	6557	216169	22823	4271896	4704342
专用设备制造业	Manufacture of Special Purpose Machinery	5526	184508	23922	3478413	3595448
汽车制造业	Manufacture of Motor Vehicles	3381	240671	32508	8270807	8136053
铁路、船舶、航空航天和其他运输设备制造业	Manufacture of Railway Equipment, Ships, Aerospace Equipment and Other Transport Equipment	1339	100701	16003	2374828	2522797
电气机械和器材制造业	Manufacture of Electrical Machinery and Equipment	8238	334146	34964	8545851	11268805
计算机、通信和其他电子设备制造业	Manufacture of Computer, Communication and Other Electronic Equipment	6830	554967	122219	18376131	10192081
仪器仪表制造业	Manufacture of Measuring Instrument and Meter	1928	81275	10471	1511339	1293580
其他制造业	Other Manufacturing	279	9019	1137	177844	233667
金属制品、机械和设备修理业	Repaire Service of Metal Products, Machinery and Equipment	65	5822	463	90479	65519
电力、热力生产和供应业	Production and Supply of Electric Power and Heat Power	296	16941	4794	361301	700111
燃气生产和供应业	Production and Distribution of Gas	43	1125	216	25764	34689
水的生产和供应业	Production and Distribution of Water	102	2472	539	37761	48691

2-19 各地区规上工业企业办研发机构情况(2016年)
R&D Institutions in Industrial Enterprises above Designated Size by Region(2016)

地 区	Region	机构数(个) Institutions (unit)	机构人员(人) Personnel (person)	#博士和硕士 Doctor and Master	机构经费支出(万元) Expenditure on S&T Institutions (10 000 yuan)	仪器和设备原价(万元) Equipment (10 000 yuan)
全 国	**National Total**	**72963**	**2923953**	**411715**	**76644847**	**73564754**
东部地区	Eastern Region	55458	2157086	292614	59793207	49324697
中部地区	Middle Region	11434	434050	64250	9827553	12069671
西部地区	Western Region	5114	246564	39009	5180337	9812411
东北地区	Northeast Region	957	86253	15842	1843751	2357976
北 京	Beijing	749	52325	13333	1912888	910354
天 津	Tianjin	951	46300	6694	1019333	1682235
河 北	Hebei	1385	82305	10512	1554700	1356280
山 西	Shanxi	323	22932	3380	333461	541229
内蒙古	Inner Mongolia	278	18754	2932	349383	351525
辽 宁	Liaoning	552	45546	7826	1040171	1230222
吉 林	Jilin	198	18995	3745	525230	719358
黑龙江	Heilongjiang	207	21712	4271	278350	408396
上 海	Shanghai	666	69153	18977	3304126	2932004
江 苏	Jiangsu	23564	593391	65675	15075406	17301101
浙 江	Zhejiang	10137	332719	25493	8192477	6127125
安 徽	Anhui	4536	125596	15763	2993461	5054602
福 建	Fujian	1618	76665	8110	1743728	1539203
江 西	Jiangxi	1260	42692	5775	1150754	900241
山 东	Shandong	4528	226979	38740	7028876	6427083
河 南	Henan	2229	110713	13780	2161249	1872163
湖 北	Hubei	1212	61352	12324	1450934	1448995
湖 南	Hunan	1874	70765	13228	1737694	2252441
广 东	Guangdong	11834	675436	104811	19935668	11031236
广 西	Guangxi	324	16018	2127	343573	531037
海 南	Hainan	26	1813	269	26006	18075
重 庆	Chongqing	1077	49663	7096	1509236	1087194
四 川	Sichuan	1066	63728	10466	1090750	5207982
贵 州	Guizhou	474	17264	1913	358287	389994
云 南	Yunnan	554	14641	1793	364464	454326
西 藏	Tibet	5	50	23	625	4294
陕 西	Shaanxi	626	34233	7128	659415	960047
甘 肃	Gansu	263	11948	2021	105248	302359
青 海	Qinghai	46	2271	396	41850	59880
宁 夏	Ningxia	181	7390	749	99331	205372
新 疆	Xinjiang	220	10604	2365	258173	258400

2-20 按企业规模及登记注册类型分规上工业企业新产品开发和销售(2016年)
New Products Development and Sale of Industrial Enterprises above Designated Size by Scale and Registration Status (2016)

单位：万元 (10 000 yuan)

注册类型	Type of Registration	新产品开发项目数(项) New Products (unit)	新产品开发经费支出 Expenditure on New Products Development	新产品销售收入 Sales Revenue of New Products	#出口 Exports
总　计	**Total**	**391872**	**117662658**	**1746041534**	**327130958**
#大型企业	Large-sized Industrial Enterprises	87495	61448884	1103157149	246132136
中型企业	Medium-sized Industrial Enterprises	108252	27588734	370206403	53394555
内资企业	**Domestic Funded**	**313231**	**89317095**	**1208390782**	**150792646**
国有企业	State-owned Enterprises	5700	2960806	46783703	1314191
集体企业	Collective-owned Enterprises	749	595156	8379212	1250512
股份合作企业	Cooperative Enterprises	502	59183	669875	72360
联营企业	Joint Ownership Enterprises	44	9039	73808	7134
国有联营企业	State Joint Ownership Enterprises	17	3865	27800	7107
集体联营企业	Collective Joint Ownership Enterprises	4	1241	6845	
国有与集体联营企业	Joint State-collective Enterprises	19	1670	32838	27
其他联营企业	Other Joint Ownership Enterprises	4	2263	6326	
有限责任公司	Limited Liability Corporations	110556	38635727	494761828	62404584
国有独资公司	State Sole Funded Corporations	13220	4897258	67108647	8915009
其他有限责任公司	Other Limited Liability Corporations	97336	33738470	427653181	53489575
股份有限公司	Share-holding Corporations Ltd.	50236	17288944	267755911	38704824
私营企业	Private Enterprises	145329	29726929	389675620	47019526
私营独资企业	Private-funded Enterprises	1748	396705	3446542	264652
私营合伙企业	Private Partnership Enterprises	221	32775	450071	28772
私营有限责任公司	Private Limited Liability Corporations	127303	25394043	331202138	40730239
私营股份有限公司	Private Share-holding Corporations Ltd.	16057	3903406	54576869	5995863
其他企业	Other Enterprises	115	41311	290826	19515
港澳台商投资企业	**Enterprises with Funds from Hong Kong, Macau and Taiwan**	**36315**	**11508389**	**216260034**	**88907938**
与港澳台商合资经营企业	Joint-venture Enterprises with Funds from Hong Kong, Macau and Taiwan	15051	4246906	75665012	15223748
与港澳台商合作经营企业	Cooperative Enterprises with Funds from Hong Kong, Macau and Taiwan	575	139992	1443032	354801
港澳台商独资经营企业	Enterprises with Sole Funds from Hong Kong, Macau and Taiwan	18608	6300833	126413080	69925901
港澳台商投资股份有限公司	Share-holding Corporations Ltd. with Funds from Hong Kong, Macau and Taiwan	1874	739697	11508899	2802963
外商投资企业	**Foreign Funded Enterprises**	**42326**	**16837174**	**321390718**	**87430375**
中外合资经营企业	Joint-venture Enterprises	20252	8657269	190563565	25795412
中外合作经营	Cooperation Enterprises	561	195295	3022294	1706136
外资企业	Enterprises with Sole Foreign Funds	19826	7056011	114303509	57178398
外商投资股份有限公司	Share-holding Corporations Ltd. with Foreign Funds	1484	880830	12734725	2634402

2-21 按行业分规上工业企业新产品开发和销售(2016年)
New Products Development and Sale of Industrial Enterprises above Designated Size by Industrial Sector (2016)

单位：万元 (10 000 yuan)

行业	Industry	新产品开发项目数(项) New Products (unit)	新产品开发经费支出 Expenditure on New Products Development	新产品销售收入 Sales Revenue of New Products	#出口 Exports
总计	**Total**	**391872**	**117662658**	**1746041534**	**327130958**
煤炭开采和洗选业	Mining and Washing of Coal	1134	661930	4979234	261761
石油和天然气开采业	Extraction of Petroleum and Natural Gas	558	180382	952724	
黑色金属矿采选业	Mining of Ferrous Metal Ores	256	58039	338905	16723
有色金属矿采选业	Mining of Non-ferrous Metal Ores	237	126467	2294420	3145
非金属矿采选业	Mining and Processing of Nonmetal Ores	356	76912	983409	16835
农副食品加工业	Processing of Food from Agricultural Products	9649	2743868	33319428	1627775
食品制造业	Manufacture of Foods	6618	1586258	16039336	1189634
酒、饮料和精制茶制造业	Manufacture of Liquor, Beverages and Refined Tea	3381	895045	11330460	543675
烟草制品业	Manufacture of Tobacco	1129	233524	17742749	145066
纺织业	Manufacture of Textile	8639	2229997	51746138	7228702
纺织服装、服饰业	Manufacture of Textile, Apparel and Accessories	4153	1193247	21944598	5300576
皮革、毛皮、羽毛及其制品和制鞋业	Manufacture of Leather, Fur, Feather and Related Products and Shoes	2685	713531	10857795	2492065
木材加工和木、竹、藤、棕、草制品业	Processing of Timbers and Manufacture of Wood, Bamboo, Rattan, Palm and Straw	1899	511598	6095458	884389
家具制造业	Manufacture of Furniture	2801	563543	9466171	2720977
造纸和纸制品业	Manufacture of Paper and Paper Products	3406	1171997	20926495	2137418
印刷和记录媒介复制业	Printing,Reproduction of Recording Media	2681	472020	6484639	917224
文教、工美、体育和娱乐用品制造业	Manufacture of Artworks, and Articles for Culture, Education, Sports and Recreation	5648	1084514	13626197	4646119
石油加工、炼焦和核燃料加工业	Processing of Petroleum ,Coking and Processing of Nucleus Fuel	1670	782452	26737036	89506
化学原料和化学制品制造业	Manufacture of Chemical Raw Material and Chemical Products	28763	7453922	117622696	11826738
医药制造业	Manufacture of Medicines	25320	4978806	54227527	4896556
化学纤维制造业	Manufacture of Chemical Fiber	2342	982568	18454130	1506910
橡胶和塑料制品业	Manufacture of Rubber and Plastic	15070	3072007	37482146	6380162
非金属矿物制品业	Manufacture of Non-metallic Mineral Products	12834	3035082	33953918	3598516
黑色金属冶炼和压延加工业	Manufacture and Processing of Ferrous Metals	8349	5073974	71200326	8321578
有色金属冶炼和压延加工业	Manufacture and Processing of Non-ferrous Metals	7751	3296787	69760133	4042203
金属制品业	Manufacture of Metal Products	16586	3376748	39656071	6296435
通用设备制造业	Manufacture of General Purpose Machinery	37274	7287116	89485475	12212340
专用设备制造业	Manufacture of Special Purpose Machinery	31838	6262610	64300459	8290407
汽车制造业	Manufacture of Motor Vehicles	29409	12662062	254775542	8960873
铁路、船舶、航空航天和其他运输设备制造业	Manufacture of Railway Equipment, Ships, Aerospace Equipment and Other Transport Equipment	10561	4874546	64443442	14994186
电气机械和器材制造业	Manufacture of Electrical Machinery and Equipment	47952	13000483	194090806	35036892
计算机、通信和其他电子设备制造业	Manufacture of Computer, Communication and Other Electronic Equipment	42040	23494423	348386662	165812666
仪器仪表制造业	Manufacture of Measuring Instrument and Meter	13037	2209331	21426113	2670016
其他制造业	Other Manufacturing	1514	307318	2895710	586898
金属制品、机械和设备修理业	Repaire Service of Metal Products, Machinery and Equipment	562	184237	2675727	1390530
电力、热力生产和供应业	Production and Supply of Electric Power and Heat Power	2332	482680	2792641	78092
燃气生产和供应业	Production and Distribution of Gas	156	43181	510130	
水的生产和供应业	Production and Distribution of Water	239	39789	258053	638

2-22 各地区规上工业企业新产品开发和销售(2016年)
New Products Development and Sale of Industrial Enterprise above Designated Size by Region (2016)

单位：万元 (10 000 yuan)

地区	Region	新产品开发项目数(项) New Products (unit)	新产品开发经费支出 Expenditure on New Products Development	新产品销售收入 Sales Revenue of New Products	#出口 Exports
全国	**National Total**	**391872**	**117662658**	**1746041534**	**327130958**
东部地区	Eastern Region	283838	83322583	1213308787	263665007
中部地区	Middle Region	58964	18382328	324699482	44841282
西部地区	Western Region	37013	11626126	142858527	12146938
东北地区	Northeast Region	12057	4331621	65174739	6477732
北京	Beijing	10304	3226374	40858562	2772815
天津	Tianjin	10767	2856231	56428282	10376155
河北	Hebei	8428	2626889	39231360	4329023
山西	Shanxi	2206	689735	10850063	1607254
内蒙古	Inner Mongolia	1509	727898	7796103	463949
辽宁	Liaoning	6910	2391496	33872375	5112813
吉林	Jilin	2470	1243953	26276146	652633
黑龙江	Heilongjiang	2677	696173	5026218	712286
上海	Shanghai	15046	6227654	90334750	12410809
江苏	Jiangsu	64029	19090345	280846698	65837462
浙江	Zhejiang	63124	10041634	213968302	42103944
安徽	Anhui	19920	4432081	73210508	5556923
福建	Fujian	11833	3516871	40526601	12541348
江西	Jiangxi	8371	2227922	31368046	3032030
山东	Shandong	32952	12521655	163134209	20850533
河南	Henan	10385	3370816	61154137	28014672
湖北	Hubei	10450	4076507	67132019	3007561
湖南	Hunan	7632	3585267	80984709	3622841
广东	Guangdong	66843	23097271	286714109	92315817
广西	Guangxi	3217	905498	19808824	777902
海南	Hainan	512	117659	1265915	127100
重庆	Chongqing	9243	3025777	50143454	7149918
四川	Sichuan	8846	2523694	30447284	1620933
贵州	Guizhou	2231	550466	5752002	613257
云南	Yunnan	3834	884333	6284487	302506
西藏	Tibet	24	3630	78690	
陕西	Shaanxi	4506	1898166	12364855	534691
甘肃	Gansu	1222	397701	3031098	277462
青海	Qinghai	126	62146	379404	7720
宁夏	Ningxia	1102	202032	2026821	321326
新疆	Xinjiang	1153	444784	4745506	77274

2-23 按企业规模及登记注册类型分规上工业企业专利(2016年)
Statistics on Patent of Industrial Enterprises above Designated Size by Scale and Registration Status (2016)

单位：件 (piece)

注册类型	Type of Registration	专利申请数 Patent Applications	#发明专利 Inventions	有效发明专利数 Inventions in Force
总　计	**Total**	**715397**	**286987**	**769847**
#大型企业	Large-sized Industrial Enterprises	270562	129868	355272
中型企业	Medium-sized Industrial Enterprises	167860	58816	172734
内资企业	**Domestic Funded**	**589008**	**236768**	**622533**
国有企业	State-owned Enterprises	22113	10958	23393
集体企业	Collective-owned Enterprises	4290	2830	2690
股份合作企业	Cooperative Enterprises	465	160	465
联营企业	Joint Ownership Enterprises	35	30	36
国有联营企业	State Joint Ownership Enterprises	13	9	24
集体联营企业	Collective Joint Ownership Enterprises			
国有与集体联营企业	Joint State-collective Enterprises	22	21	12
其他联营企业	Other Joint Ownership Enterprises			
有限责任公司	Limited Liability Corporations	200555	91432	243148
国有独资公司	State Sole Funded Corporations	28822	14036	30405
其他有限责任公司	Other Limited Liability Corporations	171733	77396	212743
股份有限公司	Share-holding Corporations Ltd.	123575	52721	171965
私营企业	Private Enterprises	237820	78551	180490
私营独资企业	Private-funded Enterprises	1695	525	803
私营合伙企业	Private Partnership Enterprises	154	43	47
私营有限责任公司	Private Limited Liability Corporations	208522	67818	149095
私营股份有限公司	Private Share-holding Corporations Ltd.	27449	10165	30545
其他企业	Other Enterprises	155	86	346
港澳台商投资企业	**Enterprises with Funds from Hong Kong, Macau and Taiwan**	**60762**	**22581**	**68740**
与港澳台商合资经营企业	Joint-venture Enterprises with Funds from Hong Kong, Macau and Taiwan	22650	7925	24800
与港澳台商合作经营企业	Cooperative Enterprises with Funds from Hong Kong, Macau and Taiwan	613	145	501
港澳台商独资经营企业	Enterprises with Sole Funds from Hong Kong, Macau and Taiwan	32713	12471	39213
港澳台商投资股份有限公司	Share-holding Corporations Ltd. with Funds from Hong Kong, Macau and Taiwan	4629	1997	4015
外商投资企业	**Foreign Funded Enterprises**	**65627**	**27638**	**78574**
中外合资经营企业	Joint-venture Enterprises	33964	14246	36714
中外合作经营	Cooperation Enterprises	699	233	641
外资企业	Enterprises with Sole Foreign Funds	26771	11605	36384
外商投资股份有限公司	Share-holding Corporations Ltd. with Foreign Funds	3696	1410	4534

2-24 按行业分规上工业企业专利(2016年)
Statistics on Patent of Industrial Enterprises above Designated Size by Industrial Sector (2016)

单位：件 (piece)

行 业	Industry	专利申请数 Patent Applications	#发明专利 Inventions	有效发明专利数 Inventions In Force
总 计	**Total**	**715397**	**286987**	**769847**
煤炭开采和洗选业	Mining and Washing of Coal	2399	680	1944
石油和天然气开采业	Extraction of Petroleum and Natural Gas	2950	1136	1994
黑色金属矿采选业	Mining of Ferrous Metal Ores	699	379	965
有色金属矿采选业	Mining of Non-ferrous Metal Ores	425	184	341
非金属矿采选业	Mining and Processing of Nonmetal Ores	503	215	353
农副食品加工业	Processing of Food from Agricultural Products	10066	4552	7520
食品制造业	Manufacture of Foods	7673	3075	7863
酒、饮料和精制茶制造业	Manufacture of Liquor, Beverages and Refined Tea	3761	1317	3298
烟草制品业	Manufacture of Tobacco	3318	1395	3081
纺织业	Manufacture of Textile	13777	3804	6359
纺织服装、服饰业	Manufacture of Textile, Apparel and Accessories	8086	1681	3527
皮革、毛皮、羽毛及其制品和制鞋业	Manufacture of Leather, Fur, Feather and Related Products and Shoes	5265	822	2050
木材加工和木、竹、藤、棕、草制品业	Processing of Timbers and Manufacture of Wood,Bamboo, Rattan, Palm and Straw	3124	992	1708
家具制造业	Manufacture of Furniture	10629	1618	4031
造纸和纸制品业	Manufacture of Paper and Paper Products	5008	1665	4741
印刷和记录媒介复制业	Printing,Reproduction of Recording Media	3702	1096	3312
文教、工美、体育和娱乐用品制造业	Manufacture of Artworks, and Articles for Culture, Education, Sports and Recreation	14636	2404	6857
石油加工、炼焦和核燃料加工业	Processing of Petroleum ,Coking and Processing of Nucleus Fuel	1805	940	3061
化学原料和化学制品制造业	Manufacture of Chemical Raw Material and Chemical Products	34739	19193	48805
医药制造业	Manufacture of Medicines	17785	10483	37463
化学纤维制造业	Manufacture of Chemical Fiber	2753	861	2510
橡胶和塑料制品业	Manufacture of Rubber and Plastic	19614	6599	16212
非金属矿物制品业	Manufacture of Non-metallic Mineral Products	18777	6332	19013
黑色金属冶炼和压延加工业	Manufacture and Processing of Ferrous Metals	13262	5791	15661
有色金属冶炼和压延加工业	Manufacture and Processing of Non-ferrous Metals	11173	4322	13527
金属制品业	Manufacture of Metal Products	24978	7868	22231
通用设备制造业	Manufacture of General Purpose Machinery	60198	19847	55508
专用设备制造业	Manufacture of Special Purpose Machinery	57906	20975	67163
汽车制造业	Manufacture of Motor Vehicles	53133	15367	34481
铁路、船舶、航空航天和其他运输设备制造业	Manufacture of Railway Equipment, Ships, Aerospace Equipment and Other Transport Equipment	24414	10030	21990
电气机械和器材制造业	Manufacture of Electrical Machinery and Equipment	113140	41383	85028
计算机、通信和其他电子设备制造业	Manufacture of Computer, Communication and Other Electronic Equipment	118725	70883	227365
仪器仪表制造业	Manufacture of Measuring Instrument and Meter	20219	7250	20137
其他制造业	Other Manufacturing	2695	942	3034
金属制品、机械和设备修理业	Repaire Service of Metal Products, Machinery and Equipment	858	401	860
电力、热力生产和供应业	Production and Supply of Electric Power and Heat Power	20065	9320	12893
燃气生产和供应业	Production and Distribution of Gas	202	70	204
水的生产和供应业	Production and Distribution of Water	459	121	491

2-25 各地区规上工业企业专利(2016年)
Statistics on Patent of Industrial Enterprises above Designated Size by Region (2016)

单位：件 (piece)

地区	Region	专利申请数 Patent Applications	#发明专利 Inventions	有效发明专利数 Inventions in Force
全国	**National Total**	**715397**	**286987**	**769847**
东部地区	Eastern Region	504750	200073	560477
中部地区	Middle Region	121451	51467	116284
西部地区	Western Region	72705	27955	70787
东北地区	Northeast Region	16491	7492	22299
北京	Beijing	20065	9392	28290
天津	Tianjin	17170	7300	22021
河北	Hebei	13189	4120	13074
山西	Shanxi	3786	1410	5350
内蒙古	Inner Mongolia	2970	1321	3103
辽宁	Liaoning	9709	4382	14188
吉林	Jilin	2655	1176	3395
黑龙江	Heilongjiang	4127	1934	4716
上海	Shanghai	24228	11293	37513
江苏	Jiangsu	131284	49229	117912
浙江	Zhejiang	78729	19280	38661
安徽	Anhui	49791	23322	41791
福建	Fujian	28208	8162	18514
江西	Jiangxi	12594	3290	6993
山东	Shandong	45921	22769	45917
河南	Henan	17457	6197	15863
湖北	Hubei	19574	9227	23972
湖南	Hunan	18249	8021	22315
广东	Guangdong	145448	68168	236918
广西	Guangxi	5555	2660	6010
海南	Hainan	508	360	1657
重庆	Chongqing	17511	5392	8585
四川	Sichuan	21685	8523	24065
贵州	Guizhou	4341	2021	5411
云南	Yunnan	4942	1878	5880
西藏	Tibet	44	15	115
陕西	Shaanxi	8142	3360	11520
甘肃	Gansu	2600	814	2427
青海	Qinghai	612	285	393
宁夏	Ningxia	1757	909	1248
新疆	Xinjiang	2546	777	2030

2-26 按企业规模及登记注册类型分规上工业企业技术获取和技术改造(2016年)

Technology Acquisition and Renovation of Industrial Enterprises above Designated Size by Scale and Registration Status (2016)

单位：万元 (10 000 yuan)

注册类型	Type of Registration	引进技术经费支出 Expenditure for Acquisition of Foreign Technology	消化吸收经费支出 Expenditure for Assimilation of Technology	购买境内技术经费支出 Expenditure for Purchase of Domestic Technology	技术改造经费支出 Expenditure for Technical Renovation
总　计	**Total**	**4754183**	**1092479**	**2080023**	**30166061**
#大型企业	Large-sized Industrial Enterprises	4172277	932581	1659837	21384136
中型企业	Medium-sized Industrial Enterprises	391793	115313	216203	4835802
内资企业	**Domestic Funded**	**1777633**	**558971**	**1807568**	**24880320**
国有企业	State-owned Enterprises	114210	158946	68098	1217682
集体企业	Collective-owned Enterprises	6697	1642	2331	40866
股份合作企业	Cooperative Enterprises				6285
联营企业	Joint Ownership Enterprises				3853
国有联营企业	State Joint Ownership Enterprises				200
集体联营企业	Collective Joint Ownership Enterprises				3006
国有与集体联营企业	Joint State-collective Enterprises				
其他联营企业	Other Joint Ownership Enterprises				647
有限责任公司	Limited Liability Corporations	454935	187187	588601	12021751
国有独资公司	State Sole Funded Corporations	86477	24240	209220	3471640
其他有限责任公司	Other Limited Liability Corporations	368459	162948	379382	8550111
股份有限公司	Share-holding Corporations Ltd.	312166	117414	406802	6494296
私营企业	Private Enterprises	889619	93711	741486	5065614
私营独资企业	Private-funded Enterprises	37	337	328	97819
私营合伙企业	Private Partnership Enterprises			99	15361
私营有限责任公司	Private Limited Liability Corporations	819586	71136	694471	4098219
私营股份有限公司	Private Share-holding Corporations Ltd.	69997	22238	46588	854215
其他企业	Other Enterprises	5	71	250	29974
港澳台商投资企业	**Enterprises with Funds from Hong Kong, Macau and Taiwan**	**236403**	**93637**	**113826**	**1918896**
与港澳台商合资经营企业	Joint-venture Enterprises with Funds from Hong Kong, Macau and Taiwan	46016	13547	40608	1012867
与港澳台商合作经营企业	Cooperative Enterprises with Funds from Hong Kong, Macau and Taiwan	187	47	447	47167
港澳台商独资经营企业	Enterprises with Sole Funds from Hong Kong, Macau and Taiwan	189094	79813	70318	821020
港澳台商投资股份有限公司	Share-holding Corporations Ltd. with Funds from Hong Kong, Macau and Taiwan	1107	230	2452	37605
外商投资企业	**Foreign Funded Enterprises**	**2740147**	**439871**	**158630**	**3366845**
中外合资经营企业	Joint-venture Enterprises	2251685	405119	99079	2555187
中外合作经营	Cooperation Enterprises	1473	202	6789	39308
外资企业	Enterprises with Sole Foreign Funds	466768	27514	24021	676742
外商投资股份有限公司	Share-holding Corporations Ltd. with Foreign Funds	17425	6838	28418	87390

2-27 按行业分规上工业企业技术获取和技术改造(2016年)
Technology Acquisition and Renovation of Industrial Enterprises above Designated Size by Industrial Sector (2016)

单位：万元 (10 000 yuan)

行 业	Industry	引进技术经费支出 Expenditure for Acquisition of Foreign Technology	消化吸收经费支出 Expenditure for Assimilation of Technology	购买境内技术经费支出 Expenditure for Purchase of Domestic Technology	技术改造经费支出 Expenditure for Technical Renovation
总 计	**Total**	**4754183**	**1092479**	**2080023**	**30166061**
煤炭开采和洗选业	Mining and Washing of Coal	22567	5047	89589	926606
石油和天然气开采业	Extraction of Petroleum and Natural Gas			87	12367
黑色金属矿采选业	Mining of Ferrous Metal Ores	5	90	783	29564
有色金属矿采选业	Mining of Non-ferrous Metal Ores	10	4	85	76975
非金属矿采选业	Mining and Processing of Nonmetal Ores	1		751	69111
农副食品加工业	Processing of Food from Agricultural Products	9820	9434	19896	473157
食品制造业	Manufacture of Foods	45952	13419	10876	347550
酒、饮料和精制茶制造业	Manufacture of Liquor, Beverages and Refined Tea	9238	5936	20115	732329
烟草制品业	Manufacture of Tobacco	16628	427	79272	835451
纺织业	Manufacture of Textile	36575	22536	26525	424038
纺织服装、服饰业	Manufacture of Textile, Apparel and Accessories	18026	6953	11982	142942
皮革、毛皮、羽毛及其制品和制鞋业	Manufacture of Leather, Fur, Feather and Related Products and Shoes	2223	1156	3158	79210
木材加工和木、竹、藤、棕、草制品业	Processing of Timbers and Manufacture of Wood, Bamboo, Rattan, Palm and Straw	4429	952	1684	115489
家具制造业	Manufacture of Furniture	647		931	74239
造纸和纸制品业	Manufacture of Paper and Paper Products	49060	17094	6406	352581
印刷和记录媒介复制业	Printing,Reproduction of Recording Media	1904	974	2917	81138
文教、工美、体育和娱乐用品制造业	Manufacture of Artworks, and Articles for Culture, Education, Sports and Recreation	8279	8017	6865	142019
石油加工、炼焦和核燃料加工业	Processing of Petroleum ,Coking and Processing of Nucleus Fuel	43864	52645	47037	1480689
化学原料和化学制品制造业	Manufacture of Chemical Raw Material and Chemical Products	204488	63160	101835	2634832
医药制造业	Manufacture of Medicines	46608	32582	181129	934249
化学纤维制造业	Manufacture of Chemical Fiber	28557	7376	22842	385250
橡胶和塑料制品业	Manufacture of Rubber and Plastic	21614	13772	43188	540482
非金属矿物制品业	Manufacture of Non-metallic Mineral Products	30748	6481	27399	796916
黑色金属冶炼和压延加工业	Manufacture and Processing of Ferrous Metals	109822	27768	239292	2685873
有色金属冶炼和压延加工业	Manufacture and Processing of Non-ferrous Metals	24061	8458	30209	1550641
金属制品业	Manufacture of Metal Products	17352	6919	15509	414690
通用设备制造业	Manufacture of General Purpose Machinery	344145	53939	50128	1081245
专用设备制造业	Manufacture of Special Purpose Machinery	67151	10047	22546	664149
汽车制造业	Manufacture of Motor Vehicles	2417081	519266	183752	3674279
铁路、船舶、航空航天和其他运输设备制造业	Manufacture of Railway Equipment, Ships, Aerospace Equipment and Other Transport Equipment	93755	20999	61750	1090770
电气机械和器材制造业	Manufacture of Electrical Machinery and Equipment	197745	68526	71170	2197119
计算机、通信和其他电子设备制造业	Manufacture of Computer, Communication and Other Electronic Equipment	842697	40716	584203	2422764
仪器仪表制造业	Manufacture of Measuring Instrument and Meter	29886	5174	16440	210304
其他制造业	Other Manufacturing	1279	20	4836	42478
金属制品、机械和设备修理业	Repaire Service of Metal Products, Machinery and Equipment	6382	2874	2067	42496
电力、热力生产和供应业	Production and Supply of Electric Power and Heat Power	665	2720	67027	2083487
燃气生产和供应业	Production and Distribution of Gas	22	56946	22638	55938
水的生产和供应业	Production and Distribution of Water	823		2612	201722

2-28 各地区规上工业企业技术获取和技术改造(2016年)

Technology Acquisition and Renovation of Industrial Enterprises above Designated Size by Region(2016)

单位：万元 (10 000 yuan)

地区	Region	引进技术经费支出 Expenditure for Acquisition of Foreign Technology	消化吸收经费支出 Expenditure for Assimilation of Technology	购买境内技术经费支出 Expenditure for Purchase of Domestic Technology	技术改造经费支出 Expenditure for Technical Renovation
全　国	**National Total**	**4754183**	**1092479**	**2080023**	**30166061**
东部地区	Eastern Region	3806913	767288	1572378	16864615
中部地区	Middle Region	316353	76605	175919	6412264
西部地区	Western Region	542036	70285	283463	5110613
东北地区	Northeast Region	88882	178301	48262	1778569
北　京	Beijing	320726	71825	56382	577165
天　津	Tianjin	60216	11442	4867	276506
河　北	Hebei	21239	13345	15412	1059852
山　西	Shanxi	46816	6276	14726	455321
内蒙古	Inner Mongolia	74786	20005	12730	232073
辽　宁	Liaoning	28242	28047	42424	1127776
吉　林	Jilin	51379	144743	1261	414559
黑龙江	Heilongjiang	9262	5512	4578	236234
上　海	Shanghai	1349956	368456	260867	1415542
江　苏	Jiangsu	332707	94876	173755	5219506
浙　江	Zhejiang	93307	35327	144078	1918982
安　徽	Anhui	32528	22194	36379	1431415
福　建	Fujian	137912	29762	118409	1924895
江　西	Jiangxi	48799	3661	47604	586184
山　东	Shandong	174867	94744	169358	2407348
河　南	Henan	8767	8379	20112	1093662
湖　北	Hubei	142732	17832	31503	551678
湖　南	Hunan	36711	18262	25595	2294004
广　东	Guangdong	1315983	47511	625611	2049895
广　西	Guangxi	4210	1952	6951	795169
海　南	Hainan			3640	14925
重　庆	Chongqing	376013	6307	45856	706714
四　川	Sichuan	33249	18664	40687	814649
贵　州	Guizhou	1027	1520	33512	712956
云　南	Yunnan	15429	2197	49047	287701
西　藏	Tibet				140
陕　西	Shaanxi	24595	12450	47014	575946
甘　肃	Gansu	1298	5939	2694	476440
青　海	Qinghai	1775	4	173	53125
宁　夏	Ningxia	857	309	43421	232239
新　疆	Xinjiang	8797	939	1380	223461

三、研究与开发机构

R&D Institutions

3-1 研究与开发机构基本情况
Basic Statistics on Scientific Research and Development Institutions

指标	Item	2008	2009	2010	2011	2012	2013	2014	2015	2016
机构基本情况	**Basic Statistics on Institutions**									
机构数（个）	Number of R&D Institutions(unit)	3727	3707	3696	3673	3674	3651	3677	3650	3611
#中央属	Subordinated to Central Level	678	691	686	686	710	711	720	715	734
地方属	Subordinated to Local Level	3049	3016	3010	2987	2964	2940	2957	2935	2877
研究与试验发展(R&D)投入情况	**Statistics on R&D Input**									
R&D人员（万人）	R&D Personnel(10 000 persons)	30.4	32.3	34.2	36.2	38.8	40.9	42.3	43.6	45.0
R&D人员全时当量(万人年)	Full-time Equivalent of R&D Personnel (10 000 man-year)	26.0	27.7	29.3	31.6	34.4	36.4	37.4	38.4	39.0
#基础研究	Basic Research	3.8	4.1	4.2	5.0	5.7	6.1	6.6	7.1	8.4
应用研究	Applied Research	9.7	10.3	10.9	11.3	12.1	13.0	12.8	13.1	12.7
试验发展	Experimental Development	12.5	13.4	14.2	15.2	16.5	17.3	18.0	18.1	17.9
R&D经费内部支出(亿元)	Intramural Expenditure on R&D (100 million yuan)	811.3	996.0	1186.4	1306.7	1548.9	1781.4	1926.2	2136.5	2260.2
#基础研究	Basic Research	92.7	110.6	129.9	160.2	197.9	221.6	258.9	295.3	337.4
应用研究	Applied Research	271.3	350.9	387.6	417.2	469.3	525.8	552.9	618.4	642.1
试验发展	Experimental Development	447.2	534.4	668.9	729.3	881.7	1034.0	1114.4	1222.8	1280.7
#政府资金	Government Funds	699.7	849.5	1036.5	1106.1	1292.7	1481.2	1581.0	1802.7	1851.6
企业资金	Self-raised Funds by Enterprises	28.2	29.8	34.2	39.9	47.4	60.9	62.9	65.4	90.4
国外资金	Forein Funds	4.0	4.2	3.4	4.9	5.1	5.7	9.1	5.0	3.9
其他资金	Other Funds	79.3	112.4	112.2	155.8	203.8	233.5	273.8	263.4	314.2
研究与试验发展(R&D)项目(课题)情况	**Statistics on R&D Projects**									
R&D项目(课题)数（项）	R&D Projects(item)	54900	61135	67050	70967	79343	85069	91465	99559	100925
R&D项目(课题)人员全时当量（万人年）	Participants(10 000 man-year)	22.9	23.7	25.4	27.3	31.1	32.7	34.0	34.9	34.4
R&D项目(课题)经费内部支出（亿元）	Intramural Expenditure (100 million yuan)	537.7	579.8	681.5	807.1	1078.3	1221.7	1272.7	1513.8	1592.5
科技产出及成果情况	**Statistics on S&T Outputs and Results**									
发表科技论文(篇)	Scientific Papers Issued(piece)	132072	138119	140818	148039	158647	164440	171928	169989	175169
#国外发表	Published in Foreign Periodicals	21498	25882	26862	31598	35173	41072	47032	47301	50010
出版科技著作(种)	Publication on Science and Technology (kind)	4691	4788	3922	4292	4458	4619	5023	5662	5714
专利申请受理数（件）	Number of Patents Applications Accepted(piece)	12536	15773	19192	24059	30418	37040	41966	46559	52331
#发明专利	Inventions	9864	12361	14979	18227	23406	28628	32265	35092	39854
专利申请授权数（件）	Number of Patents Applications Granted (piece)	5048	6391	8698	12126	16551	20095	24870	30104	32442
#发明专利	Inventions	3102	4077	5249	7862	10935	12542	15786	19720	21816

3-2 按隶属关系和学科分研究与开发机构R&D人员(2016年)
R&D Personnel in R&D Institutions by Subordination and Subject (2016)

项 目	Item	机构数(个) R&D Institutions (unit)	从业人员(人) Employed Persons (person)	R&D人员合计(人) R&D Personnel (person)	#女性 Female	#博士毕业 Doctor	#硕士毕业 Master	#本科毕业 Under-graduate
总 计		**3611**	**768794**	**449916**	**147394**	**79026**	**155942**	**146110**
按隶属关系分组	**by Subordination**							
中央部门属	Subordinated to Central Level	734	533652	344444	105476	66109	122284	103653
#中国科学院	Chinese Academy of Sciences	112	61740	96243	33782	36287	29269	18633
地方部门属	Subordi-nated to Local Level	2877	235142	105472	41918	12917	33658	42457
省级部门属	Provincial Level	1419	166961	82137	33570	11551	27704	31754
副省级城市部门属	Sub-provincial Cities Level	186	13576	4033	1547	452	1335	1527
地市级部门属	Miniciple Level	1272	54605	19302	6801	914	4619	9176
按门类学科分组	**by Subject**							
自然科学	Natural sciences	271	62561	79154	28529	28861	23849	17156
农业科学	Agricultural Sciences	1260	98594	57958	21431	9060	17678	20641
医药科学	Medical Science	295	68985	31055	16408	6067	9292	11494
工程与技术科学	Engineering and Technological Sciences	1135	502090	262552	73166	28455	99570	91330
人文与社会科学	Humanities and Social Sciences	650	36564	19197	7860	6583	5553	5489

项 目	Item	#全时人员 Full-time Personnel	R&D人员全时当量(人年) Full-time Equivalent of R&D Personnel (man-year)	#研究人员 Resear-chers	基础研究 Basic Research	应用研究 Applied Research	试验发展 Experi-mental Develop-ment
总 计		**352065**	**390110**	**273967**	**83784**	**127120**	**179206**
按隶属关系分组	**by Subordination**						
中央部门属	Subordinated to Central Level	279465	303912	219272	68786	100492	134634
#中国科学院	Chinese Academy of Sciences	62764	76472	57652	38793	29930	7749
地方部门属	Subordi-nated to Local Level	72600	86198	54695	14998	26628	44572
省级部门属	Provincial Level	56499	67479	43127	13866	22138	31475
副省级城市部门属	Sub-provincial Cities Level	3063	3391	2339	270	1356	1765
地市级部门属	Miniciple Level	13038	15328	9229	862	3134	11332
按门类学科分组	**by Subject**						
自然科学	Natural sciences	52352	64054	47623	35076	20528	8450
农业科学	Agricultural Sciences	43673	49399	31038	7700	11544	30155
医药科学	Medical Science	19625	24463	15214	7553	11378	5532
工程与技术科学	Engineering and Technological Sciences	221633	235862	168400	28325	74925	132612
人文与社会科学	Humanities and Social Sciences	14782	16332	11692	5130	8745	2457

3-3 各地区研究与开发

R&D Personnel in R&D

地　区	Region	机构数（个） R&D Institutions (unit)	从业人员（人） Employed Persons (person)	R&D人员合计（人） R&D Personnel (person)	#女性 Female	#博士毕业 Doctor
全　国	**National Total**	**3611**	**768794**	**449916**	**147394**	**79026**
东部地区	Eastern Region	1443	389306	243779	84211	55060
中部地区	Middle Region	750	122613	63209	17556	7214
西部地区	Western Region	1000	208634	111224	36030	11447
东北地区	Northeast Region	418	48241	31704	9597	5305
北　京	Beijing	396	167138	113675	40466	33900
天　津	Tianjin	61	17228	10907	4007	879
河　北	Hebei	80	22900	10142	2840	586
山　西	Shanxi	165	16479	5634	1983	426
内蒙古	Inner Mongolia	98	9597	3851	1446	313
辽　宁	Liaoning	158	22144	15453	4492	2294
吉　林	Jilin	106	12325	9105	2686	2325
黑龙江	Heilongjiang	154	13772	7146	2419	686
上　海	Shanghai	134	44870	33804	11892	6626
江　苏	Jiangsu	135	57211	26019	7735	3900
浙　江	Zhejiang	101	15793	9019	2896	1821
安　徽	Anhui	100	21987	12254	3270	2370
福　建	Fujian	102	7641	5405	1817	1141
江　西	Jiangxi	117	12732	6138	1717	320
山　东	Shandong	204	22217	15213	5469	2840
河　南	Henan	122	29791	15429	3989	891
湖　北	Hubei	123	28356	16010	4132	2702
湖　南	Hunan	123	13268	7744	2465	505
广　东	Guangdong	202	29627	17452	6343	2991
广　西	Guangxi	118	11387	5167	1840	422
海　南	Hainan	28	4681	2143	746	376
重　庆	Chongqing	37	14120	6051	2386	575
四　川	Sichuan	170	75444	38410	10872	3762
贵　州	Guizhou	82	6429	3349	1307	501
云　南	Yunnan	114	11995	8865	3328	1211
西　藏	Tibet	17	1275	511	164	18
陕　西	Shaanxi	106	59009	31418	9680	1886
甘　肃	Gansu	106	10631	7485	2481	1723
青　海	Qinghai	25	1395	906	349	237
宁　夏	Ningxia	21	858	662	292	40
新　疆	Xinjiang	106	6494	4549	1885	759

机构R&D人员(2016年)
Institutions by Region(2016)

#硕士毕业 Master	#本科毕业 Undergraduate	#全时人员 Full-time Personnel	R&D人员全时当量(人年) Full-time Equivalent of R&D Personnel (man-year)	#研究人员 Researchers	基础研究 Basic Research	应用研究 Applied Research	试验发展 Experimental Development
155942	**146110**	**352065**	**390110**	**273967**	**83784**	**127120**	**179206**
86202	72697	190315	212010	145782	52794	72641	86575
21459	21550	48587	53610	38484	9210	16626	27774
37002	40899	89567	97012	71385	15563	29014	52435
11279	10964	23596	27478	18316	6217	8839	12422
40955	26637	89137	99099	68180	30397	34534	34168
3386	4529	10097	10517	6455	795	3966	5756
2907	5197	9046	9236	6468	849	3311	5076
2072	2376	3629	4200	3112	903	1271	2026
1110	1707	1947	2843	1790	404	803	1636
5797	5405	12203	13736	9602	2799	4482	6455
2810	2515	5597	7618	4224	1618	2637	3363
2672	3044	5796	6124	4490	1800	1720	2604
12085	10479	24991	28775	18004	7008	8604	13163
10644	9337	22097	24032	18137	3063	9506	11463
3228	3090	5677	7066	5313	993	2522	3551
3555	3398	10438	11628	8440	3033	3614	4981
1880	1903	3524	4305	2282	1526	1163	1616
1481	3007	5283	5577	3354	375	1174	4028
4780	5186	11916	13095	9680	3450	4518	5127
5162	4912	9794	10801	7453	757	3014	7030
6786	4937	13591	14737	11727	3419	5229	6089
2403	2920	5852	6667	4398	723	2324	3620
5624	5834	12154	14101	10182	3943	4087	6071
1815	2069	3731	4395	2749	1117	1554	1724
713	505	1676	1784	1081	770	430	584
1864	2501	3866	5059	3192	922	2212	1925
12878	13797	32434	33545	26187	3254	8132	22159
995	1472	2757	2984	2182	1054	593	1337
2700	3476	6652	7270	5246	2378	1724	3168
161	219	475	480	337	150	199	131
11086	10835	27988	28976	21031	2279	10139	16558
2125	2647	5447	6570	5009	2614	1620	2336
289	258	456	589	415	235	217	137
280	251	539	588	469	145	196	247
1699	1667	3275	3713	2778	1011	1625	1077

3-4 各地区地方部门属研究与
R&D Personnel in R&D Institutions on

地 区	Region	机构数（个） R&D Institutions (unit)	从业人员（人） Employed Persons (person)	R&D 人员合计（人） R&D Personnel (person)	#女性 Female	#博士毕业 Doctor
全 国	**National Total**	**2877**	**235142**	**105472**	**41918**	**12917**
东部地区	Eastern Region	917	86406	43430	18236	7775
中部地区	Middle Region	682	44546	17291	5962	1757
西部地区	Western Region	889	76292	32900	13322	2467
东北地区	Northeast Region	389	27898	11851	4398	918
北 京	Beijing	49	7355	4740	2448	1282
天 津	Tianjin	41	3234	1783	871	278
河 北	Hebei	72	3947	1665	778	239
山 西	Shanxi	160	9962	2415	875	196
内蒙古	Inner Mongolia	90	7627	2729	1118	222
辽 宁	Liaoning	143	8646	2938	1178	296
吉 林	Jilin	99	8527	3504	1342	256
黑龙江	Heilongjiang	147	10725	5409	1878	366
上 海	Shanghai	82	9289	3927	1844	1216
江 苏	Jiangsu	106	15418	5606	2476	972
浙 江	Zhejiang	86	7315	4081	1626	831
安 徽	Anhui	91	4239	2504	764	232
福 建	Fujian	97	6083	3355	1097	358
江 西	Jiangxi	113	8509	3096	984	289
山 东	Shandong	193	16764	9519	3704	1455
河 南	Henan	107	7239	2761	1019	406
湖 北	Hubei	94	6307	2276	846	344
湖 南	Hunan	117	8290	4239	1474	290
广 东	Guangdong	175	15390	8172	3191	1117
广 西	Guangxi	116	10204	4331	1681	389
海 南	Hainan	16	1611	582	201	27
重 庆	Chongqing	34	12521	4711	1985	395
四 川	Sichuan	142	12758	4670	2057	478
贵 州	Guizhou	74	4356	2285	946	178
云 南	Yunnan	104	7145	4992	1905	238
西 藏	Tibet	17	1275	511	164	18
陕 西	Shaanxi	70	6534	1925	743	132
甘 肃	Gansu	96	6675	3159	1236	187
青 海	Qinghai	23	958	204	91	12
宁 夏	Ningxia	21	858	662	292	40
新 疆	Xinjiang	102	5381	2721	1104	178

开发机构R&D人员(2016年)
Local Governments by Region (2016)

#硕士毕业 Master	#本科毕业 Undergraduate	#全时人员 Full-time Personnel	R&D人员全时当量(人年) Full-time Equivalent of R&D Personnel (man-year)	#研究人员 Researchers	基础研究 Basic Research	应用研究 Applied Research	试验发展 Experimental Development
33658	**42457**	**72600**	**86198**	**54695**	**14998**	**26628**	**44572**
14170	15636	29659	34993	22484	6262	11924	16807
4959	7113	12335	14556	9340	1953	3646	8957
10345	14572	22376	26735	17053	5346	8336	13053
4184	5136	8230	9914	5818	1437	2722	5755
1443	1500	3169	3863	2119	917	1331	1615
609	747	1172	1485	938	157	441	887
560	699	1136	1300	984	110	246	944
921	1106	1528	1938	1108	262	554	1122
760	1301	1254	2036	1115	320	542	1174
1081	1267	2141	2566	1648	107	563	1896
960	1481	1914	2845	1016	317	750	1778
2143	2388	4175	4503	3154	1013	1409	2081
1261	1094	2490	2956	1693	201	1551	1204
2149	1821	4287	4923	3185	383	2481	2059
1616	1308	2098	2844	1843	385	793	1666
797	927	1817	2136	1280	386	687	1063
1119	1510	2205	2677	1441	493	694	1490
779	1302	2444	2679	1707	364	759	1556
2845	3657	7366	7964	5658	2155	2566	3243
820	1136	2369	2545	1781	149	605	1791
709	795	1595	1957	1292	250	312	1395
933	1847	2582	3301	2172	542	729	2030
2426	3058	5258	6478	4354	1358	1650	3470
1525	1675	2895	3559	2030	1037	1273	1249
142	242	478	503	269	103	171	229
1538	1882	2621	3760	2077	548	1647	1565
1447	1997	3367	3679	2445	693	1153	1833
774	1070	1713	1940	1316	586	582	772
1379	2331	3517	3937	2738	485	897	2555
161	219	475	480	337	150	199	131
602	827	1060	1434	950	266	250	918
784	1734	2662	2850	1868	577	672	1601
76	90	105	143	68	48	66	29
280	251	539	588	469	145	196	247
1019	1195	2168	2329	1640	491	859	979

3-5 按服务的国民经济行业分研究与
R&D Personnel in R&D Institutions by Industrial Sector

行 业	Industry	机构数（个） R&D Institutions (unit)	从业人员（人） Employed Persons (person)	R&D人员合计（人） R&D Personnel (person)
总 计	**Total**	**3611**	**768794**	**449916**
农、林、牧、渔服务业小计	**Farming, Forestry, Animal Husbandry and Fishery**	**1184**	**93946**	**55504**
农 业	Farming	555	52283	31576
林 业	Forestry	192	10797	5962
畜牧业	Animal Husbandry	77	7345	4492
渔 业	Fishery	57	4707	2986
农、林、牧、渔服务业	Service Activities for Agriculture, Forestry, Farming of Animals and Fishing	303	18814	10488
采矿业小计	**Mining**	**9**	**859**	**378**
煤炭开采和洗选业	Mining and Washing of Coal	6	532	182
有色金属矿采选业	Mining of Non-ferrous Metal Ores	2	303	176
其他采矿业	Other Minerals Mining and Dressing	1	24	20
制造业小计	**Manufacturing**	**593**	**418284**	**214986**
农副食品加工业	Processing of Food from Agricultural Products	33	2256	1347
食品制造业	Manufacture of Foods	12	617	416
酒、饮料和精制茶制造业	Manufacture of Liquor, Beverages and Refined Tea	3	195	66
烟草制品业	Manufacture of Tobacco	1	32	
纺织业	Manufacture of Textile	8	331	39
纺织服装、服饰业	Manufacture of Textile, Apparel and Accessories	5	75	19
皮革、毛皮、羽毛及其制品和制鞋业	Manufacture of Leather, Fur, Feather and Related Products and Shoes	2	26	8
木材加工及木、竹、藤、棕、草制品业	Processing of Timbers and Manufacture of Wood, Bamboo, Rattan, Palm and Straw	2	229	157
家具制造业	Manufacture of Furniture	1	17	11
造纸及纸制品业	Manufacture of Paper and Paper Products	2	83	20
印刷和记录媒介复制业	Printing,Reproduction of Recording Media	1	28	
文教、工美、体育和娱乐用品制造业	Manufacture of Artworks, and Articles for Culture, Education, Sports and Recreation	8	133	48
石油加工、炼焦及核燃料加工业	Processing of Petroleum ,Coking and Processing of Nucleus Fuel	20	19591	8804
化学原料及化学制品制造业	Manufacture of Chemical Raw Material and Chemical Products	32	2357	1811
医药制造业	Manufacture of Medicines	44	8504	5649
化学纤维制造业	Manufacture of Chemical Fiber	4	107	57
塑料制品业	Manufacture of Rubber and Plastic	5	287	105
非金属矿物制品业	Manufacture of Non-metallic Mineral Products	15	1135	312
黑色金属冶炼及压延加工业	Manufacture and Processing of Ferrous Metals	3	79	34

开发机构R&D人员(2016年)
in which the R&D Institutions Served (2016)

#女性 Female	#博士毕业 Doctor	#硕士毕业 Master	#本科毕业 Under-graduate	#全时人员 Full-time Personnel	R&D人员全时当量(人年) Full-time Equivalent of R&D Personnel (man-year)	#研究人员 Researchers	基础研究 Basic Research	应用研究 Applied Research	试验发展 Experimental Development
147394	**79026**	**155942**	**146110**	**352065**	**390110**	**273967**	**83784**	**127120**	**179206**
20759	**8698**	**17169**	**19498**	**41737**	**47415**	**29980**	**7883**	**10616**	**28916**
11877	4405	10167	11099	24019	27111	16898	3861	5532	17718
2302	994	1630	2534	4149	4942	3205	828	1002	3112
1611	665	1185	1493	3358	3851	2218	846	1110	1895
991	630	957	1012	2371	2540	1766	535	662	1343
3978	2004	3230	3360	7840	8971	5893	1813	2310	4848
122	**21**	**118**	**164**	**279**	**318**	**218**	**21**	**31**	**266**
24	2	35	96	127	152	73		8	144
81	18	72	62	133	147	126	8	17	122
17	1	11	6	19	19	19	13	6	
58762	**16209**	**82173**	**79110**	**191080**	**198677**	**142648**	**19142**	**60725**	**118810**
543	184	476	465	831	1065	648	237	274	554
204	55	99	177	204	342	191	121	113	108
29	11	34	20	32	41	33		7	34
12		7	9	33	36	19		6	30
9			9	19	19	17	3	11	5
4		1	6	8	8	4		8	
25	54	41	50	83	100	71	31	41	28
2			7	11	11	7		11	
8		6	10	20	20	12			20
13		5	22	21	34	27		5	29
2107	815	3243	3080	5503	7234	5244	2534	2731	1969
654	486	371	533	1325	1523	1239	634	523	366
2966	1173	1805	1942	4213	4631	3054	1003	1970	1658
19		5	24	30	45	18			45
41	8	59	32	86	95	48	37	19	39
41	7	27	259	260	276	218		14	262
8		4	25	27	27	27		27	

3-5 续表 1

行 业	Industry	机构数（个）R&D Institutions (unit)	从业人员（人）Employed Persons (person)	R&D人员合计（人）R&D Personnel (person)
有色金属冶炼和压延加工业	Manufacture and Processing of Non-ferrous Metals	1	92	15
金属制品业	Manufacture of Metal Products	2	115	96
通用设备制造业	Manufacture of General Purpose Machinery	19	4612	642
专用设备制造业	Manufacture of Special Purpose Machinery	72	5862	3165
汽车制造业	Manufacture of Motor Vehicles	2	111	
铁路、船舶、航空航天和其他运输设备制造业	Manufacture of Railway, Ships, Aerospace and Other Transport Equipment	186	197493	113102
电气机械和器材制造业	Manufacture of Electrical Machinery and Equipment	4	94	58
计算机、通信和其他电子设备制造业	Manufacture of Computer, Communication and Other Electronic Equipment	62	121461	52670
仪器仪表制造业	Manufacture of Measuring Instrument and Meter	12	885	375
其他制造业	Other Manufacturing	32	51477	25960
电力、热力、燃气及水生产和供应业小计	**Production and Distribution of Electricity, Gas and Water**	**8**	**1692**	**842**
电力、热力的生产和供应业	Production and Supply of Electric Power and Heat Power	7	1666	816
燃气生产和供应业	Production and Distribution of Gas	1	26	26
水的生产和供应业	Production and Distribution of Water			
建筑业小计	**Construction**	**33**	**5858**	**1344**
房屋建筑业	Construction of Building	18	2976	453
土木工程建筑业	Construction of Civil Engineering	11	2713	818
建筑安装业	Construction Installation			
建筑装饰和其他建筑业	Building Decoration and Other Construction	4	169	73
批发和零售业小计	**Wholesale and Retail Trade**	**2**	**40**	
批发业	Wholesale	1	12	
零售业	Retail trade	1	28	
交通运输、仓储和邮政业小计	**Traffic,Transport, Storage and Post**	**18**	**3492**	**1650**
铁路运输业	Railway Transportation	1	58	
道路运输业	Transport via Road	12	2298	1064
水上运输业	Water Transport	3	677	322
航空运输业	Air Transport	1	264	264
装卸搬运和运输代理业	Loading, Unloading, Portage and Other Transport Services	1	195	
信息传输、软件和信息技术服务业小计	**Information Transfer,Software and Information Technology Services**	**34**	**4291**	**1805**
电信、广播电视和卫星传输服务	Telecommunications, Broadcasting,Television and Satellite Transmission Services	8	1572	431
互联网和相关服务	Internet and Related Services	4	397	345
软件和信息技术服务业	Software and Information Technology Services	22	2322	1029

continued

#女性 Female	#博士毕业 Doctor	#硕士毕业 Master	#本科毕业 Under-graduate	#全时人员 Full-time Personnel	R&D人员全时当量(人年) Full-time Equivalent of R&D Personnel (man-year)	#研究人员 Researchers	基础研究 Basic Research	应用研究 Applied Research	试验发展 Experimental Development
6		4	11	4	7	5			7
29	22	18	24	72	84	38	32	6	46
179	179	235	191	366	435	261		120	315
755	253	1018	1548	2300	2692	1531	112	985	1595
29802	7560	48348	38300	104342	107817	75056	7873	31720	68224
3	2	24	27	58	58	46			58
13772	2851	17691	22036	47207	47951	36267	4190	14996	28765
104	62	156	98	279	302	223	48	22	232
7427	2487	8496	10205	23746	23824	18344	2287	7116	14421
268	**432**	**271**	**102**	**786**	**794**	**631**	**310**	**282**	**202**
263	428	262	97	760	768	616	310	282	176
5	4	9	5	26	26	15			26
321	**155**	**588**	**489**	**742**	**1003**	**687**	**68**	**324**	**611**
121	38	175	199	259	335	232	7	105	223
170	104	375	273	415	600	387	61	175	364
30	13	38	17	68	68	68		44	24
470	**310**	**762**	**489**	**1091**	**1248**	**696**	**373**	**224**	**651**
259	176	429	386	583	726	328	205	62	459
111	41	228	48	301	315	255	154	119	42
100	93	105	55	207	207	113	14	43	150
541	**441**	**661**	**530**	**1471**	**1608**	**883**	**359**	**568**	**681**
109	73	202	142	167	281	200	10	89	182
88	30	70	139	318	328	58		93	235
344	338	389	249	986	999	625	349	386	264

3-5 续表 2

行　业	Industry	机构数（个） R&D Institutions (unit)	从业人员（人） Employed Persons (person)	R&D人员合计（人） R&D Personnel (person)
金融业小计	**Finance**	**3**	**41**	**30**
货币金融服务	Monetary Financial Services	3	41	30
房地产业小计	**Real Estate**			
房地产业	Real Estate			
租赁和商务服务业小计	**Tenancy and Business Services**	**6**	**110**	**37**
商务服务业	Business Service	6	110	37
科学研究和技术服务业小计	**Scientific Research, Technical Service**	**1070**	**150575**	**136106**
研究和试验发展	Research and Experimental Development	507	92422	111106
专业技术服务业	Professional Technique Services	358	50025	22419
科技推广和应用服务业	Technique Generalization and Application Services	205	8128	2581
水利、环境和公共设施管理业小计	**Management of Water Conservancy, Environment and Public Establishment**	**210**	**20721**	**10390**
水利管理业	Management of Water Conservancy	78	8788	3480
生态保护和环境治理业	Environmental Management	121	11041	6696
公共设施管理业	Management of Public Establishment	11	892	214
居民服务、修理和其他服务业小计	**Resident Services and Other Services**	**3**	**88**	**47**
居民服务业	Resident Services	2	69	47
机动车、电子产品和日用产品修理业	Repair of Motor Vehicles, Electronics and Household Appliances	1	19	
教育小计	**Education**	**37**	**2443**	**897**
教　育	Education	37	2443	897
卫生和社会工作小计	**Sanitation and Social Works**	**225**	**52940**	**20813**
卫　生	Sanitation	225	52940	20813
文化、体育和娱乐业小计	**Culture, Sports and Entertainment**	**94**	**6635**	**2086**
新闻和出版业	Journalism and Publishing Activities	2	241	
广播、电视、电影和影视录音制作业	Broadcasting, Television,Movies,Videos and Sound Recording	2	81	81
文化艺术业	Culture and Art	58	5080	1526
体　育	Sports Activities	31	1129	377
娱乐业	Entertainment	1	104	102
公共管理、社会保障和社会组织小计	**Public Management and Social Organization**	**82**	**6779**	**3001**
中国共产党机关	Chinese Communist Party Organs	2	29	15
国家机构	Organ of State	76	6662	2986
群众团体、社会团体和其他成员组织	Mass Communities, Social Communities and Religion Organizations	2	19	

continued

#女性 Female	#博士毕业 Doctor	#硕士毕业 Master	#本科毕业 Under-graduate	#全时人员 Full-time Personnel	R&D人员全时当量(人年) Full-time Equivalent of R&D Personnel (man-year)	#研究人员 Researchers	基础研究 Basic Research	应用研究 Applied Research	试验发展 Experimental Development
14	**2**	**12**	**15**	**23**	**27**	**23**		**20**	**7**
14	2	12	15	23	27	23		20	7
19		**12**	**19**	**29**	**34**	**19**		**34**	
19		12	19	29	34	19		34	
48833	**45362**	**41733**	**32348**	**91143**	**109574**	**79418**	**48074**	**41431**	**20069**
40315	41054	33117	23644	75160	89556	66292	43486	34680	11390
7655	3984	7620	7753	14342	18000	11940	4305	6110	7585
863	324	996	951	1641	2018	1186	283	641	1094
4018	**2318**	**4073**	**3273**	**7322**	**8578**	**5632**	**1478**	**3093**	**4007**
1048	482	1367	1267	2497	2917	1721	406	779	1732
2865	1803	2644	1903	4683	5491	3833	1055	2245	2191
105	33	62	103	142	170	78	17	69	84
20	**5**	**19**	**11**	**44**	**44**	**37**			**44**
20	5	19	11	44	44	37			44
459	**129**	**316**	**412**	**497**	**682**	**510**	**21**	**503**	**158**
459	129	316	412	497	682	510	21	503	158
10816	**3964**	**6206**	**7968**	**12438**	**16014**	**9844**	**4970**	**7610**	**3434**
10816	3964	6206	7968	12438	16014	9844	4970	7610	3434
811	**204**	**659**	**863**	**1450**	**1640**	**1120**	**693**	**565**	**382**
43	10	37	27	71	74	71		47	27
593	126	448	645	1067	1209	783	637	366	206
130	59	147	135	257	302	211	53	142	107
45	9	27	56	55	55	55	3	10	42
1161	**776**	**1170**	**819**	**1933**	**2454**	**1621**	**392**	**1094**	**968**
	4	9	2		10	10		10	
1161	772	1161	817	1933	2444	1611	392	1084	968

3-6 按隶属关系和学科分研究与开发
Intramural Expenditure on R&D of R&D Institutions

单位：万元

项　目	Item	R&D经费内部支出 Intramural Expenditure on R&D	基础研究 Basic Research	应用研究 Applied Research	试验发展 Experimental Development
总　计	**Total**	**22601761**	**3373998**	**6420591**	**12807173**
按隶属关系分组	**by Subordination**				
中央部门属	Subordinated to Central Level	19861419	2940911	5612814	11307694
#中国科学院	Chinese Academy of Sciences	4082999	1706745	1998064	378190
地方部门属	Subordi-nated to Local Level	2740343	433087	807776	1499479
省级部门属	Provincial Level	2364763	410629	715851	1238283
副省级城市部门属	Sub-provincial Cities Level	96057	10879	30354	54823
地市级部门属	Miniciple Level	279523	11579	61571	206373
按门类学科分组	**by Subject**				
自然科学	Natural sciences	3313931	1618496	1232968	462467
农业科学	Agricultural Sciences	1625800	202458	389547	1033796
医药科学	Medical Science	978173	266344	417237	294593
工程与技术科学	Engineering and Technological Sciences	16158364	1104485	4120681	10933199
人文与社会科学	Humanities and Social Sciences	525493	182216	260159	83119

机构R&D经费内部支出(2016年)
by Subordination and Subject (2016)

(10 000 yuan)

日常性支出 Routine Expenses	#人员劳务费 Labor Cost	资产性支出 Assets Expenditure	#仪器和设备支出 Equipment	政府资金 Government Funds	企业资金 Self-raised Funds by Enterprises	国外资金 Foreign Funds	其他资金 Other Funds
18081185	**4739242**	**4520577**	**2946161**	**18516001**	**904371**	**38967**	**3142422**
15894723	3642762	3966696	2561492	16385490	828739	34041	2613150
3146267	1230734	936732	643621	3536782	309507	26136	210574
2186461	1096480	553881	384669	2130512	75632	4927	529272
1871351	902135	493412	351314	1810234	66052	3996	484481
75586	48474	20471	7760	75198	1128		19730
239525	145871	39998	25595	245079	8452	931	25061
2633033	972301	680897	494798	3001260	122462	18183	172026
1326317	639769	299483	201920	1425541	50453	4549	145258
795455	355646	182719	138282	670682	36981	6772	263738
12844449	2557897	3313915	2079188	12957141	672629	8722	2519871
481930	213630	43563	31974	461377	21846	741	41529

3-7 各地区研究与开发机构R&D
Intramural Expenditure on R&D of R&D

单位：万元

地　区	Region	R&D经费内部支出 Intramural Expenditure on R&D	基础研究 Basic Research	应用研究 Applied Research	试验发展 Experimental Development
全　国	**National Total**	**22601761**	**3373998**	**6420591**	**12807173**
东部地区	Eastern Region	14371692	2342274	4069791	7959627
中部地区	Middle Region	2055850	310799	681817	1063234
西部地区	Western Region	5022675	559319	1210251	3253105
东北地区	Northeast Region	1151545	161606	458732	531208
北　京	Beijing	7301166	1366529	2164983	3769654
天　津	Tianjin	466425	39078	139748	287600
河　北	Hebei	383879	10990	82885	290004
山　西	Shanxi	155409	35855	31989	87565
内蒙古	Inner Mongolia	87543	16595	27454	43495
辽　宁	Liaoning	697271	77975	319121	300176
吉　林	Jilin	290135	51431	100115	138590
黑龙江	Heilongjiang	164139	32201	39496	92443
上　海	Shanghai	2793983	348372	693433	1752178
江　苏	Jiangsu	1579093	89584	483699	1005810
浙　江	Zhejiang	350325	72026	95030	183270
安　徽	Anhui	477896	115100	111105	251691
福　建	Fujian	186009	69288	57469	59253
江　西	Jiangxi	130051	2987	20044	107020
山　东	Shandong	465727	127815	121208	216704
河　南	Henan	360378	42011	92532	225834
湖　北	Hubei	716378	100595	353192	262591
湖　南	Hunan	215739	14252	72954	128532
广　东	Guangdong	737433	174789	189446	373197
广　西	Guangxi	132405	32330	55584	44491
海　南	Hainan	107652	43805	41891	21956
重　庆	Chongqing	212342	29679	84002	98660
四　川	Sichuan	2173686	148399	373694	1651593
贵　州	Guizhou	67133	38051	9054	20027
云　南	Yunnan	264848	85297	56564	122988
西　藏	Tibet	12759	4134	3843	4782
陕　西	Shaanxi	1676946	62960	493745	1120241
甘　肃	Gansu	254815	101541	55231	98043
青　海	Qinghai	21399	8932	6492	5974
宁　夏	Ningxia	18982	4353	4818	9811
新　疆	Xinjiang	99818	27049	39769	33001

经费内部支出(2016年)
Institutions by Region (2016)

(10 000 yuan)

日常性支出 Routine Expenses	#人员劳务费 Labor Cost	资产性支出 Assets Expenditure	#仪器和设备支出 Equipment	政府资金 Government Funds	企业资金 Self-raised Funds by Enterprises	国外资金 Foreign Funds	其他资金 Other Funds
18081185	**4739242**	**4520577**	**2946161**	**18516001**	**904371**	**38967**	**3142422**
11622475	2880384	2749217	1888812	11458673	552719	29808	2330492
1619351	519023	436499	247042	1603525	124316	3206	324804
3980650	981711	1042025	614798	4434096	162224	4197	422158
858709	358125	292837	195509	1019708	65112	1757	64968
5871000	1434615	1430166	999017	6313337	238991	16890	731948
372951	100694	93474	75913	376857	15749	343	73476
287564	50680	96315	65879	363835	670	28	19346
103640	42289	51770	29141	128360	9448	117	17485
65194	32651	22350	9544	78976	169		8398
515499	204755	181772	109033	618205	58595	726	19746
231588	93886	58547	55255	280536	4389	999	4211
111623	59484	52517	31221	120967	2129	33	41011
2374411	490134	419572	273713	2482111	85750	7163	218959
1340874	255881	238220	185051	580568	90732	1764	906030
268121	85458	82204	58794	257755	55063	558	36949
374702	117890	103194	58013	381008	17245	2088	77554
116414	56302	69595	23434	135119	5605		45286
98704	39654	31347	14057	117040	7513	66	5432
377102	160511	88625	75263	387678	19601	1229	57220
292823	82269	67554	50382	256423	12993		90962
566060	158718	150318	72669	554240	45525	746	115867
183423	78203	32316	22781	166453	31592	189	17505
567160	221438	170273	102706	481198	40329	1463	214442
104458	48305	27947	18582	109680	1473	55	21197
46879	24673	60773	29042	80216	230	370	26837
122411	60626	89930	29907	169424	7294	16	35608
1779004	311254	394683	298221	1879739	103109	861	189978
51131	25258	16003	6582	42173	406	305	24250
212914	95182	51933	26079	211102	13825	2094	37826
10218	7455	2541	2541	12625			135
1329435	278633	347511	167845	1584774	19011	72	73089
191664	72878	63151	36222	214182	14480	775	25379
19059	9853	2339	2076	19085	1600		713
17380	6907	1602	1579	18944			38
77783	32711	22035	15619	93392	856	20	5549

3-8 各地区地方部门属研究与开发
Intramural Expenditure on R&D in Local

单位：万元

地　区	Region	R&D经费内部支出 Intramural Expenditure on R&D	基础研究 Basic Research	应用研究 Applied Research	试验发展 Experimental Development
全　国	**National Total**	**2740343**	**433087**	**807776**	**1499479**
东部地区	Eastern Region	1434556	220807	449785	763964
中部地区	Middle Region	286666	34391	68613	183662
西部地区	Western Region	779612	153442	234059	392111
东北地区	Northeast Region	239508	24448	55319	159742
北　京	Beijing	211628	50079	63482	98067
天　津	Tianjin	62302	4775	13800	43727
河　北	Hebei	48855	2263	8973	37619
山　西	Shanxi	42921	7705	13404	21813
内蒙古	Inner Mongolia	64475	13208	18402	32865
辽　宁	Liaoning	74165	2738	14345	57082
吉　林	Jilin	66035	6004	17179	42851
黑龙江	Heilongjiang	99309	15706	23794	59809
上　海	Shanghai	166050	11973	82051	72026
江　苏	Jiangsu	168406	10330	72874	85202
浙　江	Zhejiang	122026	16445	32627	72954
安　徽	Anhui	54665	9847	14817	30001
福　建	Fujian	70263	10742	16930	42592
江　西	Jiangxi	38686	2966	9476	26243
山　东	Shandong	182046	41438	64798	75810
河　南	Henan	37058	2433	7604	27021
湖　北	Hubei	47335	5767	8940	32628
湖　南	Hunan	66002	5674	14372	45956
广　东	Guangdong	387770	69620	88595	229555
广　西	Guangxi	109019	27812	41117	40090
海　南	Hainan	15211	3142	5656	6413
重　庆	Chongqing	175471	20999	67938	86534
四　川	Sichuan	92845	18948	24483	49413
贵　州	Guizhou	31580	8643	8983	13955
云　南	Yunnan	120114	12078	26711	81325
西　藏	Tibet	12759	4134	3843	4782
陕　西	Shaanxi	36127	15667	4885	15576
甘　肃	Gansu	58708	16019	14126	28562
青　海	Qinghai	4147	1938	1758	450
宁　夏	Ningxia	18982	4353	4818	9811
新　疆	Xinjiang	55386	9643	16996	28747

机构R&D经费内部支出(2016年)
R&D Institutions by Region (2016)

(10 000 yuan)

日常性支出 Routine Expenses	#人员劳务费 Labor Cost	资产性支出 Assets Expenditure	#仪器和设备支出 Equipment	政府资金 Government Funds	企业资金 Self-raised Funds by Enterprises	国外资金 Foreign Funds	其他资金 Other Funds
2186461	**1096480**	**553881**	**384669**	**2130512**	**75632**	**4927**	**529272**
1150221	529522	284336	223605	1028102	49675	2774	354005
239613	139692	47053	30758	236044	9909	434	40279
596999	317536	182612	93675	659739	13985	1375	104512
199628	109730	39880	36631	206626	2063	344	30476
167422	77238	44205	42397	179779	4410	649	26789
47806	23084	14496	14339	41252	1215	343	19493
39074	14829	9782	8698	47444	143	28	1241
37177	21911	5745	3829	35052	1711		6159
46101	23174	18374	7220	62058	169		2248
59360	31992	14805	13954	71340	44	20	2761
54059	28642	11975	10426	60502	1152	324	4057
86210	49096	13100	12251	74784	868		23658
150045	65125	16005	16005	138934	10698	844	15574
121441	66959	46966	42198	104880	4076	329	59122
97388	45479	24638	15503	91128	10054	328	20516
45696	22143	8969	5309	42992	1514	68	10091
59744	32013	10519	8494	60243	790		9230
30746	19326	7940	4167	33094	94	66	5432
154760	95432	27286	25833	138652	5983		37411
31263	20940	5795	5306	30287	1577		5195
40192	23048	7143	5106	38386	2526	300	6123
54539	32325	11462	7043	56234	2488		7280
301116	103597	86654	48618	211300	12308	253	163909
86854	44260	22166	15738	88855	1473	55	18637
11425	5768	3786	1520	14490			721
99187	52123	76283	24118	138006	1851	6	35608
79383	45646	13462	12505	82257	392	14	10181
27758	17037	3822	3299	29809	271	4	1496
94098	52083	26016	11317	93065	8358	1046	17645
10218	7455	2541	2541	12625			135
34214	20294	1913	1624	33603	88		2436
52041	24537	6667	6040	47813	799	250	9847
3820	1654	327	231	3119	335		693
17380	6907	1602	1579	18944			38
45947	22367	9439	7464	49588	249		5549

3-9 按服务的国民经济行业分研究与
Intramural Expenditure on R&D of R&D Institutions by

单位：万元

行　业	Industry	R&D经费内部支出 Intramural Expenditure on R&D	基础研究 Basic Research	应用研究 Applied Research
总　计	**Total**	**22601761**	**3373998**	**6420591**
农、林、牧、渔业小计	**Farming, Forestry, Animal Husbandry and Fishery**	**1581432**	**220852**	**366769**
农　业	Farming	883163	120700	186322
林　业	Forestry	128526	17869	27389
畜牧业	Animal Husbandry	131960	23064	41473
渔　业	Fishery	122585	16049	36021
农、林、牧、渔服务业	Service Activities for Agriculture, Forestry, Farming of Animals and Fishing	315197	43171	75564
采矿业小计	**Mining**	**12648**	**335**	**919**
煤炭开采和洗选业	Mining and Washing of Coal	1546		55
有色金属矿采选业	Mining of Non-ferrous Metal Ores	10992	270	819
其他采矿业	Other Minerals Mining and Dressing	111	65	45
制造业小计	**Manufacturing**	**14009716**	**741183**	**3028476**
农副食品加工业	Processing of Food from Agricultural Products	46392	6312	13373
食品制造业	Manufacture of Foods	13071	2149	4895
酒、饮料和精制茶制造业	Manufacture of Liquor, Beverages and Refined Tea	1142		178
纺织业	Manufacture of Textile	220		39
纺织服装、服饰业	Manufacture of Textile, Apparel and Accessories	108	14	73
皮革、毛皮、羽毛及其制品和制鞋业	Manufacture of Leather, Fur, Feather and Related Products and Shoes	40		40
木材加工和木、竹、藤、棕、草制品业	Processing of Timbers and Manufacture of Wood, Bamboo,Rattan, Palm and Straw	1642	697	444
家具制造业	Manufacture of Furniture	222		222
造纸和纸制品业	Manufacture of Paper and Paper Products	426		
文教、工美、体育和娱乐用品制造业	Manufacture of Artworks, and Articles for Culture, Education, Sports and Recreation	422		39
石油加工、炼焦及核燃料加工业	Processing of Petroleum ,Coking and Processing of Nucleus Fuel	437806	86126	261273
化学原料和化学制品制造业	Manufacture of Chemical Raw Material and Chemical Products	83137	34771	37898
医药制造业	Manufacture of Medicines	167508	27126	67470
化学纤维制造业	Manufacture of Chemical Fiber	672		
橡胶和塑料制品业	Manufacture of Rubber and Plastic	2199	567	788
非金属矿物制品业	Manufacture of Non-metallic Mineral Products	2693		240
黑色金属冶炼和压延加工业	Manufacture and Processing of Ferrous Metals	219		219
有色金属冶炼和压延加工业	Manufacture and Processing of Non-ferrous Metals	58		
金属制品业	Manufacture of Metal Products	2108	1021	65
通用设备制造业	Manufacture of General Purpose Machinery	23432		4156
专用设备制造业	Manufacture of Special Purpose Machinery	118562	3703	38169
汽车制造业	Manufacture of Motor Vehicles			
铁路、船舶、航空航天和其他运输设备制造业	Manufacture of Railway, Ships, Aerospace and Other Transport Equipment	8874612	258636	1690174
电气机械和器材制造业	Manufacture of Electrical Machinery and Equipment	731		
计算机、通信和其他电子设备制造业	Manufacture of Computer, Communication and Other Electronic Equipment	2789955	207508	728765
仪器仪表制造业	Manufacture of Measuring Instrument and Meter	10346	379	531
电力、热力、燃气及水生产和供应业小计	**Production and Distribution of Electricity, Gas and Water**	**44484**	**10504**	**21307**
电力、热力生产和供应业	Production and Supply of Electric Power and Heat Power	43706	10504	21307
燃气生产和供应业	Production and Distribution of Gas	778		

开发机构R&D经费内部支出(2016年)
Industrial Sector in which the R&D Institutions Served (2016)

(10 000 yuan)

试验发展 Experimental Development	日常性支出 Routine Expenses	#人员劳务费 Labor Cost	资产性支出 Assets Expenditure	#仪器和设备支出 Equipment	政府资金 Government Funds	企业资金 Self-raised Funds by Enterprises	国外资金 Foreign Funds	其他资金 Other Funds
12807173	**18081185**	**4739242**	**4520577**	**2946161**	**18516001**	**904371**	**38967**	**3142422**
993811	**1284769**	**610640**	**296663**	**200648**	**1388933**	**48407**	**4663**	**139429**
576141	746960	350455	136203	92873	788450	20996	3403	70314
83269	101472	53638	27054	18777	114818	1565	136	12007
67423	103569	44766	28392	19825	117467	5215	33	9245
70515	88379	39241	34207	28367	101043	8719	49	12774
196463	244390	122540	70808	40806	267156	11911	1041	35090
11394	**10500**	**5526**	**2148**	**717**	**11252**	**392**	**51**	**954**
1491	1500	896	46	46	723			823
9903	8922	4617	2070	639	10418	392	51	131
	78	13	32	32	111			
10240057	**11308996**	**1922406**	**2700720**	**1690330**	**11296252**	**464199**	**1496**	**2247769**
26707	33436	15161	12956	5782	38518	4324		3550
6028	8713	5118	4359	3140	8368	35		4669
964	897	451	246	9	283	623		236
181	220	205			220			
21	108	83			73			35
	40	20			13			27
500	1574	1155	68	68	1519	123		
	142	83	80	80				222
426	411	262	15	15	45	381		
383	406	213	16	16	209			213
90407	198958	71285	238848	167760	293772	28		144006
10468	67651	27165	15486	14108	68134	5107	85	9811
72912	144245	61009	23263	19146	132436	17041	1268	16763
672	621	352	52	52	308	258		106
844	1564	1072	634	339	1599			600
2454	1426	864	1267	1267	1771			923
	219	137						219
58	53	34	5	5	58			
1022	1437	746	671	671	2108			
19276	7220	2402	16211	15159	1913	1977		19542
76690	101341	48390	17222	15518	77832	5648	132	34950
6925801	7466295	1219213	1408316	794265	7495885	181996		1196730
731	432	398	299	299	731			
1853682	2084010	308974	705945	519707	1810442	226361	10	753143
9437	7560	4504	2786	2786	9391	266		689
12673	**42427**	**14145**	**2057**	**2031**	**27968**	**13668**	**31**	**2818**
11896	41807	13525	1900	1874	27190	13668	31	2818
778	620	620	158	158	778			

3-9 续表

单位：万元

行业	Industry	R&D经费内部支出 Intramural Expenditure on R&D	基础研究 Basic Research	应用研究 Applied Research
建筑业小计	**Construction**	**27980**	**2253**	**7019**
房屋建筑业	Construction of Building	5299	52	1256
土木工程建筑业	Construction of Civil Engineering	19630	2201	3578
建筑装饰和其他建筑业	Building Decoration and Other Construction	3051		2186
批发和零售业小计	**Wholesale and Retail Trade**			
批发业	Wholesale			
零售业	Retail trade			
交通运输、仓储和邮政业小计	**Traffic,Transport, Storage and Post**	**76255**	**7445**	**10393**
铁路运输业	Railway Transportation			
道路运输业	Transport via Road	45707	3466	3135
水上运输业	Water Transport	7459	2716	2926
航空运输业	Air Transport	23089	1263	4332
信息传输、软件和信息技术服务业小计	**Information Transfer,Software and Information Technology Services**	**95802**	**7153**	**54230**
电信、广播电视和卫星传输服务	Telecommunications, Broadcasting,Television and Satellite Transmission Services	46962	651	24812
互联网和相关服务	Internet and Related Services	5574		1495
软件和信息技术服务业	Software and Information Technology Services	43266	6502	27923
金融业小计	**Finance**	**897**		**692**
货币金融服务	Monetary Financial Services	897		692
租赁和商务服务业小计	**Tenancy and Business Services**	**627**		**627**
商务服务业	Business Service	627		627
科学研究和技术服务业小计	**Scientific Research, Technical Service**	**5570051**	**2136636**	**2437992**
研究和试验发展	Research and Experimental Development	4472001	1919402	2046913
专业技术服务业	Professional Technique Services	1022227	211297	354581
科技推广和应用服务业	Technique Generalization and Application Services	75824	5938	36498
水利、环境和公共设施管理业小计	**Management of Water Conservancy, Environment and Public Establishment**	**366264**	**40361**	**128146**
水利管理业	Management of Water Conservancy	142311	16787	39953
生态保护和环境治理业	Environmental Management	220060	23242	86536
公共设施管理业	Management of Public Establishment	3894	331	1656
居民服务、修理和其他服务业小计	**Resident Services and Other Services**	**3239**		
居民服务业	Resident Services	3239		
机动车、电子产品和日用产品修理业	Repair of Motor Vehicles, Electronics and Household Appliances			
教育小计	**Education**	**30046**	**426**	**17368**
教　育	Education	30046	426	17368
卫生和社会工作小计	**Sanitation and Social Works**	**613553**	**167558**	**265123**
卫　生	Sanitation	613553	167558	265123
文化、体育和娱乐业小计	**Culture, Sports and Entertainment**	**81357**	**34174**	**30734**
新闻和出版业	Journalism and Publishing Activities			
广播、电视、电影和影视录音制作业	Broadcasting, Television,Movies,Videos and Sound Recording	4395		1389
文化艺术业	Culture and Art	66815	32953	24655
体　育	Sports Activities	9365	1112	4471
娱乐业	Entertainment	783	109	219
公共管理、社会保障和社会组织小计	**Public Management and Social Organization**	**87412**	**5117**	**50798**
中国共产党机关	Chinese Communist Party Organs	178		178
国家机构	Organ of State	87234	5117	50620

continued

(10 000 yuan)

试验发展 Experimental Development	日常性支出 Routine Expenses	#人员劳务费 Labor Cost	资产性支出 Assets Expenditure	#仪器和设备支出 Equipment	政府资金 Government Funds	企业资金 Self-raised Funds by Enterprises	国外资金 Foreign Funds	其他资金 Other Funds
18708	**24132**	**14182**	**3849**	**1805**	**12082**	**691**		**15208**
3992	4176	3154	1123	733	958	191		4150
13851	16930	10341	2700	1046	8073	500		11057
865	3026	688	25	25	3051			
58417	**51876**	**19986**	**24379**	**9312**	**70564**	**1484**		**4207**
39106	34928	12922	10779	5237	40423	1077		4207
1817	4943	3512	2517	2135	7053	407		
17494	12006	3553	11083	1939	23089			
34419	**81990**	**37224**	**13812**	**11795**	**71874**	**7970**		**15958**
21499	37914	9587	9048	8346	45298	697		967
4078	4815	4301	759	600	1123			4451
8842	39262	23337	4005	2849	25454	7272		10540
205	**886**	**580**	**11**	**11**	**897**			
205	886	580	11	11	897			
	627	**361**			**302**			**325**
	627	361			302			325
995423	**4323613**	**1658840**	**1246438**	**871671**	**4799192**	**323511**	**28488**	**418860**
505686	3485674	1371493	986327	690966	3874302	297362	27725	272612
456349	792127	264386	230100	172092	859334	21941	559	140394
33387	45812	22961	30011	8613	65557	4209	205	5854
197758	**285280**	**133535**	**80984**	**51349**	**296266**	**30141**	**1262**	**38595**
85570	114630	47197	27681	13965	104983	21559		15769
110282	167072	84607	52988	37069	188422	8328	1262	22047
1907	3579	1731	316	314	2861	254		779
3239	**2143**	**558**	**1097**	**1097**	**3237**			**3**
3239	2143	558	1097	1097	3237			3
12252	**28216**	**13634**	**1830**	**1567**	**28295**			**1751**
12252	28216	13634	1830	1567	28295			1751
180871	**493815**	**240834**	**119737**	**83845**	**386067**	**8642**	**2927**	**215916**
180871	493815	240834	119737	83845	386067	8642	2927	215916
16449	**73154**	**27353**	**8203**	**8087**	**64783**	**3739**		**12834**
3006	3334	1721	1061	1061	3103	34		1258
9207	62230	20632	4585	4469	53936	3705		9174
3781	6817	4228	2547	2547	6962			2403
455	773	772	10	10	783			
31497	**68762**	**39438**	**18650**	**11898**	**58038**	**1527**	**50**	**27796**
	178	177			178			
31497	68584	39261	18650	11898	57861	1527	50	27796

3-10 按隶属关系和学科分研究与开发机构R&D经费外部支出(2016年)

External Expenditure on R&D of R&D Institutions by Subordination and Subject (2016)

单位：万元 (10 000 yuan)

项　目	Item	R&D经费外部支出 Total	对境内研究机构支出 to Domestic Research Institutions	对境内高等学校支出 to Domestic Higher Education	对境内企业支出 to Domestic Enterprises	对境外机构支出 to Foreign Institutions
总　计	**Total**	**866745**	**417469**	**87189**	**170425**	**169**
按隶属关系分组	**by Subordination**					
中央部门属	Subordinated to Central Level	822968	400752	79549	162668	159
#中国科学院	Chinese Academy of Sciences	41543	16980	6134	3637	
地方部门属	Subordi-nated to Local Level	43778	16717	7640	7757	11
省级部门属	Provincial Level	41609	15936	7106	7129	
副省级城市部门属	Sud-provincial Cities Level	598	81	42	475	
地市级部门属	Miniciple Level	1571	700	492	154	11
按门类学科分组	**by Subject**					
自然科学	Natural sciences	82649	39503	12193	5808	85
农业科学	Agricultural Sciences	78244	37415	19050	8441	84
医药科学	Medical Science	29238	23591	1548	4100	
工程与技术科学	Engineering and Technological Sciences	660852	304036	53148	150679	
人文与社会科学	Humanities and Social Sciences	15761	12924	1250	1398	

3-11 各地区研究与开发机构R&D经费外部支出(2016年)
External Expenditure on R&D of R&D Institutions by Region (2016)

单位：万元 (10 000 yuan)

地 区	Region	R&D经费外部支出 Total	对境内研究机构支出 to Domestic Research institutions	对境内高等学校支出 to Domestic Higher Education	对境内企业支出 to Domestic Enterprises	对境外机构支出 to Foreign Institutions
全 国	**National Total**	**866745**	**417469**	**87189**	**170425**	**169**
东部地区	Eastern Region	521629	266106	49022	101486	169
中部地区	Middle Region	136587	86709	13934	28048	
西部地区	Western Region	140858	33385	5792	27350	
东北地区	Northeast Region	67671	31269	18440	13542	
北 京	Beijing	418449	229617	33054	68204	74
天 津	Tianjin	11175	5444	1300	4351	
河 北	Hebei	1461	1280	168	13	
山 西	Shanxi	1190	95	160	220	
内 蒙 古	Inner Mongolia	1637	167			
辽 宁	Liaoning	59773	29866	17153	10577	
吉 林	Jilin	187		49	138	
黑 龙 江	Heilongjiang	7711	1404	1238	2827	
上 海	Shanghai	23602	6279	2769	10734	
江 苏	Jiangsu	27720	7362	4295	14133	
浙 江	Zhejiang	11531	6608	3905	933	85
安 徽	Anhui	2319	933	858	398	
福 建	Fujian	1131	33	1046	53	
江 西	Jiangxi	5009	1625	1121	1591	
山 东	Shandong	16745	3325	1646	746	
河 南	Henan	1192	775	260	157	
湖 北	Hubei	92142	74949	10772	44	
湖 南	Hunan	34734	8332	764	25638	
广 东	Guangdong	9652	5996	840	2318	11
广 西	Guangxi	1359	1359			
海 南	Hainan	163	163			
重 庆	Chongqing	7858	2414	474	4968	
四 川	Sichuan	77994	20998	574	4500	
贵 州	Guizhou	173	53	65	55	
云 南	Yunnan	2434	1357	470	158	
西 藏	Tibet	20		20		
陕 西	Shaanxi	44519	3460	3458	17113	
甘 肃	Gansu	4675	3494	706	475	
青 海	Qinghai					
宁 夏	Ningxia	22	22			
新 疆	Xinjiang	167	61	25	81	

3-12 按隶属关系和学科分研究与开发机构R&D课题(2016年)
R&D Projects of R&D Institutions by Subordination and Subject (2016)

项 目	Item	R&D课题数 (项) R&D Projects (item)	投入人员 (人年) Input of Personnel (man-year)	投入经费 (万元) Input of Funds (10 000 yuan)
总 计	**Total**	**100925**	**343624**	**15925368**
按隶属关系分组	**by Subordination**			
中央部门属	Subordinated to Central Level	65304	272062	14565223
#中国科学院	Chinese Academy of Sciences	40843	60397	2432711
地方部门属	Subordi-nated to Local Level	35621	71561	1360145
省级部门属	Provincial Level	30325	56221	1162888
副省级城市部门属	Sub-provincial Cities Level	1154	2806	40002
地市级部门属	Miniciple Level	4142	12534	157255
按门类学科分组	**by Subject**			
自然科学	Natural sciences	31778	50071	2050659
农业科学	Agricultural Sciences	23358	39741	795479
医药科学	Medical Science	9478	21005	517768
工程与技术科学	Engineering and Technological Sciences	29528	220447	12332732
人文与社会科学	Humanities and Social Sciences	6783	12360	228730

3-13 各地区研究与开发机构R&D课题(2016年)
R&D Projects of R&D Institutions by Region (2016)

地区	Region	R&D课题数 (项) R&D Projects (item)	投入人员 (人年) Input of Personnel (man-year)	投入经费 (万元) Input of Funds (10 000 yuan)
全国	**National Total**	**100925**	**343624**	**15925368**
东部地区	Eastern Region	64960	186977	10228367
中部地区	Middle Region	9507	48211	1487609
西部地区	Western Region	19989	85350	3556512
东北地区	Northeast Region	6469	23086	652879
北京	Beijing	28437	87397	5164345
天津	Tianjin	1584	9927	346503
河北	Hebei	864	8132	249768
山西	Shanxi	1274	3527	77524
内蒙古	Inner Mongolia	716	2203	50586
辽宁	Liaoning	2237	12000	429666
吉林	Jilin	2394	5960	148939
黑龙江	Heilongjiang	1838	5125	74274
上海	Shanghai	8764	25828	2197740
江苏	Jiangsu	6817	22035	1273248
浙江	Zhejiang	3019	6503	211912
安徽	Anhui	1387	10385	372843
福建	Fujian	3057	3598	66478
江西	Jiangxi	805	5059	85050
山东	Shandong	4425	10992	262846
河南	Henan	1095	9766	254070
湖北	Hubei	3544	12883	513514
湖南	Hunan	1402	6590	184608
广东	Guangdong	7163	11273	424828
广西	Guangxi	1836	3255	59974
海南	Hainan	830	1292	30699
重庆	Chongqing	2060	3680	72509
四川	Sichuan	2970	31440	1686181
贵州	Guizhou	1288	2454	30103
云南	Yunnan	2907	5607	116097
西藏	Tibet	106	338	7992
陕西	Shaanxi	2446	27126	1312249
甘肃	Gansu	2607	5349	145656
青海	Qinghai	522	412	8689
宁夏	Ningxia	409	496	11132
新疆	Xinjiang	2122	2990	55344

3-14 各地区地方部门属研究与开发机构R&D课题(2016年)
R&D Projects Taken by Local R&D Institutions by Region (2016)

地 区	Region	R&D课题数 (项) R&D Projects (item)	投入人员 (人年) Input of Personnel (man-year)	投入经费 (万元) Input of Funds (10 000 yuan)
全 国	**National Total**	**35621**	**71561**	**1360145**
东部地区	Eastern Region	17207	29428	796936
中部地区	Middle Region	5177	12590	164021
西部地区	Western Region	10459	21493	302250
东北地区	Northeast Region	2778	8051	96937
北 京	Beijing	1773	3013	106738
天 津	Tianjin	585	1218	34250
河 北	Hebei	632	1031	17392
山 西	Shanxi	916	1811	26426
内蒙古	Inner Mongolia	549	1544	33912
辽 宁	Liaoning	524	2157	26484
吉 林	Jilin	786	2211	23468
黑龙江	Heilongjiang	1468	3682	46986
上 海	Shanghai	1743	2630	108664
江 苏	Jiangsu	2574	4215	121484
浙 江	Zhejiang	1678	2646	55341
安 徽	Anhui	832	1723	24968
福 建	Fujian	1961	2238	37540
江 西	Jiangxi	756	2190	16108
山 东	Shandong	2803	6466	89843
河 南	Henan	708	2041	18931
湖 北	Hubei	876	1580	26654
湖 南	Hunan	1089	3246	50935
广 东	Guangdong	3253	5595	219773
广 西	Guangxi	1794	2892	39159
海 南	Hainan	205	378	5911
重 庆	Chongqing	1666	3059	59732
四 川	Sichuan	1386	3073	31484
贵 州	Guizhou	828	1527	12701
云 南	Yunnan	1284	3096	44078
西 藏	Tibet	106	338	7992
陕 西	Shaanxi	467	1247	10381
甘 肃	Gansu	777	2267	25222
青 海	Qinghai	31	101	1606
宁 夏	Ningxia	409	496	11132
新 疆	Xinjiang	1162	1853	24851

3-15 按服务的国民经济行业分研究与开发机构R&D课题(2016年)
R&D Projects of R&D Institutions by Industry (2016)

行业	Industry	R&D课题数(项) R&D Projects (item)	投入人员(人年) Input of Personnel (man-year)	投入经费(万元) Input of Funds (10 000 yuan)
总计	**Total**	**100925**	**343624**	**15925368**
农、林、牧、渔业小计	**Farming, Forestry, Animal Husbandry and Fishery**	**21754**	**37655**	**765074**
农业	Farming	13120	22749	450471
林业	Forestry	1626	2969	40814
畜牧业	Animal Husbandry	1504	2777	57212
渔业	Fishery	982	1816	41483
农、林、牧、渔服务业	Service Activities for Agriculture, Forestry, Farming of Animals and Fishing	4522	7344	175095
采矿业小计	**Mining**	**347**	**1071**	**31214**
煤炭开采和洗选业	Mining and Washing of Coal	40	99	1162
石油和天然气开采业	Extraction of Petroleum and Natural Gas	104	287	9407
黑色金属矿采选业	Mining of Ferrous Metal Ores	45	61	1016
有色金属矿采选业	Mining of Non-ferrous Metal Ores	68	192	7089
非金属矿采选业	Mining and Processing of Nonmetal Ores	28	39	413
开采辅助活动	Mining Support Service Activities	39	244	5448
其他采矿业	Other Minerals Mining and Dressing	23	149	6680
制造业小计	**Manufacturing**	**12317**	**115099**	**6206389**
农副食品加工业	Processing of Food from Agricultural Products	789	949	21471
食品制造业	Manufacture of Foods	233	361	9038
酒、饮料和精制茶制造业	Manufacture of Liquor, Beverages and Refined Tea	184	316	4360
烟草制品业	Manufacture of Tobacco	61	108	2363
纺织业	Manufacture of Textile	43	92	1951
纺织服装、服饰业	Manufacture of Textile, Apparel and Accessories	11	52	575
皮革、毛皮、羽毛及其制品和制鞋业	Manufacture of Leather, Fur, Feather and Related Products and Shoes	14	33	271
木材加工和木、竹、藤、棕、草制品业	Processing of Timbers and Manufacture of Wood,Bamboo, Rattan, Palm and Straw	140	189	2588
家具制造业	Manufacture of Furniture	22	73	5219
造纸和纸制品业	Manufacture of Paper and Paper Products	11	29	480
印刷和记录媒介复制业	Printing,Reproduction of Recording Media	11	10	199
文教、工美、体育和娱乐用品制造业	Manufacture of Artworks, and Articles for Culture, Education, Sports and Recreation	11	34	897
石油加工、炼焦和核燃料加工业	Processing of Petroleum ,Coking and Processing of Nucleus Fuel	74	200	8166
化学原料和化学制品制造业	Manufacture of Chemical Raw Material and Chemical Products	1515	3406	71277
医药制造业	Manufacture of Medicines	1903	3161	103344
化学纤维制造业	Manufacture of Chemical Fiber	23	82	2013
橡胶和塑料制品业	Manufacture of Rubber and Plastic	103	169	2748
非金属矿物制品业	Manufacture of Non-metallic Mineral Products	504	828	16616
黑色金属冶炼和压延加工业	Manufacture and Processing of Ferrous Metals	12	38	830
有色金属冶炼和压延加工业	Manufacture and Processing of Non-ferrous Metals	93	207	5796
金属制品业	Manufacture of Metal Products	104	242	5548
通用设备制造业	Manufacture of General Purpose Machinery	426	1231	38403
专用设备制造业	Manufacture of Special Purpose Machinery	799	3307	95917
汽车制造业	Manufacture of Motor Vehicles	83	502	14315
铁路、船舶、航空航天和其他运输设备制造业	Manufacture of Railway, Ships, Aerospace and Other Transport Equipment	1883	54941	3915682
电气机械和器材制造业	Manufacture of Electrical Machinery and Equipment	609	2483	85425
计算机、通信和其他电子设备制造业	Manufacture of Computer, Communication and Other Electronic Equipment	1671	33548	1440823
仪器仪表制造业	Manufacture of Measuring Instrument and Meter	771	7668	328422
其他制造业	Other Manufacturing	162	739	20457
废弃资源综合利用业	Waste Recycling and Recovery	49	98	1170
金属制品、机械和设备修理业	Repaire Service of Metal Products, Machinery and Equipment	3	2	25
电力、热力、燃气及水生产和供应业小计	**Production and Distribution of Electricity, Gas and Water**	**592**	**1236**	**48458**
电力、热力生产和供应业	Production and Supply of Electric Power and Heat Power	366	761	33243
燃气生产和供应业	Production and Distribution of Gas	86	190	5422
水的生产和供应业	Production and Distribution of Water	140	285	9793
建筑业小计	**Construction**	**461**	**1062**	**17495**
房屋建筑业	Construction of Building	134	312	4289
土木工程建筑业	Construction of Civil Engineering	314	699	12503
建筑安装业	Construction Installation	2	1	98
建筑装饰和其他建筑业	Building Decoration and Other Construction	11	50	605
批发和零售业小计	**Wholesale and Retail Trade**	**17**	**50**	**223**
批发业	Wholesale	15	48	184
零售业	Retail trade	2	1	38

3-15 续表 continued

行 业	Industry	R&D课题数(项) R&D Projects (item)	投入人员(人年) Input of Personnel (man-year)	投入经费(万元) Input of Funds (10 000 yuan)
交通运输、仓储和邮政业小计	**Traffic,Transport, Storage and Post**	**763**	**1281**	**36665**
铁路运输业	Railway Transportation	1	1	12
道路运输业	Transport via Road	263	534	20986
水上运输业	Water Transport	429	313	8430
航空运输业	Air Transport	26	216	4796
管道运输业	Pipeline Transport	6	16	338
装卸搬运和运输代理业	Loading,Unloading,Portage and Other Transport Services			
仓储业	Storage	38	201	2103
邮政业	Post			
住宿和餐饮业小计	**Accommodation and Restaurants**	**1**	**1**	**11**
住宿业	Accommodation	1	1	11
餐饮业	Restaurants			
信息传输、软件和信息技术服务业小计	**Information Transfer,Software and Information Technology Services**	**1138**	**3636**	**172122**
电信、广播电视和卫星传输服务	Telecommunications, Broadcasting,Television and Satellite Transmission Services	123	368	17658
互联网和相关服务	Internet and Related Services	99	449	20914
软件和信息技术服务业	Software and Information Technology Services	916	2819	133550
金融业小计	**Finance**	**108**	**155**	**4127**
货币金融服务	Monetary financial services	46	83	2694
资本市场服务	Capital Market Services	20	27	435
保险业	Insurance	8	6	275
其他金融业	Other Financial Services	34	40	725
房地产业小计	**Real Estate**	**24**	**57**	**993**
房地产业	Real Estate	24	57	993
租赁和商务服务业小计	**Tenancy and Business Services**	**109**	**246**	**2180**
商务服务业	Business Service	109	246	2180
科学研究和技术服务业小计	**Scientific Research, Technical Service**	**48840**	**153347**	**7951082**
研究和试验发展	Research and Experimental Development	39116	128653	6961840
专业技术服务业	Professional Technique Services	8291	16939	703198
科技推广和应用服务业	Technique Generalization and Application Services	1433	7755	286044
水利、环境和公共设施管理业小计	**Management of Water Conservancy, Environment and public Establishment**	**6445**	**10019**	**284558**
水利管理业	Management of Water Conservancy	1053	1786	62240
生态保护和环境治理业	Environmental Management	5161	7746	209234
公共设施管理业	Management of Public Establishment	231	487	13084
居民服务、修理和其他服务业小计	**Resident Services and Other Services**	**114**	**271**	**5639**
居民服务业	Resident Services	26	72	3854
机动车、电子产品和日用产品修理业	Repair of Motor Vehicles, Electronics and Household Appliances	16	14	418
其他服务业	Other Services	72	186	1367
教育小计	**Education**	**714**	**905**	**13454**
教 育	Education	714	905	13454
卫生和社会工作小计	**Sanitation and Social Works**	**5386**	**13013**	**288650**
卫 生	Sanitation	5382	12994	288191
社会工作	Social Works	4	19	459
文化、体育和娱乐业小计	**Culture, Sports and Entertainment**	**661**	**1715**	**35562**
新闻和出版业	Journalism and Publishing Activities	16	56	4468
广播、电视、电影和影视录音制作业	Broadcasting, Television,Movies,Videos and Sound Recording	24	43	888
文化艺术业	Culture and Art	515	1377	28166
体 育	Sports Activities	103	228	2004
娱乐业	Entertainment	3	11	37
公共管理、社会保障和社会组织小计	**Public Management and Social Organization**	**1130**	**2799**	**61369**
中国共产党机关	Chinese Communist Party Organs	61	115	1702
国家机构	Organ of State	795	1844	40017
人民政协、民主党派	People's Political Consultative Conference and Democratic Prties	15	47	487
社会保障	Social Security	90	258	2513
群众团体、社会团体和其他成员组织	Mass Communities, Social Organizations and other Membership Organizations	162	527	16425
基层群众自治组织	Grass Roots Self-government Organizations	7	9	225
国际组织小计	**International Organizations**	**4**	**8**	**105**
国际组织	International Organizations	4	8	105

3-16 按学科分组的R&D课题(2016年)
R&D Projects Taken by R&D Institutions by Discipline (2016)

学 科	Discipline	R&D课题数 (项) R&D Projects (item)	投入人员 (人年) Input of Personnel (man-year)	投入经费 (万元) Input of Funds (10 000 yuan)
全 国	**National Total**	**100925**	**343624**	**15925368**
数 学	Mathematics	424	398	10760
信息科学与系统科学	Information & System Science	985	3200	232302
力 学	Mechanics	419	632	23633
物理学	Physics	3912	7129	415654
化 学	Chemistry	3544	7084	204805
天文学	Astronomy	1578	1684	73626
地球科学	Earth Science	10846	16028	655172
生物学	Biology	9878	13547	425987
心理学	Psychology	192	369	8720
农 学	Agriculture	16314	27508	555746
林 学	Forestry	2597	4673	67763
畜牧、兽医科学	Livestock, Veterinary Medicine	2858	4763	105231
水产学	Aquatic	1589	2796	66739
基础医学	Basic Medicine	1389	3058	86456
临床医学	Clinic Medicine	2887	6595	192869
预防医学与卫生学	Protective Medicine	1012	3405	55696
军事医学与特种医学	Military Medicine & Special Medicine	27	60	4823
药 学	Pharmacy	1329	2421	90096
中医学与中药学	Traditional Chinese Medicine	2834	5467	87829
工程与技术科学基础学科	Engineering & Basic Technology Science	2053	20703	884708
信息与系统科学相关工程与技术	Information and System Science,Engineering and Technology Related	785	1966	108936
自然科学相关工程与技术	Science and Technology Related Projects	1629	3105	94547
测绘科学技术	Surveying & Mapping	1596	2142	91075
材料科学	Material Science	3390	9622	258783
矿山工程技术	Mining	139	515	8911
冶金工程技术	Metallurgy	64	99	2329
机械工程	Mechanical Engineering	409	2327	64948
动力与电气工程	Power & Electrical Engineering	707	4052	165982
能源科学技术	Energy Technology	824	2963	124476
核科学技术	Nuclear Technology	600	14008	1015231
电子、通信与自动控制技术	Electronics, Communication & Automation	2927	53363	2812484

3-16 续表 continued

学 科	Discipline	R&D课题数 (项) R&D Projects (item)	投入人员 (人年) Input of Personnel (man-year)	投入经费 (万元) Input of Funds (10 000 yuan)
计算机科学技术	Computer Technology	1661	6749	291838
化学工程	Chemical Engineering	644	1708	34012
产品应用相关工程与技术	Engineering and Technology Related Products Application	143	265	4648
纺织科学技术	Textile Technology	23	84	976
食品科学技术	Food Technology	516	913	19325
土木建筑工程	Civil Construction	279	903	21213
水利工程	Water Conservancy	1967	2509	92996
交通运输工程	Transportaiton Engineering	1025	3406	182481
航空、航天科学技术	Aviation and Aerospace	2624	78356	5769714
环境科学技术	Environment	4081	6469	202631
安全科学技术	Security	582	1617	53783
管理学	Management	860	2603	26709
马克思主义	Marxism	101	191	4003
哲 学	Phylosophy	145	213	3471
宗教学	Religion	76	136	1262
语言学	Linguistics	70	96	994
文 学	Literature	186	341	6611
艺术学	Arts	155	497	6751
历史学	Histry	470	758	16149
考古学	Archaeology	337	891	32305
经济学	Economics	2041	3240	50321
政治学	Politics	300	657	16171
法 学	Law	568	506	14623
军事学	Military	84	653	4596
社会学	Sociology	633	1442	20699
民族学	Ethnography	384	658	15287
新闻学与传播学	Journalism	103	177	7818
图书馆、情报与文献学	Library and Information Literature	391	793	13707
教育学	Education	569	719	9911
体育科学	Physical Science	139	291	2950
统计学	Statistics	31	103	1099

3-17 按来源和合作形式分研究与开发机构R&D课题(2016年)
R&D Projects of R&D Institutions by Sources and Cooperation Modality (2016)

项　目	Item	R&D课题数 (项) R&D Projects (item)	投入人员 (人年) Input of Personnel (man-year)	投入经费 (万元) Input of Funds (10 000 yuan)
总　计	**Total**	**100925**	**343624**	**15925368**
按课题来源分组	**By Sources of Topics**			
国家科技项目	National S&T Projects	47814	228387	12070804
地方科技项目	Local S&T Projects	30787	54840	1155629
企业委托科技项目	S&T Projects Entrusted by Enterprise	5268	10770	418416
自选科技项目	S&T Projects Chosen by Enterprise	7593	16496	446932
来自国外的科技项目	Oversease S&T Projects	796	1569	71792
其它科技项目	Others	8667	31563	1761796
按合作形式分组	**By Cooperation Modality**			
与境外机构合作	Cooperation with Oversease Institutes	933	1738	56108
与国内高校合作	Cooperation with Higher Education	3185	8718	311309
与国内独立研究机构合作	Cooperation with Independent Research Institutes	7596	32393	2150911
与境内注册的外商独资企业合作	Cooperation with Sole Foreign Enterprise	43	84	2390
与境内注册的其他企业合作	Cooperation with Other Enterprise	3071	7019	293435
独立完成	Independent Implementation	83938	282787	12665600
其　他	Others	2159	10885	445615

3-18 按隶属关系和学科分研究与
S&T Output of R&D Institutions by

项 目	Item	发表科技论文 (篇) Scientific Papers Issued (piece)	#国外发表 Published in Foreign Periodicals	出版科技著作 (种) Publication on S&T (kind)
总 计	**Total**	**175169**	**50010**	**5714**
按隶属关系分组	**by Subordination**			
中央部门属	Subordinated to Central Level	109330	43137	2987
#中国科学院	Chinese Academy of Sciences	43745	30169	532
地方部门属	Subordi-nated to Local Level	65839	6873	2727
省级部门属	Provincial Level	54635	6429	2221
副省级城市部门属	Sub-provincial Cities Level	2550	178	145
地市级部门属	Miniciple Level	8654	266	361
按门类学科分组	**by Subject**			
自然科学	Natural sciences	36548	22421	613
农业科学	Agricultural Sciences	33547	5975	1056
医药科学	Medical Science	21107	5714	724
工程与技术科学	Engineering and Technological Sciences	57788	15107	933
人文与社会科学	Humanities and Social Sciences	26179	793	2388

开发机构科技产出(2016年)
Subordination and Subject(2016)

专利申请数 (件) Patents Application (piece)	#发明专利 Invetions	有效发明专利 (件) Patent in Force (piece)	专利所有权转让及许可数 (件) Number of Transfer and Licensing of Patent Ownership (piece)	专利所有权转让及许可收入 (万元) Revenue from Transfer and Licensing of Patent Ownership (10 000 yuan)	形成国家或行业标准数 (项) Number of National and Industrial Standard (item)
52331	**39854**	**107718**	**1723**	**86283**	**3425**
41186	33214	90513	1433	76277	2152
13823	12109	38036	829	51264	80
11145	6640	17205	290	10006	1273
9670	5925	15533	244	9013	960
368	178	471	11	270	34
1107	537	1201	35	723	279
8290	7178	21735	345	21571	117
8040	5160	15378	305	8156	879
1305	985	3842	146	13202	319
34576	26471	66623	927	43354	1998
120	60	140			112

3-19 各地区研究与开发
S&T Output of R&D Institutions

地 区	Region	发表科技论文（篇）Scientific Papers Issued (piece)	#国外发表 Published in Foreign Periodicals	出版科技著作（种）Publication on S&T (kind)
全 国	**National Total**	**175169**	**50010**	**5714**
东部地区	Eastern Region	108730	36398	3845
中部地区	Middle Region	19118	3828	520
西部地区	Western Region	34999	6180	1095
东北地区	Northeast Region	12322	3604	254
北 京	Beijing	57698	20751	2529
天 津	Tianjin	2757	322	69
河 北	Hebei	2568	204	82
山 西	Shanxi	2410	349	57
内蒙古	Inner Mongolia	1510	48	75
辽 宁	Liaoning	4841	1868	133
吉 林	Jilin	4477	1346	69
黑龙江	Heilongjiang	3004	390	52
上 海	Shanghai	9569	3994	276
江 苏	Jiangsu	10548	2866	194
浙 江	Zhejiang	5393	1396	164
安 徽	Anhui	3269	1043	58
福 建	Fujian	3404	1106	64
江 西	Jiangxi	1875	108	64
山 东	Shandong	6891	2172	178
河 南	Henan	3294	345	144
湖 北	Hubei	6160	1624	134
湖 南	Hunan	2110	359	63
广 东	Guangdong	8392	3228	260
广 西	Guangxi	3051	350	108
海 南	Hainan	1510	359	29
重 庆	Chongqing	2618	197	93
四 川	Sichuan	7652	1777	139
贵 州	Guizhou	2009	196	76
云 南	Yunnan	3815	861	140
西 藏	Tibet	184	31	15
陕 西	Shaanxi	5817	717	113
甘 肃	Gansu	3827	1199	186
青 海	Qinghai	553	249	21
宁 夏	Ningxia	608	9	58
新 疆	Xinjiang	3355	546	71

机构科技产出(2016年)
by Region(2016)

专利申请数(件) Patents Application (piece)	#发明专利 Invetions	有效发明专利(件) Patent in Force (piece)	专利所有权转让及许可数(件) Number of Transfer and Licensing of Patent Ownership (piece)	专利所有权转让及许可收入(万元) Revenue from Transfer and Licensing of Patent Ownership (10 000 yuan)	形成国家或行业标准数(项) Number of National and Industrial Standard (item)
52331	**39854**	**107718**	**1723**	**86283**	**3425**
30235	24165	70975	1332	67049	2416
7832	5059	11531	73	2562	348
9741	7235	16937	184	10744	492
4523	3395	8275	134	5929	169
13454	11353	36608	758	35769	1394
1352	1035	2600	21	2993	71
727	513	1578	21	479	47
1442	579	1215	1	290	32
202	111	288	3	120	52
2730	2165	3824	49	5414	54
982	881	3388	71	274	13
811	349	1063	14	242	102
4349	3691	9297	175	11059	223
3038	2252	6417	123	5991	165
1472	1061	3149	84	5056	116
2064	1261	2236	20	739	30
735	551	1239	24	1774	27
443	274	443	10	375	21
2139	1502	3915	32	1565	151
1359	1076	2325	3	1020	84
1921	1410	4397	30	137	123
603	459	915	9	2	58
2739	2058	5609	64	1291	178
700	511	920	19	135	45
230	149	563	30	1072	44
518	341	911	15	146	8
2563	2013	4726	28	967	78
317	182	437	1	5	34
470	357	848	27	824	34
17	10	5			7
3193	2634	5932	36	3711	77
982	598	1836	46	1342	26
121	114	271	5	3030	29
42	15	57	2	60	20
616	349	706	2	405	82

3-20 各地区地方部门属研究与
S&T Output in R&D Institutions of

地 区	Region	发表科技论文(篇) Scientific Papers Issued (piece)	#国外发表 Published in Foreign Periodicals	出版科技著作(种) Publication on S&T (kind)
全 国	**National Total**	**65839**	**6873**	**2727**
东部地区	Eastern Region	29227	4869	1151
中部地区	Middle Region	10378	583	432
西部地区	Western Region	20153	1194	938
东北地区	Northeast Region	6081	227	206
北 京	Beijing	4204	1125	258
天 津	Tianjin	1273	33	43
河 北	Hebei	1642	139	64
山 西	Shanxi	1810	77	53
内蒙古	Inner Mongolia	1304	34	49
辽 宁	Liaoning	2095	76	110
吉 林	Jilin	1640	56	62
黑龙江	Heilongjiang	2346	95	34
上 海	Shanghai	3193	697	190
江 苏	Jiangsu	4884	747	124
浙 江	Zhejiang	3390	421	122
安 徽	Anhui	1468	85	57
福 建	Fujian	2234	157	48
江 西	Jiangxi	1777	108	64
山 东	Shandong	4220	835	148
河 南	Henan	1665	101	109
湖 北	Hubei	2129	97	91
湖 南	Hunan	1529	115	58
广 东	Guangdong	3896	684	154
广 西	Guangxi	2883	335	106
海 南	Hainan	291	31	
重 庆	Chongqing	2094	185	93
四 川	Sichuan	2620	154	115
贵 州	Guizhou	1674	74	76
云 南	Yunnan	2659	169	123
西 藏	Tibet	184	31	15
陕 西	Shaanxi	1519	42	85
甘 肃	Gansu	1779	71	140
青 海	Qinghai	184		14
宁 夏	Ningxia	608	9	58
新 疆	Xinjiang	2645	90	64

开发机构科技产出(2016年)
Local Governments by Region(2016)

专利申请数(件) Patents Application (piece)	#发明专利 Invetions	有效发明专利(件) Patent in Force (piece)	专利所有权转让及许可数(件) Number of Transfer and Licensing of Patent Ownership (piece)	专利所有权转让及许可收入(万元) Revenue from Transfer and Licensing of Patent Ownership (10 000 yuan)	形成国家或行业标准数(项) Number of National and Industrial Standard (item)
11145	**6640**	**17205**	**290**	**10006**	**1273**
5474	3667	10556	134	8836	590
2292	1085	2087	34	107	193
2551	1514	3420	69	622	373
828	374	1142	53	442	117
490	346	1245	15	2854	62
143	91	428	5	10	1
230	150	293	18	389	46
1070	250	415			31
80	31	69	3	120	48
141	68	320	2	200	38
128	64	240	39		13
559	242	582	12	242	66
336	270	783	11	91	119
932	615	1705	43	3598	67
518	289	1211	7	229	54
201	141	386	3		17
443	297	773	1	3	26
242	144	289	6	15	11
1565	1007	2368	20	1405	121
281	168	346			59
292	217	284	17	92	35
206	165	367	8		40
780	581	1518	14	258	87
630	479	877	19	135	45
37	21	232			7
277	152	543	6	146	8
320	202	569	8	132	37
210	135	288			33
203	109	236	17	18	24
17	10	5			7
66	34	120	1		19
234	141	266	13	11	22
7	2	28			29
42	15	57	2	60	20
465	204	362			81

3-21 按服务的国民经济行业分研究与

S&T Output of R&D Institutions by Industrial Sector

行　业	Industry	发表科技论文(篇) Scientific Papers Issued (piece)	#国外发表 Published in Foreign Periodicals
总　计	**Total**	**175169**	**50010**
农、林、牧、渔业小计	**Farming, Forestry, Animal Husbandry and Fishery**	**32349**	**5741**
农　业	Farming	16831	2700
林　业	Forestry	3432	434
畜牧业	Animal Husbandry	2985	660
渔　业	Fishery	2435	731
农、林、牧、渔服务业	Service Activities for Agriculture, Forestry, Farming of Animals and Fishing	6666	1216
采矿业小计	**Mining**	**137**	**18**
煤炭开采和洗选业	Mining and Washing of Coal	34	7
有色金属矿采选业	Mining of Non-ferrous Metal Ores	97	11
其他矿采选业	Other Minerals Mining and Dressing	6	
制造业小计	**Manufacturing**	**33264**	**5411**
农副食品加工业	Processing of Food from Agricultural Products	735	211
食品制造业	Manufacture of Foods	171	93
酒、饮料和精制茶制造业	Manufacture of Liquor, Beverages and Refined Tea	33	1
烟草制品业	Manufacture of Tobacco	8	
纺织业	Manufacture of Textile	43	
纺织服装、服饰业	Manufacture of Textile, Apparel and Accessories	1	
皮革、毛皮、羽毛及其制品和制鞋业	Manufacture of Leather, Fur, Feather and Related Products and Shoes	5	
木材加工和木、竹、藤、棕、草制品业	Processing of Timbers and Manufacture of Wood,Bamboo, Rattan, Palm and Straw	144	40
家具制造业	Manufacture of Furniture		
造纸和纸制品业	Manufacture of Paper and Paper Products		
印刷和记录媒介复制业	Printing,Reproduction of Recording Media		
文教、工美、体育和娱乐用品制造业	Manufacture of Artworks, and Articles for Culture, Education, Sports and Recreation		
石油加工、炼焦及核燃料加工业	Processing of Petroleum ,Coking and Processing of Nucleus Fuel	1689	136
化学原料和化学制品制造业	Manufacture of Chemical Raw Material and Chemical Products	525	372
医药制造业	Manufacture of Medicines	3350	994
化学纤维制造业	Manufacture of Chemical Fiber	6	
橡胶和塑料制品业	Manufacture of Rubber and Plastic	51	23
非金属矿物制品业	Manufacture of Non-metallic Mineral Products	104	2
黑色金属冶炼和压延加工业	Manufacture and Processing of Ferrous Metals	7	

开发机构科技产出(2016年)
in which the R&D Institutions Served (2016)

出版科技著作(种) Publication on S&T (kind)	专利申请数(件) Patents Application (piece)	#发明专利 Invetions	有效发明专利(件) Patent in Force (piece)	专利所有权转让及许可数(件) Number of Transfer and Licensing of Patent Ownership (piece)	专利所有权转让及许可收入(万元) Revenue from Transfer and Licensing of Patent Ownership (10 000 yuan)	形成国家或行业标准数(项) Number of National and Industrial Standard (item)
5714	**52331**	**39854**	**107718**	**1723**	**86283**	**3425**
1110	**7648**	**5038**	**14541**	**281**	**7904**	**808**
579	4058	2753	6536	206	7206	462
111	517	357	1196	16	126	107
145	867	449	1498	29	231	48
71	631	361	1561	15	30	53
204	1575	1118	3750	15	312	138
2	**44**	**36**	**99**			
	11	7	21			
1	29	25	63			
1	4	4	15			
305	**25242**	**19985**	**47232**	**538**	**30439**	**1229**
30	346	287	594			37
2	65	64	246	1	56	7
2	13	12	30			18
4	6	3	9			
	12	3	6			
						1
6	48	43	157	10	193	20
1						
7	1450	1073	1505	5		279
10	289	248	869	25	1066	16
77	460	417	1354	34	5801	150
	3	2	3			
	19	17	59			
7	9	5	41			9
	2					

3-21 续表 1

行 业	Industry	发表科技论文（篇）Scientific Papers Issued (piece)	#国外发表 Published in Foreign Periodicals
有色金属冶炼和压延加工业	Manufacture and Processing of Non-ferrous Metals	12	
金属制品业	Manufacture of Metal Products	31	8
通用设备制造业	Manufacture of General Purpose Machinery	372	14
专用设备制造业	Manufacture of Special Purpose Machinery	990	167
铁路、船舶、航空航天和其他运输设备制造业	Manufacture of Railway, Ships, Aerospace and Other Transport Equipment	15228	1544
电气机械和器材制造业	Manufacture of Electrical Machinery and Equipment		
计算机、通信和其他电子设备制造业	Manufacture of Computer, Communication and Other Electronic Equipment	5184	667
仪器仪表制造业	Manufacture of Measuring Instrument and Meter	217	47
电力、热力、燃气及水生产和供应业小计	**Production and Distribution of Electricity, Gas and Water**	**660**	**178**
电力、热力的生产和供应业	Production and Supply of Electric Power and Heat Power	642	177
燃气生产和供应业	Production and Distribution of Gas	18	1
建筑业小计	**Construction**	**1124**	**312**
房屋建筑业	Construction of Building	439	16
土木工程建筑业	**Construction of Civil Engineering**	**658**	**296**
建筑装饰和其他建筑业	Building Decoration and Other Construction	27	
批发和零售业小计	**Wholesale and Retail Trabe**		
零售业	Retail Trade		
交通运输、仓储和邮政业小计	**Traffic,Transport, Storage and Post**	**1029**	**150**
铁路运输业	Railway Transportation	70	
道路运输业	Transport via Road	741	105
水上运输业	Water Transport	190	33
航空运输业	Air Transport	28	12
装卸搬运和运输代理业	Loading, Unloading, Portage and Other Transport Services		
信息传输、软件和信息技术服务业小计	**Information Transfer,Software and Information Technology Services**	**696**	**395**
电信、广播电视和卫星传输服务	Telecommunications, Broadcasting,Television and Satellite Transmission Services	129	33
互联网和相关服务	Internet and Related Services	5	2
软件和信息技术服务业	Software and Information Technology Services	562	360

continued

出版科技著作(种) Publication on S&T (kind)	专利申请数(件) Patents Application (piece)	#发明专利 Invetions	有效发明专利(件) Patent in Force (piece)	专利所有权转让及许可数(件) Number of Transfer and Licensing of Patent Ownership (piece)	专利所有权转让及许可收入(万元) Revenue from Transfer and Licensing of Patent Ownership (10 000 yuan)	形成国家或行业标准数(项) Number of National and Industrial Standard (item)
	3	1	4			
	39	33	14			
7	107	42	88	3	206	43
12	654	297	570	50	1009	89
102	14615	11881	29600	290	12937	351
	32	16				
30	4559	3273	7596	88	6062	93
1	173	107	292	2	110	15
48	**225**	**119**	**179**			**18**
48	216	110	172			18
	9	9	7			
24	**944**	**194**	**417**	**5**	**230**	**48**
8	54	26	65	5	230	30
10	**890**	**168**	**352**			**5**
6						13
			1			
			1			
36	**146**	**79**	**392**			**130**
30	105	56	322			109
2	32	16	53			20
4	9	7	17			1
14	**474**	**371**	**1648**	**29**	**476**	**176**
6	122	81	178	2		150
	16	16	20			
8	336	274	1450	27	476	26

3-21 续表 2

行　业	Industry	发表科技论文（篇） Scientific Papers Issued (piece)	#国外发表 Published in Foreign Periodicals	出版科技著作（种） Publication on S&T (kind)
金融业小计	**Finance**	**10**		
货币金融服务	Monetary Financial Services	10		
租赁和商务服务业小计	**Tenancy and Business Services**	**4**		
商务服务业	Business Service	4		
科学研究和技术服务业小计	**Scientific Research, Technical Service**	**77293**	**32231**	**2607**
研究和试验发展	Research and Experimental Development	64486	29668	2225
专业技术服务业	Professional Technique Services	11572	2269	321
科技推广和应用服务业	Technique Generalization and Application Services	1235	294	61
水利、环境和公共设施管理业小计	**Management of Water Conservancy, Environment and Public Establishment**	**6458**	**1192**	**237**
水利管理业	Management of Water Conservancy	2354	98	62
生态保护和环境治理业	Environmental Management	3926	1072	172
公共设施管理业	Management of Public Establishment	178	22	3
居民服务、修理和其他服务业小计	**Resident Services and Other Services**	**17**		**2**
居民服务业	Resident Services	17		2
机动车、电子产品和日用产品修理业	Repair of Motor Vehicles, Electronics and Household Appliances			
教育小计	**Education**	**1214**	**15**	**293**
教　育	Education	1214	15	293
卫生和社会工作小计	**Sanitation and Social Works**	**15443**	**3799**	**576**
卫　生	Sanitation	15443	3799	576
文化、体育和娱乐业小计	**Culture, Sports and Entertainment**	**1479**	**77**	**178**
新闻和出版业	Journalism and Publishing Activities			
广播、电视、电影和影视录音制作业	Broadcasting, Television,Movies,Videos and Sound Recording	65		1
文化艺术业	Culture and Art	1153	70	163
体　育	Sports Activities	261	7	14
娱乐业	Entertainment			
公共管理、社会保障和社会组织小计	**Public Management and Social Organization**	**3992**	**491**	**282**
中国共产党机关	Chinese Communist Party Organs			
国家机构	Organ of State	3958	491	273
群众团体、社会团体和其他成员组织	Mass Communities,Social Organizations and other Membership Organizations	10		1

continued

专利申请数（件） Patents Application (piece)	#发明专利 Invetions	有效发明专利（件） Patent in Force (piece)	专利所有权转让及许可数（件） Number of Transfer and Licensing of Patent Ownership (piece)	专利所有权转让及许可收入（万元） Revenue from Transfer and Licensing of Patent Ownership (10 000 yuan)	形成国家或行业标准数（项） Number of National and Industrial Standard (item)
15516	**12898**	**39401**	**768**	**44433**	**796**
13193	11452	35125	728	43905	193
2031	1255	3806	16	28	565
292	191	470	24	500	38
1347	**703**	**2113**	**11**	**443**	**91**
462	196	564			33
850	489	1502	9	403	53
35	18	47	2	40	5
5	**3**	**13**	**1**		**2**
5	3	13	1		2
					25
					25
563	**321**	**1409**	**89**	**2278**	**51**
563	321	1409	89	2278	51
11	**5**	**88**			**8**
		4			6
		8			
2	1	32			2
9	4	44			
166	**102**	**185**	**1**	**80**	**43**
166	102	185	1	80	43

四、高等学校

Higher Education

4-1 高等学校
Basic Statistics on Higher Education for

指　　标	Item	2005	2006	2007	2008
高等学校基本情况	**Basic Statistics on Higher Education**				
学校数（个）	Number of Institutions(unit)	1792	1867	1908	2263
#理工农医	Natural Sciences & Technology	786	800	786	827
#人文社科	Social Sciences & Humanities	815	843	840	869
R&D机构（个）	R&D Institutions(unit)	3936	4154	4502	5159
研究与试验发展(R&D)投入情况	**Statistics on R&D Input**				
R&D人员（万人）	R&D Personnel(10 000 persons)	38.7	42.1	44.8	47.8
R&D人员全时当量（万人年）	Full-time Equivalent of R&D Personnel(10 000 man-year)	22.7	24.2	25.4	26.6
#基础研究	Basic Research	7.8	9.0	9.4	10.9
应用研究	Applied Research	11.1	11.3	12.0	13.7
试验发展	Experimental Development	3.9	3.9	4.0	2.0
R&D经费内部支出(亿元)	Intramural Expenditure on R&D(100 million yuan)	242.3	276.8	314.7	390.2
#基础研究	Basic Research	56.7	71.4	86.8	114.8
应用研究	Applied Research	125.0	137.3	161.8	208.9
试验发展	Experimental Development	60.6	68.2	66.1	66.5
#政府资金	Government Funds	133.1	151.5	177.7	225.5
企业资金	Self-raised Funds by Enterprises	88.9	101.2	110.3	134.9
研究与试验发展(R&D)项目(课题)情况	**Statistics on R&D Projects**				
R&D项目(课题)数(项)	R&D Projects(item)	280327	365294	375425	429096
R&D项目(课题)人员全时当量(万人年)	Participants(10 000 man-year)	22.5	26.8	25.2	26.6
R&D项目(课题)经费内部支出(亿元)	Intramural Expenditure(100 million yuan)	193.5	287.0	258.2	323.2
科技产出及成果情况	**Statistics on S&T Outputs and Results**				
发表科技论文(篇)	Scientific Papers Issued(piece)	728082	830948	905985	964877
#国外发表	Published in Foreign Periodicals	69857	90722	108727	134058
出版科技著作（种）	Publication on Science and Technology(kind)	33064	34633	35733	37541
专利申请受理数（件）	Number of Patents Applications Accepted (piece)	20094	24490	29860	40610
#发明专利	Inventions	14673	18059	21864	29337
专利申请授权数（件）	Number of Patents Applications Granted (piece)	8843	12043	14111	19248
#发明专利	Inventions	4715	6650	8251	10216

科技活动情况
Science and technology Activities

2009	2010	2011	2012	2013	2014	2015	2016
2305	2358	2409	2442	2491	2529	2560	2596
1003	970	975	1039	1070	1356	1713	2021
954	963	997	1090	1150	1540	1814	2199
6082	7833	8630	9225	9842	10632	11732	13062
50.9	59.4	63.2	67.8	71.5	76.3	83.9	85.2
27.5	29.0	29.9	31.4	32.5	33.5	35.5	36.0
11.3	12.0	12.9	14.0	14.7	15.5	16.4	16.7
14.1	14.8	15.0	15.4	15.9	16.1	17.2	17.3
2.1	2.1	2.0	1.9	1.9	1.9	1.9	2.0
468.2	597.3	688.8	780.6	856.7	898.1	998.6	1072.2
145.5	179.9	226.7	275.7	307.6	328.6	391.0	432.5
250.0	337.0	372.4	402.7	441.3	476.4	516.3	528.4
72.6	80.3	89.8	102.2	107.8	93.1	91.3	111.4
262.2	358.8	405.1	474.1	516.9	536.5	637.3	687.8
171.7	198.5	242.9	260.5	289.3	302.7	301.5	310.5
476708	547717	604107	657027	711010	766731	841520	894279
27.4	28.9	29.9	31.3	32.4	33.5	35.4	36.0
363.5	467.0	535.3	607.3	662.7	701.8	765.6	777.2
1016354	1062512	1109965	1117742	1127210	1152147	1220467	1267881
156750	182247	218301	226097	249673	278599	313698	355483
40919	38101	37472	38760	37866	39326	43136	44518
56641	72744	95592	113430	133865	149961	190351	236665
36241	44132	54362	66755	81251	93415	109911	137755
25570	37490	53055	74550	84930	85006	127329	149524
14408	18055	25064	34441	35873	39468	55021	66419

4-2 各地区高等
R&D Personnel in Higher

地　区	Region	学校数 (个) Number of Institutions (unit)	从业人员 (人) Employed Persons (person)	R&D人员合计 (人) R&D Personnel (person)	#女性 Female	#博士毕业 Doctor
全　国	**National Total**	**2596**	**3100175**	**851764**	**358727**	**248105**
东部地区	Eastern Region	1000	1309881	421128	176810	133843
中部地区	Middle Region	677	744290	151730	61783	42137
西部地区	Western Region	661	739200	182487	76587	43773
东北地区	Northeast Region	258	306804	96419	43547	28352
北　京	Beijing	91	178872	77397	32549	30695
天　津	Tianjin	55	61500	23397	10287	7852
河　北	Hebei	120	134040	30448	16356	4827
山　西	Shanxi	80	75564	14574	7171	3366
内蒙古	Inner Mongolia	53	50714	7440	3560	1566
辽　宁	Liaoning	116	129097	38626	17034	11387
吉　林	Jilin	60	82052	32584	15866	9692
黑龙江	Heilongjiang	82	95655	25209	10647	7273
上　海	Shanghai	64	96049	43977	15462	17942
江　苏	Jiangsu	166	209501	63249	24593	21148
浙　江	Zhejiang	107	126765	49421	21723	14030
安　徽	Anhui	119	106415	26459	9241	6705
福　建	Fujian	88	91244	28985	12806	7191
江　西	Jiangxi	98	97735	14534	5450	3294
山　东	Shandong	144	191680	43338	17708	11628
河　南	Henan	129	176991	24780	12126	5696
湖　北	Hubei	128	159992	34534	12680	13012
湖　南	Hunan	123	127593	36849	15115	10064
广　东	Guangdong	147	199746	57048	23494	17721
广　西	Guangxi	73	83921	26421	11126	4562
海　南	Hainan	18	20484	3868	1832	809
重　庆	Chongqing	65	76315	21547	7809	6742
四　川	Sichuan	109	154907	41233	16428	11303
贵　州	Guizhou	64	57866	11819	5163	2150
云　南	Yunnan	72	70386	18989	9413	4080
西　藏	Tibet	7	4896	1272	525	234
陕　西	Shaanxi	93	128634	26740	10710	7957
甘　肃	Gansu	49	48259	9688	3679	2044
青　海	Qinghai	12	8624	1470	617	239
宁　夏	Ningxia	18	15150	3907	1708	714
新　疆	Xinjiang	46	39528	11961	5849	2182

学校R&D人员(2016年)
Education by Region (2016)

#硕士毕业 Master	#本科毕业 Undergraduate	#全时人员 Full-time Personnel	R&D人员全时当量(人年) Full-time Equivalent of R&D Personnel (man-year)	#研究人员 Researchers	基础研究 Basic Research	应用研究 Applied Research	试验发展 Experimental Development
346325	**222857**	**317379**	**360049**	**307923**	**167053**	**172534**	**20463**
164171	103177	156534	177631	151603	79572	89103	8956
62377	41352	55630	63634	54022	28317	30430	4887
78522	53697	61160	72721	62296	34370	33585	4766
41255	24631	44055	46064	40001	24794	19417	1854
24188	16610	29946	32327	26630	13258	18231	839
9248	5628	8738	10355	8910	4190	5577	587
14739	9593	7690	10682	9506	4833	5620	228
6730	3800	6115	6625	5338	3127	3136	362
3511	2269	2754	3328	2954	1277	1714	337
16246	10159	16540	17504	15660	7727	8638	1139
14417	8174	13648	14349	12063	8414	5531	404
10592	6298	13867	14211	12278	8653	5247	311
13881	9204	24199	23892	19341	12262	10200	1430
25574	14724	23675	26350	24317	12216	11749	2385
21060	13225	12742	17714	15511	7632	9413	669
11468	7221	11850	12695	10319	6430	5904	360
12573	7740	8839	10673	8849	2625	7693	354
5778	4326	5634	6040	4994	2790	2858	392
18338	11348	18918	20564	18126	10182	8911	1471
11560	6900	5718	7910	6709	3407	3363	1140
12644	7789	13178	15033	13042	5627	7997	1409
14197	11316	13135	15331	13621	6937	7172	1223
22748	13913	21078	23938	19491	11778	11248	913
12724	7869	8760	10202	8511	5250	4583	370
1822	1192	709	1136	922	597	461	79
8045	5703	6845	8520	7397	3344	4397	779
16668	11633	15078	17461	15039	6516	9610	1336
5445	3842	3484	4220	3795	2441	1675	103
8096	6363	5266	6956	5699	3529	3123	304
673	348	113	253	209	170	80	3
10849	6837	10377	11240	9671	6270	3736	1234
4115	3359	3229	3909	3323	1712	2030	167
686	499	441	661	587	420	230	11
1869	1260	1878	1940	1575	1018	860	62
5841	3715	2935	4031	3536	2422	1547	62

4-3 各地区理工农医类高等
R&D Personnel in Higher Education in Natural

地 区	Region	学校数 (个) Number of Institutions (unit)	从业人员 (人) Employed Persons (person)	R&D人员合计 (人) R&D Personnel (person)	#女性 Female	#博士毕业 Doctor
全 国	**National Total**	**2021**	**2404784**	**391272**	**122856**	**138230**
东部地区	Eastern Region	859	1004112	192556	62174	74027
中部地区	Middle Region	449	587564	68325	19796	23123
西部地区	Western Region	546	576302	75631	21849	22553
东北地区	Northeast Region	167	236806	54760	19037	18527
北 京	Beijing	74	142953	36957	13498	16998
天 津	Tianjin	22	46233	10698	3514	4367
河 北	Hebei	123	103789	9463	3381	1912
山 西	Shanxi	64	59845	7611	2862	2080
内 蒙 古	Inner Mongolia	51	39263	3445	1143	890
辽 宁	Liaoning	62	98546	20528	6497	6932
吉 林	Jilin	49	63359	16897	6793	5918
黑 龙 江	Heilongjiang	56	74901	17335	5747	5677
上 海	Shanghai	56	73357	29087	9514	11630
江 苏	Jiangsu	149	165722	29464	8451	12358
浙 江	Zhejiang	105	90214	15738	4658	6940
安 徽	Anhui	97	80416	14614	3655	4868
福 建	Fujian	92	67488	10966	3554	2918
江 西	Jiangxi	77	76969	7025	2175	1548
山 东	Shandong	111	150345	23530	6807	7338
河 南	Henan	47	138777	7154	2309	2413
湖 北	Hubei	72	131014	15929	3924	6593
湖 南	Hunan	92	100543	15992	4871	5621
广 东	Guangdong	113	149360	25767	8552	9329
广 西	Guangxi	61	63690	10944	3040	2313
海 南	Hainan	14	14651	886	245	237
重 庆	Chongqing	58	57453	8292	1906	2871
四 川	Sichuan	95	123931	18609	5028	6658
贵 州	Guizhou	41	45028	4351	1412	740
云 南	Yunnan	60	52559	6506	2673	1476
西 藏	Tibet	3	3663	143	20	15
陕 西	Shaanxi	79	103453	12836	3442	5043
甘 肃	Gansu	37	39256	3992	872	1313
青 海	Qinghai	12	6625	539	181	69
宁 夏	Ningxia	13	11584	2329	747	476
新 疆	Xinjiang	36	29797	3645	1385	689

学校R&D人员(2016年)
Sciences & Technology by Region (2016)

#硕士毕业 Master	#本科毕业 Undergraduate	#全时人员 Full-time Personnel	R&D人员全时当量 (人年) Full-time Equivalent of R&D Personnel (man-year)	#研究人员 Researchers	基础研究 Basic Research	应用研究 Applied Research	试验发展 Experimental Development
126766	**101616**	**312899**	**260707**	**222530**	**116705**	**123896**	**20107**
56550	47283	154000	128315	108783	56074	63401	8841
21995	19268	54617	45511	38782	18512	22245	4754
27433	21508	60484	50386	43326	22919	22779	4689
20788	13557	43798	36495	31639	19200	15471	1823
8335	6997	29566	24636	20285	10319	13504	813
3316	2450	8563	7133	6159	2887	3690	556
3788	3216	7564	6302	5636	2887	3213	203
2716	2188	6080	5067	4071	2524	2184	359
1419	1060	2754	2294	2033	756	1201	337
7809	5047	16424	13684	12372	5921	6643	1120
6720	4153	13510	11259	9480	6833	4034	392
6259	4357	13864	11552	9788	6447	4795	311
7778	6873	23268	19387	15343	9643	8321	1424
9076	6329	23563	19634	18310	9195	8055	2385
4482	3753	12581	10483	9446	3916	5899	668
5216	3662	11682	9734	7957	4984	4413	336
3915	3458	8770	7304	5869	976	5977	350
2319	2462	5610	4674	3780	1893	2406	375
7642	6958	18817	15678	13734	7457	6750	1471
2372	2052	5718	4766	4200	1422	2219	1125
4845	3672	12739	10615	9179	3703	5532	1381
4527	5232	12788	10655	9595	3987	5491	1176
7936	6901	20600	17170	13521	8531	7732	907
4478	3533	8755	7292	6026	3480	3469	343
282	348	708	589	480	265	259	64
2882	2317	6638	5527	4816	2152	2601	775
5923	4793	14877	12398	10589	5038	6026	1335
1750	1515	3479	2897	2612	1511	1283	103
2320	2423	5205	4334	3603	2153	1910	271
59	66	113	95	68	76	17	3
4039	2732	10263	8551	7470	4149	3169	1233
1595	940	3190	2659	2349	988	1511	160
202	232	431	359	313	193	157	9
985	825	1864	1553	1283	774	720	59
1781	1072	2915	2428	2165	1650	716	62

4-4 各地区人文社科类高等
R&D Personnel in Higher Education in Social

地　区	Region	学校数（个）Number of Institutions (unit)	从业人员（人）Employed Persons (person)	R&D人员合计（人）R&D Personnel (person)	#女性 Female	#博士毕业 Doctor
全　国	**National Total**	**2199**	**695391**	**460492**	**235871**	**109875**
东部地区	Eastern Region	940	305769	228572	114636	59816
中部地区	Middle Region	492	156726	83405	41987	19014
西部地区	Western Region	533	162898	106856	54738	21220
东北地区	Northeast Region	234	69998	41659	24510	9825
北　京	Beijing	91	35919	40440	19051	13697
天　津	Tianjin	54	15267	12699	6773	3485
河　北	Hebei	120	30251	20985	12975	2915
山　西	Shanxi	60	15719	6963	4309	1286
内蒙古	Inner Mongolia	47	11451	3995	2417	676
辽　宁	Liaoning	102	30551	18098	10537	4455
吉　林	Jilin	53	18693	15687	9073	3774
黑龙江	Heilongjiang	79	20754	7874	4900	1596
上　海	Shanghai	62	22692	14890	5948	6312
江　苏	Jiangsu	155	43779	33785	16142	8790
浙　江	Zhejiang	99	36551	33683	17065	7090
安　徽	Anhui	112	25999	11845	5586	1837
福　建	Fujian	87	23756	18019	9252	4273
江　西	Jiangxi	72	20766	7509	3275	1746
山　东	Shandong	109	41335	19808	10901	4290
河　南	Henan	94	38214	17626	9817	3283
湖　北	Hubei	75	28978	18605	8756	6419
湖　南	Hunan	79	27050	20857	10244	4443
广　东	Guangdong	147	50386	31281	14942	8392
广　西	Guangxi	69	20231	15477	8086	2249
海　南	Hainan	16	5833	2982	1587	572
重　庆	Chongqing	64	18862	13255	5903	3871
四　川	Sichuan	96	30976	22624	11400	4645
贵　州	Guizhou	43	12838	7468	3751	1410
云　南	Yunnan	57	17827	12483	6740	2604
西　藏	Tibet	2	1233	1129	505	219
陕　西	Shaanxi	78	25181	13904	7268	2914
甘　肃	Gansu	21	9003	5696	2807	731
青　海	Qinghai	11	1999	931	436	170
宁　夏	Ningxia	13	3566	1578	961	238
新　疆	Xinjiang	32	9731	8316	4464	1493

学校R&D人员(2016年)
Sciences & Humanities by Region (2016)

#硕士毕业 Master	#本科毕业 Undergraduate	#全时人员 Full-time Personnel	R&D人员全时当量 (人年) Full-time Equivalent of R&D Personnel (man-year)	#研究人员 Researchers	基础研究 Basic Research	应用研究 Applied Research	试验发展 Experimental Development
219559	**121241**	**4480**	**99342**	**85393**	**50348**	**48638**	**356**
107621	55894	2534	49315	42821	23498	25702	115
40382	22084	1013	18123	15240	9805	8185	133
51089	32189	676	22335	18971	11451	10806	77
20467	11074	257	9570	8362	5594	3945	31
15853	9613	380	7692	6345	2939	4727	26
5932	3178	175	3222	2751	1303	1887	32
10951	6377	126	4380	3870	1947	2408	26
4014	1612	35	1558	1267	603	952	3
2092	1209		1034	922	520	513	
8437	5112	116	3821	3288	1807	1996	19
7697	4021	138	3090	2583	1581	1498	12
4333	1941	3	2658	2490	2206	452	
6103	2331	931	4504	3998	2619	1879	7
16498	8395	112	6716	6007	3022	3694	
16578	9472	161	7231	6066	3716	3513	2
6252	3559	168	2961	2362	1446	1491	24
8658	4282	69	3369	2980	1649	1716	4
3459	1864	24	1366	1214	897	452	16
10696	4390	101	4886	4393	2725	2160	
9188	4848		3144	2509	1985	1144	15
7799	4117	439	4418	3863	1924	2465	28
9670	6084	347	4676	4026	2949	1680	46
14812	7012	478	6768	5970	3247	3515	5
8246	4336	5	2911	2485	1770	1114	26
1540	844	1	547	442	331	201	15
5163	3386	207	2993	2581	1193	1797	3
10745	6840	201	5063	4450	1478	3584	1
3695	2327	5	1323	1183	930	393	
5776	3940	61	2621	2096	1376	1212	33
614	282		158	141	95	63	
6810	4105	114	2689	2201	2121	567	1
2520	2419	39	1251	974	725	519	7
484	267	10	303	273	228	73	2
884	435	14	387	292	244	141	3
4060	2643	20	1603	1372	772	831	

4-5 各地区高等学校R&D
Intramural Expenditures on R&D in

单位：万元

地　区	Region	R&D经费内部支出 Intramural Expenditures on R&D	基础研究 Basic Research	应用研究 Applied Research	试验发展 Experimental Development
全　国	**National Total**	**10722401**	**4324636**	**5284030**	**1113735**
东部地区	Eastern Region	6623049	2750188	3250422	622440
中部地区	Middle Region	1415770	550922	655987	208861
西部地区	Western Region	1640123	668317	751667	220139
东北地区	Northeast Region	1043459	355208	625955	62296
北　京	Beijing	1604357	645067	850159	109130
天　津	Tianjin	637203	256359	329554	51291
河　北	Hebei	159007	64154	89610	5243
山　西	Shanxi	97453	51261	41695	4498
内蒙古	Inner Mongolia	38646	10610	21233	6803
辽　宁	Liaoning	429980	156873	231760	41347
吉　林	Jilin	164065	73171	76293	14600
黑龙江	Heilongjiang	449414	125165	317902	6348
上　海	Shanghai	936117	398987	436102	101028
江　苏	Jiangsu	1000025	413477	464419	122130
浙　江	Zhejiang	546516	244653	274267	27596
安　徽	Anhui	270246	148345	107480	14422
福　建	Fujian	271554	44226	213128	14200
江　西	Jiangxi	103038	43454	51019	8564
山　东	Shandong	369168	173243	148960	46964
河　南	Henan	199690	60873	93107	45710
湖　北	Hubei	481172	151313	235374	94485
湖　南	Hunan	264170	95676	127312	41182
广　东	Guangdong	1080797	500805	437278	142713
广　西	Guangxi	136599	81697	51775	3127
海　南	Hainan	18307	9218	6945	2144
重　庆	Chongqing	265356	93747	138834	32775
四　川	Sichuan	478284	148620	233841	95822
贵　州	Guizhou	80296	34394	43481	2421
云　南	Yunnan	117710	57499	51992	8219
西　藏	Tibet	3545	2447	899	199
陕　西	Shaanxi	350274	151002	136681	62592
甘　肃	Gansu	77230	32351	39074	5805
青　海	Qinghai	20910	15505	5200	205
宁　夏	Ningxia	25119	13363	10453	1304
新　疆	Xinjiang	46154	27084	18203	867

经费内部支出(2016年)
Higher Education by Region (2016)

(10 000 yuan)

日常性支出 Routine Expenses	#人员劳务费 Labor Cost	资产性支出 Assets Expenditure	#仪器和设备支出 Equipment	政府资金 Government Funds	企业资金 Self-raised Funds by Enterprises	国外资金 Foreign Funds	其他资金 Other Funds
8612991	**1850783**	**2109410**	**1593546**	**6877541**	**3104880**	**61141**	**678839**
5215670	1127507	1407379	1023625	4366841	1869971	52709	333528
1141808	257421	273961	229743	949929	334169	2983	128688
1375718	309646	264405	210469	978493	494696	4115	162818
879794	156209	163665	129709	582277	406044	1333	53804
1374138	251358	230218	211543	1079835	473306	34170	17045
357239	49905	279964	69948	403211	204292	3275	26426
119876	32597	39130	33452	102003	38189	75	18740
78196	16378	19257	15356	69095	15959		12400
35544	4800	3101	3101	27881	9536		1228
359453	58016	70527	64001	218074	181840	744	29322
144417	32464	19648	17400	120066	29107	569	14322
375924	65728	73490	48309	244137	195097	21	10160
776718	171697	159398	120985	606860	296898	3091	29268
748755	145840	251270	213793	602545	322955	3882	70644
477797	154252	68719	58760	331985	175594	3008	35930
202477	57719	67768	51905	206148	37046	493	26559
199532	53521	72022	52431	206125	44378	643	20407
75045	19890	27992	23866	63868	25674	104	13392
304785	58521	64382	57819	259584	79363	660	29560
149704	20741	49986	45105	120630	45308	5	33747
411225	85789	69947	59012	319429	142520	1664	17559
225160	56905	39010	34498	170760	67661	718	25032
840575	206197	240222	202843	759158	233566	3905	84169
108142	28141	28457	25194	99548	20299	453	16300
16254	3620	2053	2053	15537	1430	1	1338
194340	55346	71017	51094	130654	72605	1101	60997
423342	97224	54941	42093	219556	216590	1174	40963
57046	17452	23250	14618	58361	14873		7063
103545	24399	14165	12060	83076	17720	530	16384
3202	685	343	343	3142	177		226
310003	46602	40271	36815	227181	111132	819	11143
70730	15290	6500	5958	48335	23868	4	5023
12610	5057	8300	5484	19622	866		422
16132	3983	8987	8637	20981	2673	1	1465
41082	10668	5072	5072	40157	4359	34	1604

4-6 各地区理工农医类高等学校R&D

Intramural Expenditures on R&D in Higher Education

单位：万元

地区	Region	R&D经费内部支出 Intramural Expenditures on R&D	基础研究 Basic Research	应用研究 Applied Research	试验发展 Experimental Development
全　国	**National Total**	**9396723**	**3730242**	**4559086**	**1107396**
东部地区	Eastern Region	5818000	2403175	2795125	619701
中部地区	Middle Region	1206289	445935	553312	207042
西部地区	Western Region	1397665	562628	615855	219182
东北地区	Northeast Region	974769	318504	594795	61470
北　京	Beijing	1424904	587665	729302	107937
天　津	Tianjin	606381	243182	312249	50950
河　北	Hebei	133477	52908	75473	5096
山　西	Shanxi	84608	45612	34508	4489
内蒙古	Inner Mongolia	33214	7965	18446	6803
辽　宁	Liaoning	402120	142519	218570	41031
吉　林	Jilin	135101	60118	60892	14091
黑龙江	Heilongjiang	437548	115868	315333	6348
上　海	Shanghai	816274	333040	383096	100138
江　苏	Jiangsu	919804	384918	412758	122129
浙　江	Zhejiang	430557	194541	208426	27590
安　徽	Anhui	233266	131695	87331	14240
福　建	Fujian	228832	25977	188723	14132
江　西	Jiangxi	86790	33787	44937	8067
山　东	Shandong	326451	151439	128048	46964
河　南	Henan	170626	44159	80965	45502
湖　北	Hubei	411606	122871	194827	93907
湖　南	Hunan	219394	67811	110745	40838
广　东	Guangdong	916336	422376	351319	142641
广　西	Guangxi	111269	69087	39269	2914
海　南	Hainan	14984	7129	5732	2123
重　庆	Chongqing	214276	78036	103620	32620
四　川	Sichuan	418285	129874	192589	95822
贵　州	Guizhou	68478	26857	39408	2213
云　南	Yunnan	88138	45266	34938	7934
西　藏	Tibet	2107	1449	477	180
陕　西	Shaanxi	315570	127654	125327	62590
甘　肃	Gansu	67174	27140	34292	5742
青　海	Qinghai	19310	14307	4802	202
宁　夏	Ningxia	22153	11389	9468	1296
新　疆	Xinjiang	37693	23606	13220	867

经费内部支出(2016年)
in Natural Sciences & Technology by Region (2016)

(10 000 yuan)

#日常性支出 Routine Expenses	#人员劳务费 Labor Cost	资产性支出 Assets Expenditure	#仪器和设备支出 Equipment	政府资金 Government Funds	企业资金 Self-raised Funds by Enterprises	国外资金 Foreign Funds	其他资金 Other Funds
7371878	**1484693**	**2024846**	**1513680**	**6146675**	**2634926**	**46435**	**568688**
4459518	929149	1358482	975992	3963982	1535878	41576	276565
951865	196972	254424	213312	814256	281570	1453	109011
1146843	230958	250822	197183	833513	426003	2685	135464
813652	127615	161117	127194	534924	391475	721	47649
1201963	223101	222941	204896	984507	401334	27280	11784
327446	38181	278935	68919	387051	191797	3031	24503
97400	18839	36077	30808	86411	31541	75	15450
68486	11537	16123	13251	60797	14181		9630
30202	2893	3011	3011	23592	8678		944
332856	46593	69264	62770	200490	174726	326	26579
116538	21905	18563	16314	100052	23020	374	11654
364258	59116	73290	48109	234382	193729	21	9416
663323	153540	152951	114538	540200	253397	2713	19965
674471	126258	245334	207865	562911	289724	1939	65230
369346	110856	61211	51331	285930	108891	2810	32926
169055	46165	64211	48884	181804	29259	124	22079
158288	41138	70544	50952	182815	27818	309	17891
60378	15945	26412	22464	54572	21499	104	10615
263941	41495	62510	55946	234056	69014	555	22826
123954	12201	46672	41791	99998	38996		31633
346145	70653	65461	55838	277322	120142	870	13272
183848	40471	35546	31085	139765	57492	355	21781
690336	174082	226000	188757	687137	161322	2865	65012
85029	20654	26240	23069	85602	11892	452	13324
13004	1659	1981	1981	12965	1040		979
145717	37759	68559	48729	103020	57003	926	53328
366251	76911	52034	39185	185095	198154	573	34463
45779	12815	22699	14069	50041	11831		6606
76792	15420	11346	9317	62067	13326	355	12390
1834	245	273	273	1867	126		114
277109	38620	38461	35005	209470	97794	347	7960
61180	12098	5994	5488	42517	20656		4000
11041	4394	8269	5452	18083	843		384
13204	3011	8949	8599	18449	2590		1114
32707	6137	4986	4986	33711	3109	34	839

4-7 各地区人文社科类高等学校R&D
Intramural Expenditures on R&D in Higher Education

单位：万元

地区	Region	R&D经费内部支出 Intramural Expenditures on R&D	基础研究 Basic Research	应用研究 Applied Research	试验发展 Experimental Development	日常性支出 Routine Expenses
全国	**National Total**	**1325678**	**594394**	**724944**	**6339**	**1241113**
东部地区	Eastern Region	805049	347013	455297	2739	756152
中部地区	Middle Region	209481	104987	102675	1819	189943
西部地区	Western Region	242458	105689	135812	957	228875
东北地区	Northeast Region	68690	36704	31161	826	66143
北京	Beijing	179453	57402	120858	1193	172175
天津	Tianjin	30822	13176	17305	340	29793
河北	Hebei	25530	11246	14137	147	22476
山西	Shanxi	12845	5649	7187	9	9710
内蒙古	Inner Mongolia	5432	2645	2787		5342
辽宁	Liaoning	27860	14354	13190	316	26597
吉林	Jilin	28964	13053	15401	509	27879
黑龙江	Heilongjiang	11866	9297	2569		11666
上海	Shanghai	119842	65947	53006	889	113395
江苏	Jiangsu	80221	28559	51661		74284
浙江	Zhejiang	115959	50112	65841	6	108452
安徽	Anhui	36980	16649	20149	182	33423
福建	Fujian	42722	18249	24405	68	41244
江西	Jiangxi	16248	9668	6083	497	14667
山东	Shandong	42717	21804	20912		40844
河南	Henan	29064	16714	12142	208	25750
湖北	Hubei	69567	28442	40547	578	65081
湖南	Hunan	44777	27865	16568	344	41312
广东	Guangdong	164461	78429	85960	72	150239
广西	Guangxi	25330	12610	12506	214	23113
海南	Hainan	3322	2088	1212	22	3250
重庆	Chongqing	51080	15711	35214	156	48623
四川	Sichuan	59999	18747	41252		57091
贵州	Guizhou	11818	7537	4074	208	11267
云南	Yunnan	29572	12233	17054	285	26753
西藏	Tibet	1439	998	422	18	1368
陕西	Shaanxi	34704	23348	11354	2	32894
甘肃	Gansu	10056	5211	4782	63	9550
青海	Qinghai	1600	1198	398	4	1569
宁夏	Ningxia	2966	1974	985	8	2929
新疆	Xinjiang	8461	3478	4983		8375

经费内部支出(2016年)
in Social Sciences & Humanities by Region (2016)

(10 000 yuan)

#人员劳务费 Labor Cost	资产性支出 Assets Expenditure	#仪器和设备支出 Equipment	政府资金 Government Funds	企业资金 Self-raised Funds by Enterprises	国外资金 Foreign Funds	其他资金 Other Funds
366090	**84565**	**79866**	**730866**	**469954**	**14707**	**110151**
198358	48897	47634	402859	334093	11133	56963
60450	19537	16431	135673	52599	1531	19678
78688	13583	13285	144980	68693	1430	27355
28594	2548	2516	47354	14569	612	6155
28257	7277	6647	95328	71972	6891	5262
11724	1029	1029	16160	12494	244	1923
13758	3054	2644	15592	6648		3290
4840	3135	2105	8298	1778		2770
1906	90	90	4290	858		285
11423	1263	1231	17585	7115	418	2743
10559	1085	1085	20014	6087	195	2668
6612	200	200	9755	1368		744
18157	6447	6447	66660	43501	378	9303
19582	5937	5928	39633	33231	1942	5414
43396	7508	7429	46055	66703	198	3004
11553	3557	3021	24344	7787	369	4480
12383	1479	1479	23311	16560	334	2517
3945	1580	1403	9296	4175		2776
17027	1873	1873	25528	10349	106	6734
8541	3314	3314	20633	6312	5	2114
15136	4486	3175	42107	22378	794	4287
16434	3465	3414	30995	10169	362	3251
32115	14222	14086	72021	72243	1040	19157
7487	2217	2126	13946	8407	1	2977
1961	72	72	2572	390	1	359
17587	2457	2365	27634	15602	175	7670
20312	2908	2908	34461	18436	602	6501
4637	551	549	8320	3042		457
8979	2819	2743	21010	4393	175	3994
439	70	70	1275	52		112
7982	1810	1810	17712	13337	472	3183
3192	506	470	5818	3211	4	1023
663	31	31	1539	23		38
971	38	38	2532	83	1	351
4531	86	86	6446	1250		765

4-8 各地区高等学校R&D经费外部支出(2016年)
External Expenditure on R&D in Higher Education by Region (2016)

单位：万元 (10 000 yuan)

地区	Region	R&D经费外部支出 Total	对境内研究机构支出 to Domestic Research institutions	对境内高等学校支出 to Domestic Higher Education	对境内企业支出 to Domestic Enterprises	对境外机构支出 to Foreign Institutions
全 国	**National Total**	**809939**	**309260**	**243773**	**237026**	**16597**
东部地区	Eastern Region	541199	214270	158075	154202	12117
中部地区	Middle Region	92224	45044	31270	13066	2363
西部地区	Western Region	135147	36465	43184	53224	2031
东北地区	Northeast Region	41369	13481	11245	16535	86
北 京	Beijing	197609	74036	57730	65305	91
天 津	Tianjin	28026	11439	11339	5017	219
河 北	Hebei	5659	1685	2182	1682	
山 西	Shanxi	4080	806	1835	1438	
内 蒙 古	Inner Mongolia	4510	2109	2097	303	1
辽 宁	Liaoning	19012	3939	4307	10747	10
吉 林	Jilin	8604	2767	4073	1677	76
黑 龙 江	Heilongjiang	13754	6775	2866	4111	
上 海	Shanghai	78974	28248	16027	28735	5673
江 苏	Jiangsu	56626	20086	19445	14111	2555
浙 江	Zhejiang	30168	11498	11220	6331	898
安 徽	Anhui	9386	3179	3723	1586	722
福 建	Fujian	15354	5440	3261	4580	1124
江 西	Jiangxi	2875	479	1652	551	31
山 东	Shandong	35203	14909	11296	8530	450
河 南	Henan	2552	855	1422	244	32
湖 北	Hubei	55710	30069	18558	6655	408
湖 南	Hunan	17620	9657	4080	2592	1171
广 东	Guangdong	93501	46923	25506	19904	1106
广 西	Guangxi	4121	1025	1042	1284	688
海 南	Hainan	80	7	68	5	
重 庆	Chongqing	10387	2313	6306	911	856
四 川	Sichuan	55653	16313	18204	20742	332
贵 州	Guizhou	1917	314	836	765	
云 南	Yunnan	5197	2123	2426	648	
西 藏	Tibet	228	111	98	20	
陕 西	Shaanxi	45895	8977	8860	27818	144
甘 肃	Gansu	2054	1209	752	91	2
青 海	Qinghai	886	394	456	36	
宁 夏	Ningxia	1801	570	940	291	
新 疆	Xinjiang	2498	1007	1166	315	8

4-9 各地区理工农医类高等学校R&D经费外部支出(2016年)
External Expenditure on R&D in Higher Education in Natural Sciences & Technology by Region (2016)

单位：万元 (10 000 yuan)

地区	Region	R&D经费外部支出 Total	对境内研究机构支出 to Domestic Research institutions	对境内高等学校支出 to Domestic Higher Education	对境内企业支出 to Domestic Enterprises	对境外机构支出 to Foreign Institutions
全国	**National Total**	**799021**	**307771**	**240995**	**233678**	**16577**
东部地区	Eastern Region	534334	213179	156076	152976	12103
中部地区	Middle Region	89347	44811	30845	11331	2361
西部地区	Western Region	134557	36406	42962	53158	2031
东北地区	Northeast Region	40784	13376	11112	16214	83
北京	Beijing	195102	73342	56574	65094	91
天津	Tianjin	27973	11429	11332	4993	219
河北	Hebei	5494	1684	2178	1632	
山西	Shanxi	4059	805	1815	1438	
内蒙古	Inner Mongolia	4510	2109	2097	303	1
辽宁	Liaoning	18637	3860	4222	10546	10
吉林	Jilin	8395	2741	4024	1557	73
黑龙江	Heilongjiang	13752	6775	2866	4111	
上海	Shanghai	78407	28213	15843	28678	5673
江苏	Jiangsu	55733	19981	19208	13990	2553
浙江	Zhejiang	29321	11443	11061	5927	891
安徽	Anhui	9095	3134	3688	1553	720
福建	Fujian	14354	5440	3234	4557	1124
江西	Jiangxi	2668	470	1617	551	31
山东	Shandong	34951	14868	11220	8416	447
河南	Henan	2552	855	1422	244	32
湖北	Hubei	53669	29894	18227	5139	408
湖南	Hunan	17304	9654	4075	2406	1171
广东	Guangdong	92924	46772	25361	19686	1106
广西	Guangxi	4026	1025	1035	1278	688
海南	Hainan	76	5	66	5	
重庆	Chongqing	10378	2309	6302	911	856
四川	Sichuan	55577	16312	18197	20737	332
贵州	Guizhou	1905	309	833	763	
云南	Yunnan	5197	2123	2426	648	
西藏	Tibet	228	111	98	20	
陕西	Shaanxi	45503	8929	8665	27766	144
甘肃	Gansu	2050	1209	748	91	2
青海	Qinghai	886	394	456	36	
宁夏	Ningxia	1801	570	940	291	
新疆	Xinjiang	2496	1007	1166	315	8

4-10 各地区人文社科类高等学校R&D经费外部支出(2016年)
External Expenditure on R&D in Higher Education in Social Sciences & Humanities by Region (2016)

单位：万元 (10 000 yuan)

地　区	Region	R&D经费外部支出 Total	对境内研究机构支出 to Domestic Research institutions	对境内高等学校支出 to Domestic Higher Education	对境内企业支出 to Domestic Enterprises	对境外机构支出 to Foreign Institutions
全　国	**National Total**	**10918**	**1489**	**2779**	**3348**	**20**
东部地区	Eastern Region	6866	1092	1999	1225	14
中部地区	Middle Region	2876	233	425	1735	3
西部地区	Western Region	590	60	222	66	
东北地区	Northeast Region	585	105	133	321	4
北　京	Beijing	2507	694	1156	211	
天　津	Tianjin	53	10	7	24	
河　北	Hebei	165	1	4	51	
山　西	Shanxi	22	1	20		
内蒙古	Inner Mongolia					
辽　宁	Liaoning	374	80	84	201	
吉　林	Jilin	209	25	49	120	4
黑龙江	Heilongjiang	2				
上　海	Shanghai	567	34	184	57	
江　苏	Jiangsu	893	104	237	121	2
浙　江	Zhejiang	847	55	160	405	7
安　徽	Anhui	291	45	35	33	2
福　建	Fujian	1000		28	23	
江　西	Jiangxi	207	9	34		
山　东	Shandong	252	41	75	114	4
河　南	Henan					
湖　北	Hubei	2042	175	331	1515	
湖　南	Hunan	315	3	5	187	1
广　东	Guangdong	577	151	145	219	1
广　西	Guangxi	95		7	6	
海　南	Hainan	5	2	2		
重　庆	Chongqing	9	5	4		
四　川	Sichuan	76	1	7	5	
贵　州	Guizhou	12	5	3	2	
云　南	Yunnan					
西　藏	Tibet					
陕　西	Shaanxi	392	49	195	53	
甘　肃	Gansu	4		4		
青　海	Qinghai					
宁　夏	Ningxia					
新　疆	Xinjiang	2		1		

4-11 各地区高等学校R&D课题(2016年)
R&D Projects of Higher Education by Region (2016)

地　区	Region	R&D课题数 (项) R&D Projects (item)	投入人员 (人年) Input of Personnel (man-year)	投入经费 (万元) Input of Funds (10 000 yuan)
全　国	**National Total**	**894279**	**359837**	**7772226**
东部地区	Eastern Region	465577	177471	4619027
中部地区	Middle Region	162609	63618	1040312
西部地区	Western Region	195549	72701	1228894
东北地区	Northeast Region	70544	46047	883993
北　京	Beijing	91089	32260	1219307
天　津	Tianjin	22503	10343	444077
河　北	Hebei	23567	10670	83528
山　西	Shanxi	9352	6624	59599
内蒙古	Inner Mongolia	8223	3326	33535
辽　宁	Liaoning	32423	17497	357165
吉　林	Jilin	20804	14332	117347
黑龙江	Heilongjiang	17317	14218	409481
上　海	Shanghai	51743	23877	645342
江　苏	Jiangsu	67670	26346	707061
浙　江	Zhejiang	63357	17706	399946
安　徽	Anhui	28913	12692	169470
福　建	Fujian	32417	10668	153976
江　西	Jiangxi	20252	6042	78989
山　东	Shandong	38738	20562	287278
河　南	Henan	25949	7918	167008
湖　北	Hubei	43373	15024	369528
湖　南	Hunan	34770	15318	195717
广　东	Guangdong	70697	23901	664320
广　西	Guangxi	20391	10218	77719
海　南	Hainan	3796	1136	14192
重　庆	Chongqing	23569	8516	180703
四　川	Sichuan	46803	17457	357506
贵　州	Guizhou	13834	4219	60720
云　南	Yunnan	16456	6951	93015
西　藏	Tibet	1026	253	2810
陕　西	Shaanxi	41342	11229	292681
甘　肃	Gansu	9858	3902	61701
青　海	Qinghai	1143	661	13954
宁　夏	Ningxia	4100	1940	16664
新　疆	Xinjiang	8804	4030	37884

4-12 各地区理工农医类高等学校R&D课题(2016年)
R&D Projects of Higher Education in Natural Sciences & Technology by Region (2016)

地 区	Region	R&D课题数 (项) R&D Projects (item)	投入人员 (人年) Input of Personnel (man-year)	投入经费 (万元) Input of Funds (10 000 yuan)
全 国	**National Total**	**481264**	**260725**	**7109766**
东部地区	Eastern Region	250391	128334	4209576
中部地区	Middle Region	78835	45511	943277
西部地区	Western Region	111489	50386	1106922
东北地区	Northeast Region	40549	36495	849991
北 京	Beijing	52767	24654	1103557
天 津	Tianjin	12993	7133	430707
河 北	Hebei	9886	6302	77872
山 西	Shanxi	5513	5067	55645
内 蒙 古	Inner Mongolia	5289	2294	29976
辽 宁	Liaoning	17553	13684	342706
吉 林	Jilin	10286	11259	102631
黑 龙 江	Heilongjiang	12710	11552	404655
上 海	Shanghai	29290	19387	591847
江 苏	Jiangsu	39034	19634	658152
浙 江	Zhejiang	29038	10483	346497
安 徽	Anhui	16753	9734	158637
福 建	Fujian	16398	7304	133860
江 西	Jiangxi	8915	4674	68948
山 东	Shandong	19966	15678	267311
河 南	Henan	9074	4766	154491
湖 北	Hubei	23554	10615	326723
湖 南	Hunan	15026	10655	178833
广 东	Guangdong	39510	17170	586842
广 西	Guangxi	10881	7292	61397
海 南	Hainan	1509	589	12930
重 庆	Chongqing	12427	5527	162040
四 川	Sichuan	26059	12398	331503
贵 州	Guizhou	8179	2897	55288
云 南	Yunnan	8777	4334	76477
西 藏	Tibet	266	95	1624
陕 西	Shaanxi	26146	8551	271600
甘 肃	Gansu	5911	2659	55382
青 海	Qinghai	696	359	13018
宁 夏	Ningxia	2400	1553	14664
新 疆	Xinjiang	4458	2428	33953

4-13 各地区人文社科类高等学校R&D课题(2016年)
R&D Projects of Higher Education in Social Sciences & Humanities by Region (2016)

地 区	Region	R&D课题数 (项) R&D Projects (item)	投入人员 (人年) Input of Personnel (man-year)	投入经费 (万元) Input of Funds (10 000 yuan)
全 国	**National Total**	**413015**	**99112**	**662460**
东部地区	Eastern Region	215186	49137	409451
中部地区	Middle Region	83774	18107	97034
西部地区	Western Region	84060	22315	121971
东北地区	Northeast Region	29995	9552	34002
北 京	Beijing	38322	7606	115751
天 津	Tianjin	9510	3210	13370
河 北	Hebei	13681	4368	5656
山 西	Shanxi	3839	1557	3955
内 蒙 古	Inner Mongolia	2934	1032	3559
辽 宁	Liaoning	14870	3814	14459
吉 林	Jilin	10518	3073	14716
黑 龙 江	Heilongjiang	4607	2666	4827
上 海	Shanghai	22453	4490	53495
江 苏	Jiangsu	28636	6713	48909
浙 江	Zhejiang	34319	7223	53449
安 徽	Anhui	12160	2959	10832
福 建	Fujian	16019	3364	20116
江 西	Jiangxi	11337	1368	10042
山 东	Shandong	18772	4884	19967
河 南	Henan	16875	3153	12517
湖 北	Hubei	19819	4409	42805
湖 南	Hunan	19744	4663	16884
广 东	Guangdong	31187	6731	77477
广 西	Guangxi	9510	2926	16322
海 南	Hainan	2287	547	1261
重 庆	Chongqing	11142	2988	18663
四 川	Sichuan	20744	5059	26003
贵 州	Guizhou	5655	1323	5432
云 南	Yunnan	7679	2616	16538
西 藏	Tibet	760	158	1186
陕 西	Shaanxi	15196	2678	21082
甘 肃	Gansu	3947	1244	6319
青 海	Qinghai	447	302	937
宁 夏	Ningxia	1700	387	2000
新 疆	Xinjiang	4346	1603	3930

4-14 按学科分高等学校R&D课题(2016年)
R&D Projects Taken by R&D Institutions by Discipline (2016)

学 科	Discipline	R&D课题数(项) R&D Projects (item)	投入人员(人年) Input of Personnel (man-year)	投入经费(万元) Input of Funds (10 000 yuan)
全 国	**National Total**	**894279**	**359837**	**7772226**
数 学	Mathematics	12760	6277	128670
信息科学与系统科学	Information & System Science	9562	4442	183429
力 学	Mechanics	3174	1405	58206
物理学	Physics	14171	7300	239402
化 学	Chemistry	21046	10548	297959
天文学	Astronomy	461	202	6366
地球科学	Earth Science	15234	6637	247663
生物学	Biology	24782	12047	348584
心理学	Psychology	730	302	6560
农 学	Agriculture	19732	9557	303205
林 学	Forestry	4733	2447	52761
畜牧、兽医科学	Livestock, Veterinary Medicine	7214	3383	94251
水产学	Aquatic	2747	1194	30179
基础医学	Basic Medicine	22103	15415	233564
临床医学	Clinic Medicine	53718	43467	452849
预防医学与卫生学	Protective Medicine	3208	2001	32006
军事医学与特种医学	Military Medicine & Special Medicine	126	68	1213
药 学	Pharmacy	7721	4586	116328
中医学与中药学	Traditional Chinese Medicine	17287	12153	109299
工程与技术科学基础学科	Engineering & Basic Technology Science	4381	2092	86120
信息与系统科学相关工程与技术	Information and System Science-related Engineering and Technology	5655	2908	110684
自然科学相关工程与技术	Science and Technology-related Engineering and Technology	3512	1773	98483
测绘科学技术	Surveying & Mapping	2047	1042	34105
材料科学	Material Science	25180	12806	450219
矿山工程技术	Mining	7219	3359	101741
冶金工程技术	Metallurgy	2156	1114	59897
机械工程	Mechanical Engineering	24841	12948	443036
动力与电气工程	Power & Electrical Engineering	13785	6493	261200
能源科学技术	Energy Technology	4466	2285	81859
核科学技术	Nuclear Technology	1052	568	25664
电子、通信与自动控制技术	Electronics, Communication & Automation	25782	12634	497856
计算机科学技术	Computer Technology	25501	12814	298652
化学工程	Chemical Engineering	12613	5963	193341
产品应用相关工程与技术	Products Application-related Engineering and Technology	1190	727	19029
纺织科学技术	Textile Technology	2126	1049	29692
食品科学技术	Food Technology	6475	3115	87304
土木建筑工程	Civil Construction	19855	9487	423265
水利工程	Water Conservancy	4413	1975	72685
交通运输工程	Transportaiton Engineering	10391	4948	158213
航空、航天科学技术	Aviation and Aerospace	4576	2120	195095
环境科学技术	Environment	17279	7622	260678
安全科学技术	Security	1600	824	18629
管理学	Management	90269	22834	256927
马克思主义	Marxism	16961	4336	17279
哲 学	Phylosophy	6786	1598	10564
宗教学	Religion	1101	291	1852
语言学	Linguistics	25399	6821	22429
文 学	Literature	20367	4901	24183
艺术学	Arts	33443	8225	64084
历史学	Histry	10467	2360	23632
考古学	Archaeology	1613	307	9121
经济学	Economics	56572	13914	120339
政治学	Politics	9701	2309	14092
法 学	Law	25505	5551	42477
军事学	Military	27	21	874
社会学	Sociology	23976	5537	39461
民族学	Ethnography	6506	1888	10667
新闻学与传播学	Journalism	10347	2180	16483
图书馆、情报与文献学	Library and Information Literature	6999	1737	8381
教育学	Education	60335	15582	68741
体育科学	Physical Science	15555	4043	14772
统计学	Statistics	3672	966	9414
其 他	Others	2074	342	46560

4-15 按来源和合作形式分高等学校R&D课题(2016年)
R&D Projects of Higher Education by Sources and Cooperation Modality (2016)

项 目	Item	R&D课题数 (项) R&D Projects (item)	投入人员 (人年) Input of Personnel (man-year)	投入经费 (万元) Input of Funds (10 000 yuan)
总 计	**Total**	**894279**	**359837**	**7772226**
按课题来源分组	**By Sources of Topics**			
国家科技项目	National S&T Projects	255744	131714	3747020
地方科技项目	Local S&T Projects	298355	112841	1160346
企业委托科技项目	S&T Projects Entrusted by Enterprise	190701	68683	2470087
自选科技项目	S&T Projects Chosen by Enterprise	131839	38732	275886
来自国外的科技项目	Oversease S&T Projects	3274	1219	59625
其它科技项目	Others	14366	6649	59262
按合作形式分组	**By Cooperation Modality**			
与境外机构合作	Cooperation with Oversease Institutes	4305	1883	75867
与国内高校合作	Cooperation with Higher Education	29553	13654	582380
与国内独立研究机构合作	Cooperation with Independent Research Institutes	18603	9310	464878
与境内注册的外商独资企业合作	Cooperation with Sole Foreign Enterprise	687	283	8908
与境内注册的其他企业合作	Cooperation with Other Enterprise	38748	17863	557355
独立完成	Independent Implementation	785750	311872	5959275
其 他	Others	16633	4973	123565

4-16 各地区高等学校
S&T Output of Higher

地 区	Region	发表科技论文（篇） Scientific Papers Issued (piece)	#国外发表 Published in Foreign Periodicals	出版科技著作（种） Publication on S&T (kind)
全 国	**National Total**	**1267881**	**355483**	**44518**
东部地区	Eastern Region	599151	199043	20853
中部地区	Middle Region	255688	59442	9901
西部地区	Western Region	282661	57803	9203
东北地区	Northeast Region	130381	39195	4561
北 京	Beijing	118193	39384	5354
天 津	Tianjin	29977	11683	681
河 北	Hebei	36187	6815	1554
山 西	Shanxi	18488	3791	704
内蒙古	Inner Mongolia	16314	1483	981
辽 宁	Liaoning	56721	14021	2411
吉 林	Jilin	37527	10672	1008
黑龙江	Heilongjiang	36133	14502	1142
上 海	Shanghai	79481	34235	2789
江 苏	Jiangsu	114057	38321	3055
浙 江	Zhejiang	49592	15792	2013
安 徽	Anhui	37599	10186	1242
福 建	Fujian	25600	7492	777
江 西	Jiangxi	24115	4181	890
山 东	Shandong	53770	19158	1913
河 南	Henan	49332	7466	2566
湖 北	Hubei	76053	23358	2751
湖 南	Hunan	50101	10460	1748
广 东	Guangdong	87373	25571	2375
广 西	Guangxi	23712	3445	587
海 南	Hainan	4921	592	342
重 庆	Chongqing	32273	9042	1273
四 川	Sichuan	66528	17684	1755
贵 州	Guizhou	16938	1303	598
云 南	Yunnan	25146	4240	1024
西 藏	Tibet	928	101	26
陕 西	Shaanxi	60172	14961	1609
甘 肃	Gansu	18468	3534	835
青 海	Qinghai	2579	95	45
宁 夏	Ningxia	5382	772	173
新 疆	Xinjiang	14221	1143	297

科技产出(2016年)
Education by Region(2016)

专利申请数 (件) Patents Application (piece)	#发明专利 Invetions	有效发明专利 (件) Patent in Force (piece)	专利所有权转让及许可数 (件) Number of Transfer and Licensing of Patent Ownership (piece)	专利所有权转让及许可收入 (万元) Revenue from Transfer and Licensing of Patent Ownership (10 000 yuan)	形成国家或行业标准数 (项) Number of National and Industrial Standard (item)
236665	**137755**	**245289**	**4839**	**121543**	**571**
124503	80277	150312	3405	97508	349
48987	23267	32953	487	9119	74
43324	22863	38668	634	7150	110
19851	11348	23356	313	7767	38
14960	12308	39047	745	51870	265
6044	4312	7004	47	347	
4834	1883	3497	57	575	5
1853	1220	2553	29	422	1
707	204	609	1	5	
7970	5204	9409	107	5882	21
4202	2266	3234	30	244	
7679	3878	10713	176	1641	17
10848	9199	20334	312	9486	
35507	22295	31437	1493	13026	34
18063	9912	21081	344	8920	20
10529	4026	4805	131	1974	20
5655	3264	5656	86	9500	2
4977	1724	2235	38	1465	6
12421	7657	10666	94	1568	3
7913	3356	5471	59	1251	1
14261	8068	10826	153	3139	23
9454	4873	7063	77	868	23
15680	9260	11376	227	2216	20
5727	4073	3097	45	227	7
491	187	214			
5115	2572	5285	84	519	47
10043	5046	9256	249	2530	6
1752	653	857	8	212	6
3017	1465	2608	24	38	
42	20	27			
13825	7794	14668	203	3404	15
1696	551	1500	13	35	5
78	57	64			11
157	49	121			8
1165	379	576	7	181	5

4-17 各地区理工农医类

S&T Output of Higher Education in Social

地 区	Region	发表科技论文 (篇) Scientific Papers Issued (piece)	#国外发表 Published in Foreign Periodicals	出版科技著作 (种) Publication on S&T (kind)
全 国	**National Total**	**918161**	**343999**	**14046**
东部地区	Eastern Region	438763	191693	5641
中部地区	Middle Region	179438	57686	3482
西部地区	Western Region	201382	56088	3328
东北地区	Northeast Region	98578	38532	1595
北 京	Beijing	87213	37706	1047
天 津	Tianjin	22803	11174	142
河 北	Hebei	24696	6679	576
山 西	Shanxi	13733	3731	304
内 蒙 古	Inner Mongolia	10940	1413	397
辽 宁	Liaoning	40882	13602	823
吉 林	Jilin	28449	10519	255
黑 龙 江	Heilongjiang	29247	14411	517
上 海	Shanghai	61943	32711	520
江 苏	Jiangsu	86037	37319	1230
浙 江	Zhejiang	33724	15126	533
安 徽	Anhui	27359	10029	493
福 建	Fujian	15518	7047	245
江 西	Jiangxi	16033	3995	344
山 东	Shandong	41366	18791	620
河 南	Henan	31070	7209	872
湖 北	Hubei	56487	22545	799
湖 南	Hunan	34756	10177	670
广 东	Guangdong	63291	24578	657
广 西	Guangxi	16500	3383	151
海 南	Hainan	2172	562	71
重 庆	Chongqing	21629	8712	424
四 川	Sichuan	51419	17058	639
贵 州	Guizhou	10069	1272	195
云 南	Yunnan	15497	4115	297
西 藏	Tibet	527	98	2
陕 西	Shaanxi	45695	14587	681
甘 肃	Gansu	12871	3484	374
青 海	Qinghai	2334	94	17
宁 夏	Ningxia	3855	757	46
新 疆	Xinjiang	10046	1115	105

高等学校科技产出(2016年)
Sciences & Humanities by Region(2016)

专利申请数(件) Patents Application (piece)	#发明专利 Invetions	有效发明专利(件) Patent in Force (piece)	专利所有权转让及许可数(件) Number of Transfer and Licensing of Patent Ownership (piece)	专利所有权转让及许可收入(万元) Revenue from Transfer and Licensing of Patent Ownership (10 000 yuan)	形成国家或行业标准数(项) Number of National and Industrial Standard (item)
229384	**136619**	**244345**	**4803**	**121470**	**540**
121954	79668	150054	3397	97498	339
45522	22811	32345	461	9085	53
42512	22831	38636	633	7121	110
19396	11309	23310	312	7767	38
14948	12300	39004	745	51870	265
6017	4311	6989	47	347	
4533	1852	3465	57	575	5
1815	1220	2553	29	422	1
707	204	609	1	5	
7685	5165	9363	106	5882	21
4197	2266	3234	30	244	
7514	3878	10713	176	1641	17
10774	9187	20327	312	9486	
34446	21914	31362	1488	13016	34
17900	9894	21063	344	8920	20
9477	3945	4620	111	1951	20
5412	3258	5654	86	9500	2
4012	1445	2007	35	1456	6
12103	7555	10627	94	1568	3
7409	3344	5417	58	1250	1
14047	8050	10813	153	3139	2
8762	4807	6935	75	867	23
15333	9210	11349	224	2216	10
5674	4064	3097	45	227	7
488	187	214			
4912	2570	5283	83	489	47
9925	5046	9250	249	2530	6
1728	651	840	8	212	6
2988	1463	2608	24	38	
42	20	27			
13505	7778	14666	203	3404	15
1632	551	1495	13	35	5
78	57	64			11
156	48	121			8
1165	379	576	7	181	5

4-18 各地区人文社科类
S&T Output of Higher Education in Social

地　区	Region	发表科技论文（篇）Scientific Papers Issued (piece)	#国外发表 Published in Foreign Periodicals	出版科技著作（种）Publication on S&T (kind)
全　国	**National Total**	**349720**	**11484**	**30472**
东部地区	Eastern Region	160388	7350	15212
中部地区	Middle Region	76250	1756	6419
西部地区	Western Region	81279	1715	5875
东北地区	Northeast Region	31803	663	2966
北　京	Beijing	30980	1678	4307
天　津	Tianjin	7174	509	539
河　北	Hebei	11491	136	978
山　西	Shanxi	4755	60	400
内蒙古	Inner Mongolia	5374	70	584
辽　宁	Liaoning	15839	419	1588
吉　林	Jilin	9078	153	753
黑龙江	Heilongjiang	6886	91	625
上　海	Shanghai	17538	1524	2269
江　苏	Jiangsu	28020	1002	1825
浙　江	Zhejiang	15868	666	1480
安　徽	Anhui	10240	157	749
福　建	Fujian	10082	445	532
江　西	Jiangxi	8082	186	546
山　东	Shandong	12404	367	1293
河　南	Henan	18262	257	1694
湖　北	Hubei	19566	813	1952
湖　南	Hunan	15345	283	1078
广　东	Guangdong	24082	993	1718
广　西	Guangxi	7212	62	436
海　南	Hainan	2749	30	271
重　庆	Chongqing	10644	330	849
四　川	Sichuan	15109	626	1116
贵　州	Guizhou	6869	31	403
云　南	Yunnan	9649	125	727
西　藏	Tibet	401	3	24
陕　西	Shaanxi	14477	374	928
甘　肃	Gansu	5597	50	461
青　海	Qinghai	245	1	28
宁　夏	Ningxia	1527	15	127
新　疆	Xinjiang	4175	28	192

高等学校科技产出(2016年)
Sciences & Humanities by Region(2016)

专利申请数(件) Patents Application (piece)	#发明专利 Invetions	有效发明专利(件) Patent in Force (piece)	专利所有权转让及许可数(件) Number of Transfer and Licensing of Patent Ownership (piece)	专利所有权转让及许可收入(万元) Revenue from Transfer and Licensing of Patent Ownership (10 000 yuan)	形成国家或行业标准数(项) Number of National and Industrial Standard (item)
7281	**1136**	**944**	**36**	**73**	**31**
2549	609	258	8	10	10
3465	456	608	26	34	21
812	32	32	1	30	
455	39	46	1		
12	8	43			
27	1	15			
301	31	32			
38					
285	39	46	1		
5					
165					
74	12	7			
1061	381	75	5	10	
163	18	18			
1052	81	185	20	23	
243	6	2			
965	279	228	3	10	
318	102	39			
504	12	54	1	1	
214	18	13			21
692	66	128	2	1	
347	50	27	3		10
53	9				
3					
203	2	2	1	30	
118		6			
24	2	17			
29	2				
320	16	2			
64		5			
1	1				

五、高技术产业

High-tech Industry

5-1 高技术产业基本情况

指 标	Item	2000	2005	2008
生产经营情况	**Statistics on Production and Operation**			
企业数（个）	Number of Enterprises(unit)	9758	17527	25817
主营业务收入（亿元）	Revenue from Principal Business (100 million yuan)	10033.7	33921.8	55728.9
利润总额（亿元）	Profits (100 million yuan)	673.5	1423.2	2725.1
出口交货值（亿元）	Export(100 million yuan)	3388.4	17636.0	31503.9
科技活动及相关情况	**Statistics on Science and Technology Activities and Relative Statistics**			
研发机构数（个）	R&D Institutions(unit)	1379	1619	2534
R&D人员折合全时当量(万人年)	Full-time Equivalent of R&D Personnel(10 000 man-year)	9.2	17.3	28.5
R&D经费内部支出（亿元）	Expenditure on R&D (100 million yuan)	111.0	362.5	655.2
新产品开发经费（亿元）	Expenditure on New Produts Development (100 million yuan)	117.8	415.7	798.4
专利申请数（件）	Patent Applications (piece)	2245	16823	39656
有效发明专利数（件）	Number of Inventions In Force (piece)	1443	6658	23915
固定资产投资情况	**Statistics on Investment in Fixed Assets**			
施工项目个数（个）	Number of Projects under Construction(unit)	2734	7095	8534
#新开工项目个数	Number of Projects Started This Year	1640	4460	4872
全部建成投产项目个数（个）	Number of Projects Completed and Put into Use (unit)	1282	3158	4290
投资额（亿元）	Investment(100 million yuan)	563.0	2144.0	4169.2
新增固定资产（亿元）	Newly Increased Fixed Assets (100 million yuan)	421.0	1464.0	2574.2

注：本表生产经营情况的数据口径为规模以上工业企业，科技活动及相关情况的数据口径为大中型工业企业；2011年及之后年份固定资产投资情况的数据口径为投资额在500万元及以上的项目，2011年之前的数据口径为50万元及以上的项目。

Basic Statistics on High-tech Industry

2009	2010	2011	2012	2013	2014	2015	2016
27218	28189	21682	24636	26894	27939	29631	30798
59566.7	74482.8	87527.2	102284.0	116048.9	127367.7	139968.6	153796.3
3278.5	4879.7	5244.9	6186.3	7233.7	8095.2	8986.3	10301.8
29435.3	37001.6	40600.3	46701.1	49285.1	50765.2	50923.1	52444.6
2845	3184	3254	4566	4583	4763	5572	6456
32.0	39.9	42.7	52.6	55.9	57.3	59.0	58.0
774.0	967.8	1237.8	1491.5	1734.4	1922.2	2219.7	2437.6
925.1	1006.9	1528.0	1827.5	2069.5	2350.6	2574.6	3000.4
51513	59683	77725	97200	102532	120077	114562	131680
31830	50166	67428	97878	115884	147927	199728	257234
9780	10723	13204	15681	17691	18403	20028	23715
6220	7117	8447	10223	11637	12039	14122	17498
5412	6011	7735	8968	10528	11914	14100	14949
4882.2	6944.7	9468.5	12932.7	15557.7	17451.7	19950.7	22786.7
3160.5	4450.4	6355.2	8377.1	9874.3	11790.7	14307.5	13140.3

Note: Statistics on production and operation cover industrial enterprises above designated size and statistics on science and technology activities and S&T-related cover Large and Medium-sized Enterprises; From the year 2011,statistics on investment in fi

5-2 高技术产业生产经营情况（2016年）
Statistics on Production and Management in High-tech Industry(2016)

单位：亿元 (100 million yuan)

行　业	Industry	企业数（个）Number of Enterprises (unit)	主营业务收入 Revenue from Principal Business	利润总额 Profits	出口交货值 Export
合　计	**Total**	**30798**	**153796**	**10302**	**52445**
医药制造业	**Manufacture of Medicines**	**7541**	**28206**	**3115**	**1460**
#化学药品制造	Manufacture of Chemical Medicine	2421	12641	1442	796
中成药生产	Manufacture of Finished Traditional Chinese Herbal Medicine	1640	6748	766	67
生物药品制造	Manufacture of Biological Medicine	959	3286	420	311
航空、航天器及设备制造业	**Manufacture of Aircrafts and Spacecrafts**	**425**	**3802**	**224**	**541**
#飞机制造	Manufacture of Airplanes	162	2438	122	260
航天器制造	Manufacture of Spacecrafts	26	229	15	1
电子及通信设备制造业	**Manufacture of Electronic Equipment and Communication Equipment**	**15383**	**87305**	**4822**	**36296**
#通信设备制造	Manufacture of Communication Equipment	1844	30578	1242	14458
#通信系统设备制造	Manufacture of Communication System Equipment	843	11359	854	4062
通信终端设备制造	Manufacture of Communication Terminal Equipment	1001	19219	387	10396
广播电视设备制造	Manufacture of Broadcasting and TV Equipment	693	1986	152	640
雷达及配套设备制造	Manufacture of Radar and Its Fittings	64	458	30	48
视听设备制造	Manufacture of Audio and Video Equipment	1051	8025	320	3483
电子器件制造	Manufacture of Electronic Appliances	3033	17684	1129	9432
#电子真空器件制造	Manufacture of Electronic Vacuum Appliances	94	214	12	24
半导体分立器件制造	Manufacture of Semiconductor Discreting Appliances	340	1138	62	574
集成电路制造	Manufacture of Integrate Circuit	492	3401	385	1946
电子元件制造	Manufacture of Electronic Components	5744	17078	1107	6006
其他电子设备制造	Manufacture of Other Electronic Equipment	1309	5225	348	1454
计算机及办公设备制造业	**Manufacture of Computers and Office Equipment**	**1725**	**19760**	**819**	**12157**
#计算机整机制造	Manufacture of Entired Computer	188	11354	313	7479
计算机零部件制造	Manufacture of Parts and Fixture for Computer	586	2832	139	1659
计算机外围设备制造	Manufacture of Computer Peripheral Equipment	496	2889	164	1867
办公设备制造	Manufacture of Office Equipment	241	1165	78	596
医疗仪器设备及仪器仪表制造业	**Manufacture of Medical Equipment and Measuring Instrument and Meter**	**5269**	**11652**	**1099**	**1465**
1.医疗仪器设备及器械制造	Manufacture of Medical Equipment and Appliances	1449	2868	331	501
2.仪器仪表制造	Manufacture of Measuring Instrument and Meter	3820	8783	768	964
信息化学品制造业	**Manufacture of Electronic Chemicals**	**455**	**3072**	**222**	**524**

注：表5-2至表5-11的数据口径为规模以上工业企业。
Note: Statistics from table 5-2 to table 5-11 cover industrial enterprises above designated size.

5-3　各地区高技术产业生产经营情况（2016年）
Statistics on Production and Management in High-tech Industry by Region(2016)

单位：亿元

地　　区	Region	企业数（个）Number of Enterprises (unit)	主营业务收入 Revenue from Principal Business	利润总额 Profits	出口交货值 Export
全　　国	**National Total**	**30798**	**153796**	**10302**	**52445**
东部地区	Eastern Region	20241	108168	7190	41223
中部地区	Middle Region	5946	23773	1479	5804
西部地区	Western Region	3535	17841	1232	5106
东北地区	Northeast Region	1076	4015	400	311
北　　京	Beijing	795	4309	321	645
天　　津	Tianjin	533	3762	296	1224
河　　北	Hebei	633	1836	163	191
山　　西	Shanxi	133	997	47	620
内 蒙 古	Inner Mongolia	109	407	24	19
辽　　宁	Liaoning	460	1459	144	277
吉　　林	Jilin	442	2068	190	27
黑 龙 江	Heilongjiang	174	488	66	6
上　　海	Shanghai	991	7010	335	4226
江　　苏	Jiangsu	5007	30708	2060	12196
浙　　江	Zhejiang	2595	5885	617	1466
安　　徽	Anhui	1398	3588	239	800
福　　建	Fujian	858	4466	329	2003
江　　西	Jiangxi	1064	3914	282	398
山　　东	Shandong	2207	12263	953	1935
河　　南	Henan	1261	7402	445	2719
湖　　北	Hubei	1063	4212	260	766
湖　　南	Hunan	1027	3661	206	501
广　　东	Guangdong	6570	37765	2094	17334
广　　西	Guangxi	318	2078	223	355
海　　南	Hainan	52	163	24	2
重　　庆	Chongqing	678	4896	211	2340
四　　川	Sichuan	1107	5994	394	1781
贵　　州	Guizhou	330	1008	67	69
云　　南	Yunnan	213	462	43	55
西　　藏	Tibet	9	10	3	
陕　　西	Shaanxi	525	2395	211	421
甘　　肃	Gansu	121	196	24	37
青　　海	Qinghai	45	129	9	
宁　　夏	Ningxia	32	176	12	25
新　　疆	Xinjiang	48	90	12	2

5-4 高技术产业R&D活动情况（2016年）
Statistics on R&D Activities in High-tech Industry(2016)

单位：万元 (10 000 yuan)

行业	Industry	研发机构数（个）R&D Institutions (unit)	R&D人员折合全时当量（人年）Full-time Equivalent of R&D Personnel (man-year)	R&D经费内部支出 Intramual Expenditure on R&D	R&D项目数（项）R&D Projects (item)	R&D项目经费 Expenditure on R&D Projects
合 计	**Total**	**13741**	**730681**	**29157462**	**80029**	**26854650**
医药制造业	**Manufacture of Medicines**	**3043**	**130570**	**4884712**	**24434**	**4460996**
#化学药品制造	Manufacture of Chemical Medicine	1299	66477	2522862	12665	2297048
中成药生产	Manufacture of Finished Traditional Chinese Herbal Medicine	623	27624	927503	5145	829338
生物药品制造	Manufacture of Biological Medicine	504	20107	831891	3565	780129
航空、航天器及设备制造业	**Manufacture of Aircrafts and Spacecrafts**	**200**	**37397**	**1803214**	**1890**	**1355843**
#飞机制造	Manufacture of Airplanes	105	24961	1272791	964	896206
航天器制造	Manufacture of Spacecrafts	10	4721	256885	150	229510
电子及通信设备制造业	**Manufacture of Electronic Equipment and Communication Equipment**	**7059**	**416806**	**17670281**	**34655**	**16709280**
#通信设备制造	Manufacture of Communication Equipment	933	148024	7780852	4866	7526684
#通信系统设备制造	Manufacture of Communication System Equipment	512	107074	6243380	2630	6093262
通信终端设备制造	Manufacture of Communication Terminal Equipment	421	40950	1537472	2236	1433422
广播电视设备制造	Manufacture of Broadcasting and TV Equipment	368	13670	480139	1737	451551
雷达及配套设备制造	Manufacture of Radar and Its Fittings	59	5770	180443	354	141749
视听设备制造	Manufacture of Audio and Video Equipment	437	28632	1290209	2745	1202873
电子器件制造	Manufacture of Electronic Appliances	1514	80484	3599953	8242	3305287
#电子真空器件制造	Manufacture of Electronic Vacuum Appliances	33	1069	30467	209	27840
半导体分立器件制造	Manufacture of Semiconductor Discreting Appliances	180	6080	197085	811	177721
集成电路制造	Manufacture of Integrate Circuit	249	22528	1261453	1746	1119114
电子元件制造	Manufacture of Electronic Components	2307	85007	2366864	9756	2223604
其他电子设备制造	Manufacture of Other Electronic Equipment	538	24113	758520	2611	716396
计算机及办公设备制造业	**Manufacture of Computers and Office Equipment**	**783**	**49005**	**1786469**	**4064**	**1514233**
#计算机整机制造	Manufacture of Entired Computer	103	19732	845519	864	610030
计算机零部件制造	Manufacture of Parts and Fixture for Computer	215	7045	240395	839	228975
计算机外围设备制造	Manufacture of Computer Peripheral Equipment	226	9178	334965	1078	319447
办公设备制造	Manufacture of Office Equipment	109	3910	133699	564	131163
医疗仪器设备及仪器仪表制造业	**Manufacture of Medical Equipment and Measuring Instrument and Meter**	**2423**	**86292**	**2499046**	**13777**	**2328747**
1.医疗仪器设备及器械制造	Manufacture of Medical Equipment and Appliances	613	**20715**	726982	3627	680685
2.仪器仪表制造	Manufacture of Measuring Instrument and Meter	1810	65576	1772064	10150	1648062
信息化学品制造业	**Manufacture of Electronic Chemicals**	**233**	**10612**	**513741**	**1209**	**485550**

5-5 各地区高技术产业R&D活动情况（2016年）
Statistics on R&D Activities in High-tech Industry by Region(2016)

单位：万元 (10 000 yuan)

地区	Region	研发机构数(个) R&D Institutions (unit)	R&D人员折合全时当量(人年) Full-time Equivalent of R&D Personnel (man-year)	R&D经费内部支出 Intramual Expenditure on R&D	R&D项目数(项) R&D Projects (item)	R&D项目经费 Expenditure on R&D Projects
全　国	**National Total**	**13741**	**730681**	**29157462**	**80029**	**26854650**
东部地区	Eastern Region	10731	551566	22345137	59247	21010717
中部地区	Middle Region	1867	94699	3264036	10307	2878072
西部地区	Western Region	923	67386	2826319	8153	2463625
东北地区	Northeast Region	220	17030	721970	2322	502236
北　京	Beijing	293	23138	1299264	3050	1014994
天　津	Tianjin	133	17609	698875	2469	590831
河　北	Hebei	182	14151	409416	1576	322153
山　西	Shanxi	71	3774	83719	409	74981
内蒙古	Inner Mongolia	31	1267	90426	218	86204
辽　宁	Liaoning	100	7653	361213	1022	200657
吉　林	Jilin	57	3123	117146	578	97959
黑龙江	Heilongjiang	63	6254	243612	722	203620
上　海	Shanghai	163	28283	1338172	2593	1230568
江　苏	Jiangsu	3834	115597	3882343	12787	3596522
浙　江	Zhejiang	1393	69990	2132658	10089	2080755
安　徽	Anhui	654	19258	635542	2585	583112
福　建	Fujian	308	27895	1117716	2755	1082380
江　西	Jiangxi	282	8807	300891	1554	300605
山　东	Shandong	675	51955	2224899	7092	2026818
河　南	Henan	336	21161	575937	1859	534996
湖　北	Hubei	235	21218	1030278	2254	800714
湖　南	Hunan	289	20480	637668	1646	583664
广　东	Guangdong	3735	201218	9201115	16449	9028938
广　西	Guangxi	50	2387	85092	404	78088
海　南	Hainan	15	1731	40681	387	36757
重　庆	Chongqing	202	10314	442088	1810	406242
四　川	Sichuan	257	21368	1006821	2455	794138
贵　州	Guizhou	72	4805	192664	786	192522
云　南	Yunnan	61	2007	63001	563	62961
西　藏	Tibet	1	39	1972	16	1114
陕　西	Shaanxi	177	21725	837638	1222	744975
甘　肃	Gansu	23	1728	39084	201	31662
青　海	Qinghai	16	221	9619	34	8943
宁　夏	Ningxia	17	1135	34421	359	33634
新　疆	Xinjiang	16	390	23494	85	23142

5-6 高技术产业新产品开发及销售（2016年）
Statistics on New Products Development and Sale in High-tech Industry (2016)

单位：万元 (10 000 yuan)

行业	Industry	新产品开发项目数（项）New Products (unit)	新产品开发经费支出 Expenditure on New Produts Development	新产品销售收入 Sales Revenue of New Products	#出口 Export
合计	**Total**	**93141**	**35589261**	**479242433**	**181663586**
医药制造业	**Manufacture of Medicines**	**25320**	**4978806**	**54227527**	**4896556**
#化学药品制造	Manufacture of Chemical Medicine	12642	2532006	28629123	3034577
中成药生产	Manufacture of Finished Traditional Chinese Herbal Medicine	5431	966074	13037869	352638
生物药品制造	Manufacture of Biological Medicine	3720	827243	5807141	921789
航空、航天器及设备制造业	**Manufacture of Aircrafts and Spacecrafts**	**1979**	**1909535**	**15336596**	**1373118**
#飞机制造	Manufacture of Airplanes	988	1260526	12922610	1054872
航天器制造	Manufacture of Spacecrafts	131	272181	683497	3627
电子及通信设备制造业	**Manufacture of Electronic Equipment and Communication Equipment**	**42592**	**22741770**	**318206468**	**138247189**
#通信设备制造	Manufacture of Communication Equipment	6120	10458336	154306437	77281533
#通信系统设备制造	Manufacture of Communication System Equipment	3303	8655639	57380024	21963791
通信终端设备制造	Manufacture of Communication Terminal Equipment	2817	1802698	96926413	55317742
广播电视设备制造	Manufacture of Broadcasting and TV Equipment	2143	544664	4884347	1224889
雷达及配套设备制造	Manufacture of Radar and Its Fittings	468	248229	2024145	151711
视听设备制造	Manufacture of Audio and Video Equipment	3427	1579534	31026890	10520891
电子器件制造	Manufacture of Electronic Appliances	10057	4387058	52854160	24546515
#电子真空器件制造	Manufacture of Electronic Vacuum Appliances	228	38105	321929	40351
半导体分立器件制造	Manufacture of Semiconductor Discreting Appliances	952	231864	1867813	520877
集成电路制造	Manufacture of Integrate Circuit	2181	1421568	7637921	3330992
电子元件制造	Manufacture of Electronic Components	11536	2912732	39478279	18011787
其他电子设备制造	Manufacture of Other Electronic Equipment	3641	1080824	11263320	2264788
计算机及办公设备制造业	**Manufacture of Computers and Office Equipment**	**5347**	**2457057**	**54641230**	**32686511**
#计算机整机制造	Manufacture of Entired Computer	1030	1254812	36421772	22503619
计算机零部件制造	Manufacture of Parts and Fixture for Computer	1177	321298	6384728	3742710
计算机外围设备制造	Manufacture of Computer Peripheral Equipment	1482	388950	6149683	3795881
办公设备制造	Manufacture of Office Equipment	699	174011	2092145	875959
医疗仪器设备及仪器仪表制造业	**Manufacture of Medical Equipment and Measuring Instrument and Meter**	**16833**	**3034641**	**25014346**	**3109374**
1.医疗仪器设备及器械制造	Manufacture of Medical Equipment and Appliances	4515	933322	4628268	823536
2.仪器仪表制造	Manufacture of Measuring Instrument and Meter	12318	2101318	20386078	2285838
信息化学品制造业	**Manufacture of Electronic Chemicals**	**1070**	**467453**	**11816267**	**1350837**

5-7 各地区高技术产业新产品开发及销售（2016年）
Statistics on New Products Development and Sale in High-tech Industry by Region(2016)

单位：万元 (10 000 yuan)

地区	Region	新产品开发项目数(项) New Products (unit)	新产品开发经费支出 Expenditure on New Produts Development	新产品销售收入 Sales Revenue of New Products	#出口 Export
全　国	**National Total**	**93141**	**35589261**	**479242433**	**181663586**
东部地区	Eastern Region	69616	28030964	372730880	142798995
中部地区	Middle Region	11811	3643281	67247835	31095783
西部地区	Western Region	8992	3131814	32003759	6856671
东北地区	Northeast Region	2722	783202	7259958	912137
北　京	Beijing	4392	1572389	17684341	1832618
天　津	Tianjin	2281	540257	15989132	6853332
河　北	Hebei	1513	390058	3889455	697094
山　西	Shanxi	411	59158	509415	66839
内蒙古	Inner Mongolia	192	56438	865188	41206
辽　宁	Liaoning	1299	415614	4394298	348273
吉　林	Jilin	689	125760	1897942	139444
黑龙江	Heilongjiang	734	241827	967718	424421
上　海	Shanghai	3635	1819155	11463989	5278473
江　苏	Jiangsu	14550	4929528	91082746	40260182
浙　江	Zhejiang	10576	2353460	31928403	6945341
安　徽	Anhui	3290	804959	11080797	1953505
福　建	Fujian	2659	1088803	15729219	8386746
江　西	Jiangxi	2187	473847	5662500	646283
山　东	Shandong	7121	2220983	29452545	6003662
河　南	Henan	1665	444462	28514336	25697372
湖　北	Hubei	2518	1210998	8266544	941535
湖　南	Hunan	1740	649858	13214244	1790248
广　东	Guangdong	22541	13066861	155428245	66540147
广　西	Guangxi	464	82957	1067959	315965
海　南	Hainan	348	49469	82804	1400
重　庆	Chongqing	2084	480639	11034041	5563185
四　川	Sichuan	2797	1203952	10609341	427144
贵　州	Guizhou	913	224756	1371352	18441
云　南	Yunnan	666	90790	517995	23533
西　藏	Tibet	13	1544	696	
陕　西	Shaanxi	1265	895435	4693512	155898
甘　肃	Gansu	201	36061	620541	179125
青　海	Qinghai	37	15837	208856	1785
宁　夏	Ningxia	274	24492	645101	130057
新　疆	Xinjiang	86	18914	369177	332

5-8 高技术产业专利情况（2016年）
Statistics on Patents in High-tech Industry(2016)

单位：件 (piece)

行业	Industry	专利申请数 Patent Applications	#发明专利 Inventions	有效发明专利数 Inventions in Force
合计	**Total**	**185913**	**101835**	**316694**
医药制造业	**Manufacture of Medicines**	**17785**	**10483**	**37463**
#化学药品制造	Manufacture of Chemical Medicine	7040	4639	16441
中成药生产	Manufacture of Finished Traditional Chinese Herbal Medicine	3487	1958	10225
生物药品制造	Manufacture of Biological Medicine	2970	1814	5746
航空、航天器及设备制造业	**Manufacture of Aircrafts and Spacecrafts**	**7897**	**3880**	**6852**
#飞机制造	Manufacture of Airplanes	3817	2296	3861
航天器制造	Manufacture of Spacecrafts	835	446	1543
电子及通信设备制造业	**Manufacture of Electronic Equipment and Communication Equipment**	**117749**	**68143**	**224917**
#通信设备制造	Manufacture of Communication Equipment	38585	29695	135458
#通信系统设备制造	Manufacture of Communication System Equipment	24760	19949	126291
通信终端设备制造	Manufacture of Communication Terminal Equipment	13825	9746	9167
广播电视设备制造	Manufacture of Broadcasting and TV Equipment	4441	1865	4747
雷达及配套设备制造	Manufacture of Radar and Its Fittings	1359	647	1568
视听设备制造	Manufacture of Audio and Video Equipment	8598	4622	7990
电子器件制造	Manufacture of Electronic Appliances	28096	16506	39170
#电子真空器件制造	Manufacture of Electronic Vacuum Appliances	342	114	546
半导体分立器件制造	Manufacture of Semiconductor Discreting Appliances	1748	756	1800
集成电路制造	Manufacture of Integrate Circuit	6107	4487	9758
电子元件制造	Manufacture of Electronic Components	16923	6246	17967
其他电子设备制造	Manufacture of Other Electronic Equipment	8117	3841	7885
计算机及办公设备制造业	**Manufacture of Computers and Office Equipment**	**13995**	**8056**	**14506**
#计算机整机制造	Manufacture of Entired Computer	6792	5103	5088
计算机零部件制造	Manufacture of Parts and Fixture for Computer	1869	589	2253
计算机外围设备制造	Manufacture of Computer Peripheral Equipment	2636	1054	3527
办公设备制造	Manufacture of Office Equipment	1389	595	1926
医疗仪器设备及仪器仪表制造业	**Manufacture of Medical Equipment and Measuring Instrument and Meter**	**26393**	**10136**	**30104**
1.医疗仪器设备及器械制造	Manufacture of Medical Equipment and Appliances	7467	3106	10860
2.仪器仪表制造	Manufacture of Measuring Instrument and Meter	18926	7030	19244
信息化学品制造业	**Manufacture of Electronic Chemicals**	**2094**	**1137**	**2852**

5-9 各地区高技术产业专利情况（2016年）
Statistics on Patents in High-tech Industry by Region(2016)

单位：件 (piece)

地 区	Region	专利申请数 Patent Applications	#发明专利 Inventions	有效发明专利数 Inventions in Force
全 国	**National Total**	**185913**	**101835**	**316694**
东部地区	Eastern Region	144211	81058	266274
中部地区	Middle Region	22476	11047	24945
西部地区	Western Region	15601	7486	19949
东北地区	Northeast Region	3625	2244	5526
北 京	Beijing	6775	4114	16129
天 津	Tianjin	2982	1547	6078
河 北	Hebei	1553	709	2603
山 西	Shanxi	195	121	813
内 蒙 古	Inner Mongolia	99	50	147
辽 宁	Liaoning	2192	1376	3459
吉 林	Jilin	368	235	950
黑 龙 江	Heilongjiang	1065	633	1117
上 海	Shanghai	7645	5426	13930
江 苏	Jiangsu	26383	11881	30880
浙 江	Zhejiang	13831	5703	12900
安 徽	Anhui	6816	3279	7514
福 建	Fujian	5914	2681	6443
江 西	Jiangxi	2799	807	2076
山 东	Shandong	13983	8926	12298
河 南	Henan	2743	1108	2868
湖 北	Hubei	6045	3879	8487
湖 南	Hunan	3878	1853	3187
广 东	Guangdong	64880	39879	164338
广 西	Guangxi	510	270	1077
海 南	Hainan	265	192	675
重 庆	Chongqing	2469	1012	1639
四 川	Sichuan	7760	3733	9136
贵 州	Guizhou	1122	599	1891
云 南	Yunnan	446	240	898
西 藏	Tibet	3	2	67
陕 西	Shaanxi	2478	1200	4226
甘 肃	Gansu	232	113	429
青 海	Qinghai	177	118	94
宁 夏	Ningxia	193	90	207
新 疆	Xinjiang	112	59	138

5-10 高技术产业技术获取及技术改造（2016年）
Technology Acquisition and Renovation in High-tech Industry (2016)

单位：万元 (10 000 yuan)

行　业	Industry	技术引进经费支出 Expenditure for Acquisition of Foreign Technology	消化吸收经费支出 Expenditure for Assimilation of Technology	购买境内技术经费支出 Expenditure for Purchase of Domestic Technology	技术改造经费支出 Expenditure for Technical Renovation
合　计	**Total**	**1032126**	**93187**	**811233**	**4516529**
医药制造业	**Manufacture of Medicines**	**46608**	**32582**	**181129**	**934249**
#化学药品制造	Manufacture of Chemical Medicine	32186	24587	128098	565828
中成药生产	Manufacture of Finished Traditional Chinese Herbal Medicine	2814	1709	25918	224742
生物药品制造	Manufacture of Biological Medicine	5485	1513	13333	75164
航空、航天器及设备制造业	**Manufacture of Aircrafts and Spacecrafts**	**29697**	**3776**	**6364**	**464799**
#飞机制造	Manufacture of Airplanes	24145	1091	6159	379480
航天器制造	Manufacture of Spacecrafts	498			23701
电子及通信设备制造业	**Manufacture of Electronic Equipment and Communication Equipment**	**885742**	**44506**	**599137**	**2516940**
#通信设备制造	Manufacture of Communication Equipment	670257	1772	542772	297624
#通信系统设备制造	Manufacture of Communication System Equipment	14037	1635	14410	68699
通信终端设备制造	Manufacture of Communication Terminal Equipment	656220	137	528361	228925
广播电视设备制造	Manufacture of Broadcasting and TV Equipment	4389	1704	6046	45269
雷达及配套设备制造	Manufacture of Radar and Its Fittings	515		180	27064
视听设备制造	Manufacture of Audio and Video Equipment	40405	20615	7674	103234
电子器件制造	Manufacture of Electronic Appliances	65442	5402	9490	1171936
#电子真空器件制造	Manufacture of Electronic Vacuum Appliances	84	1059		9563
半导体分立器件制造	Manufacture of Semiconductor Discreting Appliances	418	1133	1664	35461
集成电路制造	Manufacture of Integrate Circuit	20525	2072	4079	133736
电子元件制造	Manufacture of Electronic Components	53703	1881	9615	489383
其他电子设备制造	Manufacture of Other Electronic Equipment	5026	2874	3071	42553
计算机及办公设备制造业	**Manufacture of Computers and Office Equipment**	**2960**	**6469**	**6156**	**264704**
#计算机整机制造	Manufacture of Entired Computer	978	5717	3430	171485
计算机零部件制造	Manufacture of Parts and Fixture for Computer	213	752	364	17694
计算机外围设备制造	Manufacture of Computer Peripheral Equipment	1147		601	53354
办公设备制造	Manufacture of Office Equipment			802	19004
医疗仪器设备及仪器仪表制造业	**Manufacture of Medical Equipment and Measuring Instrument and Meter**	**66771**	**4876**	**18070**	**261769**
1.医疗仪器设备及器械制造	Manufacture of Medical Equipment and Appliances	39566	699	1643	71882
2.仪器仪表制造	Manufacture of Measuring Instrument and Meter	27205	4177	16427	189887
信息化学品制造业	**Manufacture of Electronic Chemicals**	**349**	**978**	**377**	**74068**

5-11 各地区高技术产业技术获取及技术改造（2016年）
Technology Acquisition and Renovation in High-tech Industry by Region(2016)

单位：万元 (10 000 yuan)

地区	Region	技术引进经费支出 Expenditure for Acquisition of Foreign Technology	消化吸收经费支出 Expenditure for Assimilation of Technology	购买境内技术经费支出 Expenditure for Purchase of Domestic Technology	技术改造经费支出 Expenditure for Technical Renovation
全国	**National Total**	**1032126**	**93187**	**811233**	**4516529**
东部地区	Eastern Region	968343	76794	741388	3213146
中部地区	Middle Region	35041	11852	23198	638693
西部地区	Western Region	28502	3591	42620	484373
东北地区	Northeast Region	240	950	4027	180317
北京	Beijing	42185	362	5817	40906
天津	Tianjin	30738	2000	2906	10947
河北	Hebei	3729	4341	7556	32259
山西	Shanxi		200	70	1607
内蒙古	Inner Mongolia	5	5	1722	5235
辽宁	Liaoning		346	2283	104665
吉林	Jilin		54	1062	29386
黑龙江	Heilongjiang	240	550	683	46267
上海	Shanghai	24501	16116	7330	19265
江苏	Jiangsu	100121	28768	61793	1009461
浙江	Zhejiang	9306	8105	25916	298952
安徽	Anhui	6282	6685	10735	70675
福建	Fujian	53598	7238	25416	858407
江西	Jiangxi	1403	197	1270	34794
山东	Shandong	14782	5643	46406	440998
河南	Henan	508	681	1886	64008
湖北	Hubei	24163	3111	5718	59409
湖南	Hunan	2685	978	3519	408201
广东	Guangdong	689384	4221	554609	498221
广西	Guangxi	1073	219	572	18489
海南	Hainan			3640	3731
重庆	Chongqing	2643	165	11142	40384
四川	Sichuan	19382	2023	14553	169392
贵州	Guizhou	160	211	5087	36692
云南	Yunnan	1310	442	2563	14560
西藏	Tibet				140
陕西	Shaanxi	3879	262	6449	180158
甘肃	Gansu	50			4852
青海	Qinghai			160	828
宁夏	Ningxia				7550
新疆	Xinjiang		265	375	6094

5-12 高技术产业投资（2016年）
Statistics on Investment in Fixed Assets in High-tech Industry(2016)

单位：个，亿元 (unit,100 million yuan)

行业	Industry	施工项目个数 Number of Projects under Construction	#新开工项目个数 Number of Projects Started This Year	全部建成投产项目数 Number of Projects Completed and Put into Use	投资额 Investment	新增固定资产 Newly Increased Fixed Assets
合 计	**Total**	**23715**	**17498**	**14949**	**22786.7**	**13140.3**
医药制造业	**Manufacture of Medicines**	**7270**	**5158**	**4496**	**6299.2**	**3946.1**
#化学药品制造	Manufacture of Chemical Medicine	2202	1528	1317	2192.8	1327.1
中成药生产	Manufacture of Finished Traditional Chinese Herbal Medicine	1268	849	762	1039.8	665.8
生物药品制造	Manufacture of Biological Medicine	1268	866	780	1221.7	732.5
航空、航天器及设备制造业	**Manufacture of Aircrafts and Spacecrafts**	**462**	**325**	**244**	**576.3**	**262.9**
#飞机制造	Manufacture of Airplanes	195	136	106	277.0	117.7
航天器制造	Manufacture of Spacecrafts	28	20	18	22.3	9.6
电子及通信设备制造业	**Manufacture of Electronic Equipment and Communication Equipment**	**10498**	**7790**	**6559**	**11584.0**	**6132.5**
#通信设备制造	Manufacture of Communication Equipment	1238	910	759	1536.6	840.0
#通信系统设备制造	Manufacture of Communication System Equipment	751	551	484	835.2	536.6
通信终端设备制造	Manufacture of Communication Terminal Equipment	487	359	275	701.4	303.5
广播电视设备制造	Manufacture of Broadcasting and TV Equipment	308	239	207	215.9	157.2
雷达及配套设备制造	Manufacture of Radar and Its Fittings	87	67	44	80.4	25.3
视听设备制造	Manufacture of Audio and Video Equipment	344	251	213	290.4	161.2
电子器件制造	Manufacture of Electronic Appliances	2026	1437	1237	3719.1	1591.3
#电子真空器件制造	Manufacture of Electronic Vacuum Appliances	126	96	85	90.1	48.3
半导体分立器件制造	Manufacture of Semiconductor Discreting Appliances	213	161	136	238.7	94.5
集成电路制造	Manufacture of Integrate Circuit	305	215	174	880.1	421.0
电子元件制造	Manufacture of Electronic Components	3275	2476	2133	2302.2	1438.3
其他电子设备制造	Manufacture of Other Electronic Equipment	1367	1018	854	1175.3	678.9
计算机及办公设备制造业	**Manufacture of Computers and Office Equipment**	**1104**	**806**	**710**	**1220.2**	**684.9**
#计算机整机制造	Manufacture of Entired Computer	107	68	58	199.2	94.0
计算机零部件制造	Manufacture of Parts and Fixture for Computer	387	291	249	466.2	221.1
计算机外围设备制造	Manufacture of Computer Peripheral Equipment	200	142	132	157.7	126.7
办公设备制造	Manufacture of Office Equipment	104	77	77	75.6	50.6
医疗仪器设备及仪器仪表制造业	**Manufacture of Medical Equipment and Measuring Instrument and Meter**	**4033**	**3159**	**2707**	**2740.1**	**1855.7**
1.医疗仪器设备及器械制造	Manufacture of Medical Equipment and Appliances	1616	1243	1059	1099.4	712.0
2.仪器仪表制造	Manufacture of Measuring Instrument and Meter	2417	1916	1648	1640.6	1143.7
信息化学品制造业	**Manufacture of Electronic Chemicals**	**348**	**260**	**233**	**367.0**	**258.3**

注：表5-12和表5-13的数据口径为投资额在500万元及以上项目。
Note: Statistics on table 5-12 and 5-13 cover the projects with the investments above 5 million yuan.

5-13 各地区高技术产业投资（2016年）
Statistics on Investment in Fixed Assets in High-tech Industry by Region(2016)

单位：个，亿元 (unit,100 million yuan)

地区	Region	施工项目个数 Number of Projects under Construction	#新开工项目个数 Number of Projects Started This Year	全部建成投产项目数 Number of Projects Completed and Put into Use	投资额 Investment	新增固定资产 Newly Increased Fixed Assets
全　国	**National Total**	**23715**	**17498**	**14949**	**22786.7**	**13140.3**
东部地区	Eastern Region	12091	8859	7805	10763.5	6603.4
中部地区	Middle Region	6351	4673	3837	7069.0	3730.2
西部地区	Western Region	4148	3076	2563	4054.9	2206.5
东北地区	Northeast Region	1125	890	744	899.3	600.2
北　京	Beijing	132	21	23	193.9	88.5
天　津	Tianjin	628	536	269	429.8	228.4
河　北	Hebei	566	425	376	979.4	768.9
山　西	Shanxi	235	188	153	226.4	144.6
内蒙古	Inner Mongolia	191	160	145	321.2	219.7
辽　宁	Liaoning	161	88	53	194.4	55.2
吉　林	Jilin	743	639	540	565.6	420.3
黑龙江	Heilongjiang	221	163	151	139.3	124.8
上　海	Shanghai	196	75	45	241.0	120.5
江　苏	Jiangsu	3804	3101	2863	3526.6	2495.3
浙　江	Zhejiang	1877	1364	1158	850.9	542.8
安　徽	Anhui	1861	1505	1084	1453.1	689.6
福　建	Fujian	573	385	326	987.9	346.7
江　西	Jiangxi	1056	684	654	1317.8	680.0
山　东	Shandong	1828	1287	1249	1866.6	1041.5
河　南	Henan	781	512	479	1822.5	1139.9
湖　北	Hubei	852	540	455	1305.2	539.2
湖　南	Hunan	1566	1244	1012	943.9	536.9
广　东	Guangdong	2455	1651	1484	1651.2	954.7
广　西	Guangxi	958	803	660	382.3	288.1
海　南	Hainan	32	14	12	36.3	16.2
重　庆	Chongqing	765	569	442	1031.0	445.5
四　川	Sichuan	893	616	526	916.1	557.2
贵　州	Guizhou	300	226	227	217.2	144.2
云　南	Yunnan	161	113	80	113.2	58.8
西　藏	Tibet	16	7	11	3.7	2.4
陕　西	Shaanxi	462	309	249	703.3	356.2
甘　肃	Gansu	212	146	133	146.0	74.1
青　海	Qinghai	67	54	39	76.9	19.3
宁　夏	Ningxia	52	37	21	86.1	22.1
新　疆	Xinjiang	71	36	30	57.9	18.8

5-14 国家级高新区企业
Major Indicators of High-Technology

单位：万元

开发区	Development Area	企业数 (个) Number of Enterprises (unit)	期末从业人员 (人) Employed Persons (person)
合　计	**Total**	**91093**	**18059323**
中关村国家自主创新示范区	Zhongguancun Science Park	19869	2482615
天津滨海高新技术产业开发区	Tianjin Binhai High-tech Industrial Development Zone	4005	372824
石家庄高新技术产业开发区	Shijiazhuang High-tech Industrial Development Zone	762	119325
唐山高新技术产业开发区	Tangshan High-tech Industrial Development Zone	184	16573
保定国家高新技术产业开发区	Baoding High-tech Industrial Development Zone	291	114303
承德高新技术产业开发区	Chengde High-tech Industrial Development Zone	42	12064
燕郊高新技术产业开发区	Yanjiao High-tech Industrial Development Zone	220	36018
太原高新技术产业开发区	Taiyuan High-tech Industrial Development Zone	1110	119348
长治高新技术产业开发区	Changzhi High-tech Industrial Development Zone	94	50892
呼和浩特金山高新技术产业开发区	Hohhot Jinshan High-tech Industrial Development Zone	26	59228
包头稀土高新技术产业开发区	Baotou Rare Earth High-tech Industrial Development Zone	545	90820
沈阳高新技术产业开发区	Shenyang High-tech Industrial Development Zone	727	109696
大连高新技术产业园区	Dalian High-tech Industrial Development Zone	881	180671
鞍山高新技术产业开发区	Anshan High-tech Industrial Development Zone	284	38375
本溪高新技术产业开发区	Benxi High-tech Industrial Development Zone	59	9343
锦州高新技术产业开发区	Jinzhou High-tech Industrial Development Zone	73	21379
营口高新技术产业开发区	Yingkou High-tech Industrial Development Zone	193	34260
阜新高新技术产业开发区	Fuxin High-tech Industrial Development Zone	141	17436
辽阳高新技术产业开发区	Liaoyang High-tech Industrial Development Zone	49	38976
长春高新技术产业开发区	Changchun High-tech Industrial Development Zone	852	171482
长春净月高新技术产业开发区	Changchun Jingyue High-tech Industrial Development Zone	796	135130
吉林高新技术产业开发区	Jilin High-tech Industrial Development Zone	436	68126
通化国家医药高新技术产业开发区	Tonghua Medicine High-tech Industrial Development Zone	63	78556
延吉高新技术产业开发区	Yanji High-tech Industrial Development Zone	207	13385
哈尔滨高新技术产业开发区	Haerbin High-tech Industrial Development Zone	321	96524
齐齐哈尔高新技术产业开发区	Qiqihaer High-tech Industrial Development Zone	63	25689
大庆高新技术产业开发区	Daqing High-tech Industrial Development Zone	526	112391
上海张江高新技术产业开发区	Shanghai Zhangjiang Hi-Tech Park	4244	913156
上海紫竹高新技术产业开发区	Shanghai Zizhu High-tech Industrial Development Zone	115	22112
南京高新技术产业开发区	Nanjing High-tech Industrial Development Zone	1037	249453
无锡国家高新技术产业开发区	Wuxi High-tech Industrial Development Zone	1163	247778
江阴高新技术产业开发区	Jiangyin High-tech Industrial Development Zone	204	93021
徐州高新技术产业开发区	Xuzhou High-tech Industrial Development Zone	109	40793
常州高新技术产业开发区	Changzhou High-tech Industrial Development Zone	1108	164026
武进国家高新技术产业开发区	Wujin High-tech Industrial Development Zone	403	108299
苏州国家高新技术产业开发区	Suzhou High-tech Industrial Development Zone	1176	225468
昆山高新技术产业开发区	Kunshan High-tech Industrial Development Zone	771	186631
常熟高新技术产业开发区	Changshu High-tech Industrial Development Zone	450	77048
南通高新技术产业开发区	Nantong High-tech Industrial Development Zone	420	95920
连云港高新技术产业开发区	Lianyungang High-tech Industrial Development Zone	104	41237
盐城高新技术产业开发区	Yancheng High-tech Industrial Development Zone	207	54662
扬州高新技术产业开发区	Yangzhou High-tech Industrial Development Zone	115	37670
镇江高新技术产业开发区	Zhenjiang High-tech Industrial Development Zone	409	65232
泰州医药高新技术产业开发区	Taizhou Medical High-tech Industrial Development Zone	312	46738

主要经济指标（2016年）
Industrial Development Zone (2016)

(10 000 yuan)

营业收入 Revenue	#技术收入 Tech-related	#销售收入 Sales Revenue	总产值 Gross Output Value	净利润 Profits after Taxes	实缴税费 Taxes	出口额 Exports
2765593886	**269282325**	**2050913841**	**1968387247**	**185350951**	**156092733**	**291460870**
460476182	75803740	147525383	99377105	31702874	23140967	17470400
71777542	4364444	38692724	46656993	5658003	2557215	4897597
17127388	3400752	11164697	10403334	1065311	935319	656445
941683	22013	858248	940641	38922	69448	79369
14768607	247499	14200216	13341798	1321648	931194	480598
1495308	22110	1432788	1347867	62846	89097	12050
5930134	43894	5461938	4889184	232769	302753	34976
19307595	801802	17827528	16168710	260030	510164	151620
2641860	518	2512855	2426364	206483	134696	6848
6367833		6313218	1610626	543332	577635	
11122936	187710	10603586	10985869	675144	379513	192347
11970367	3347819	6134985	5476885	825091	693787	387526
18449378	2967343	12604556	8941169	942186	880720	2138750
6807190	537255	6173880	6263402	733234	482184	272022
362991	2088	357661	333229	15370	35053	33927
2100548	1400	1880533	1959368	100234	119503	229852
4008728	2912	4003370	4262120	108802	140376	782649
986667	245	978416	989755	36139	37364	58130
9635057	292	4457732	4514687	371300	592905	652040
47178582	491217	44130755	47452665	4436322	6318974	3449885
10561793	2014698	8473814	7334094	1240987	590478	644927
8884105	41582	8797826	8536003	162677	1397909	85697
7612214	29	7599419	8004227	551307	154542	3723
2623266	4355	2580065	2694262	137396	711796	2826
16287093	2752350	12819866	9700543	611734	1124853	682724
1277855	9149	1220250	1434636	18878	69677	83002
24933206	1777899	23067831	21002850	1771931	1612007	184128
154550926	18970346	127760206	99385452	16090253	8979556	19831941
5161691	952945	3034653	1540453	641832	351092	349941
43954487	2015467	37965853	38629488	2835821	3061803	4620485
33599408	2147121	30495047	31389114	2240297	1753001	9329216
14975396	32569	11897927	12230923	511123	559885	2413460
8439123	8121	8414564	7661327	727115	656593	202669
21825147	4720163	16887971	20354247	1454678	1096512	4081467
12801418	194095	9423165	10084157	1074626	814214	1478000
28125028	1145079	25141889	26786743	1423933	1026076	14714063
17254272	176534	16047981	16961476	875810	694201	4800511
8890340	138428	8624296	8695325	435846	413174	2391987
21976094	565262	20591442	15895684	2585915	998060	3321097
4096076	11311	4002329	4541624	798362	574987	251594
6021933	35306	5799331	6145783	626949	313734	460333
4720849	31799	4593134	4974145	294539	273174	204674
6925941	97510	5451497	5336857	237702	246736	735643
9935964	77886	9374397	10030711	510533	552365	132477

5-14 续表 1

单位：万元

开发区	Development Area	企业数（个）Number of Enterprises (unit)	期末从业人员（人）Employed Persons (person)
杭州高新技术产业开发区	Hangzhou High-tech Industrial Development Zone	1950	291863
萧山临江高新技术产业开发区	Xiaoshan Linjiang High-tech Industrial Development Zone	403	70975
宁波国家高新技术产业开发区	Ningbo High-tech Industrial Development Zone	544	171125
温州高新技术产业开发区	Wenzhou High-tech Industrial Development Zone	503	108791
嘉兴秀洲高新技术产业开发区	Jiaxing Xiuzhou High-tech Industrial Development Zone	123	52036
莫干山高新技术产业开发区	Moganshan High-tech Industrial Development Zone	224	38216
绍兴国家高新技术产业开发区	Shaoxing High-tech Industrial Development Zone	245	54979
衢州高新技术开发区	Quzhou High-tech Industrial Development Zone	227	64313
合肥高新技术产业开发区	Hefei High-tech Industrial Development Zone	1074	219528
芜湖国家高新技术产业开发区	Wuhu High-tech Industrial Development Zone	255	83957
蚌埠国家高新技术产业开发区	Bengbu High-tech Industrial Development Zone	344	63061
马鞍山慈湖高新技术产业开发区	Maanshan Cihu High-tech Industrial Development Zone	178	36128
福州高新技术产业开发区	Fuzhou High-tech Industrial Development Zone	188	67170
厦门火炬高技术产业开发区	Xiamen Torch High-tech Industrial Development Zone	727	182089
莆田高新技术产业开发区	Putian High-tech Industrial Development Zone	147	47943
三明高新技术产业开发区	Sanming High-tech Industrial Development Zone	110	16546
泉州高新技术产业开发区	Quanzhou High-tech Industrial Development Zone	213	74277
漳州高新技术产业开发区	Zhangzhou High-tech Industrial Development Zone	390	98608
龙岩高新技术产业开发区	Longyan High-tech Industrial Development Zone	200	39121
南昌高新技术产业开发区	Nanchang High-tech Industrial Development Zone	418	127008
景德镇高新技术产业开发区	Jingdezhen High-tech Industrial Development Zone	175	65798
新余高新技术企业开发区	Xinyu High-tech Industrial Development Zone	232	57148
鹰潭国家高新技术产业开发区	Yingtan High-tech Industrial Development Zone	113	26507
赣州高新技术产业开发区	Ganzhou High-tech Industrial Development Zone	119	23640
吉安高新技术产业开发区	Jian High-tech Industrial Development Zone	127	40490
抚州高新技术产业开发区	Fuzhou High-tech Industrial Development Zone	182	33945
济南高新技术产业开发区	Jinan High-tech Industrial Development Zone	807	258606
青岛高新技术产业开发区	Qingdao High-tech Industrial Development Zone	330	128316
淄博高新技术产业开发区	Zibo High-tech Industrial Development Zone	456	113426
枣庄高新技术产业开发区	Zaozhuang High-tech Industrial Development Zone	140	33688
黄河三角洲农业高新技术产业示范区	Huanghesanjiaozhou High-tech Industrial Development Zone	30	4164
烟台高新技术产业开发区	Yantai High-tech Industrial Development Zone	282	59869
潍坊高新技术产业开发区	Weifang High-tech Industrial Development Zone	553	156316
济宁高新技术产业开发区	Jining High-tech Industrial Development Zone	566	172801
泰安高新技术产业开发区	Taian High-tech Industrial Development Zone	306	52171
威海火炬高技术产业开发区	Weihai Torch High-tech Industrial Development Zone	295	118420
莱芜高新技术产业开发区	Laiwu High-tech Industrial Development Zone	115	16792
临沂高新技术产业开发区	Linyi High-tech Industrial Development Zone	390	69094
德州高新技术产业开发区	Dezhou High-tech Industrial Development Zone	150	22507
郑州高新技术产业开发区	Zhengzhou High-tech Industrial Development Zone	727	324624
洛阳高新技术产业开发区	Luoyang High-tech Industrial Development Zone	667	112403
平顶山高新技术产业开发区	Pingdingshan High-tech Industrial Development Zone	43	10942
安阳高新技术产业开发区	Anyang High-tech Industrial Development Zone	268	63510
新乡高新技术产业开发区	Xinxiang High-tech Industrial Development Zone	207	60777
焦作高新技术产业开发区	Jiaozuo High-tech Industrial Development Zone	122	41282
南阳高新技术产业开发区	Nanyang High-tech Industrial Development Zone	191	48298
武汉东湖新技术开发区	Wuhan Donghu New Technology Development Zone	3215	548668
宜昌高新技术产业开发区	Yichang High-tech Industrial Development Zone	257	112165
襄阳高新技术产业开发区	Xiangyang High-tech Industrial Development Zone	808	169467
荆门高新技术产业开发区	Jingmen High-tech Industrial Development Zone	424	102345
孝感高新技术产业开发区	Xiaogan High-tech Industrial Development Zone	465	88391
随州高新技术产业开发区	Suizhou High-tech Industrial Development Zone	130	28065

continued

(10 000 yuan)

营业收入 Revenue	#技术收入 Tech-related	#销售收入 Sales Revenue	总产值 Gross Output Value	净利润 Profits after Taxes	实缴税费 Taxes	出口额 Exports
43998869	12929301	26501550	24257891	4665694	2877058	3826371
12079802	31951	11167429	11373291	618133	709645	449907
31132383	1923063	18492194	16522176	1657218	2284160	3536240
4852165	73787	4561745	5006065	225693	253299	496695
5384818	37493	4844935	4678476	744205	366492	1335718
3723491	40978	3470524	3609391	227297	171788	868082
4923394	18353	4793548	4844152	289379	226691	1025845
7879791	12354	7657701	7237272	460028	300177	584317
41105081	6254820	32581857	33176783	3509107	4274576	4917938
12195447	79617	11648265	13037522	930713	558108	504310
10947057	269012	10426397	11280144	810457	630587	263540
8254364	38327	6703419	6363321	214959	232942	417343
8820130	648684	7854061	8790354	526444	262754	3111924
22888650	725194	20987524	21655373	1102109	1151235	9188036
5604975	15316	5555169	5535868	475716	82116	327583
3309091	23	3274323	3415218	62827	61670	38740
6508049	54302	6265328	7160796	530772	289602	413482
9095904	4579	8930288	9353792	735994	427960	1507754
3341482	11807	3271911	3508006	137197	141008	96225
24259493	1141270	22443438	20189818	1205822	1850541	2030859
9496191	109055	9296883	9684386	286944	384052	631136
10622070	50583	10518570	10605601	447115	271384	509637
5740671	3042	5726192	5736504	267715	178030	120170
3516725	26944	3398480	3533170	160994	74108	231110
3554024	178	3530377	3570573	226976	195504	655834
4634935	110675	4407842	4621061	259021	278096	199770
34993309	4588644	29795351	22396587	2186070	2912909	3854589
25320840	2941671	21067651	20307836	2025510	1712810	3743810
23305552	1016577	21584870	22064408	1432353	2147341	1747915
3033270	189	2994122	2790730	152034	64551	89614
2765027	245	2387996	1875910	94398	48685	464
6001952	9053	5898883	4329319	371075	308437	450401
19371043	2444071	16576513	14003530	1520701	1441481	2624586
22374031	60572	21060124	21235990	942166	685863	1416009
4355239	44370	3818308	4380966	385609	214248	226986
13935522	1493518	12259025	13903310	1250455	819840	2474901
3900231	3750	3808239	4141328	125603	53010	98590
13407058	22312	13327317	13483780	785652	417830	758960
2958962	1436	2899539	2937281	127766	94278	177641
47019545	2887168	43476104	39762246	2067553	1094433	19651161
15533162	306679	14826158	12344203	1187952	1165364	623473
2754877		2213331	2123815	110393	85086	11513
7802980	67596	6571081	6003702	459740	676220	173104
7878693	24786	7845913	7690197	991482	231975	393231
4487895	12570	4411942	4199895	175209	51052	10073
3296122	217207	2850274	3036609	242102	149375	270934
113688036	26436682	80118742	77785258	7060375	4975951	9815702
19191677	202530	18428660	17389272	752324	605255	617627
30107689	2129773	27789992	29094659	2448632	1351399	593065
12421839	164951	12031182	13204977	1095689	509481	449412
11690442	377512	11225552	11833031	428749	587082	217329
2910725	4266	2770219	2986042	114697	69521	271291

5-14 续表 2

单位：万元

开发区	Development Area	企业数 (个) Number of Enterprises (unit)	期末从业人员 (人) Employed Persons (person)
仙桃高新技术产业开发区	Xiantao High-tech Industrial Development Zone	314	89126
长沙高新技术产业开发区	Changsha High-tech Industrial Development Zone	1106	300129
株洲高新技术产业开发区	Zhuzhou High-tech Industrial Development Zone	268	123608
湘潭高新技术产业开发区	Xiangtan High-tech Industrial Development Zone	328	73010
衡阳高新技术产业开发区	Hengyang High-tech Industrial Development Zone	137	52314
益阳高新技术产业开发区	Yiyang High-tech Industrial Development Zone	322	41032
郴州高新技术产业开发区	Chenzhou High-tech Industrial Development Zone	55	17110
广州高新技术产业开发区	Guangzhou High-tech Industrial Development Zone	2868	469592
深圳高新技术产业开发区	Shenzhen High-tech Industrial Development Zone	1874	485461
珠海高新技术产业开发区	Zhuhai High-tech Industrial Development Zone	589	213921
佛山高新技术产业开发区	Foshan High-tech Industrial Development Zone	995	287748
江门高新技术产业开发区	Jiangmen High-tech Industrial Development Zone	314	77467
肇庆高新技术产业开发区	Zhaoqing High-tech Industrial Development Zone	178	54948
惠州仲恺高新技术产业开发区	Huizhou Zhongkai High-tech Industrial Development Zone	392	189996
源城高新技术产业开发区	Yuancheng High-tech Industrial Development Zone	105	46418
清远高新技术产业开发区	Qingyuan High-tech Industrial Development Zone	141	60097
东莞松山湖高新技术产业开发区	Dongguan Songshanhu High-tech Industrial Development Zone	497	83343
中山国家高新技术产业开发区	Zhongshan High-tech Industrial Development Zone	484	138051
南宁高新技术产业开发区	Nanning High-tech Industrial Development Zone	746	208568
柳州高新技术产业开发区	Liuzhou High-tech Industrial Development Zone	279	105218
桂林国家高新技术产业开发区	Guilin High-tech Industrial Development Zone	470	133948
北海高新技术产业开发区	Beihai High-tech Industrial Development Zone	63	29251
海口国家高新技术产业开发区	Haikou High-tech Industrial Development Zone	159	34465
重庆高新技术产业开发区	Chongqing High-tech Industrial Development Zone	1055	200392
璧山高新技术产业开发区	Bishan High-tech Industrial Development Zone	210	80790
成都高新技术产业开发区	Chengdu High-tech Industrial Development Zone	1762	379478
自贡高新技术产业开发区	Zigong High-tech Industrial Development Zone	160	36878
攀技花高新技术产业开发区	Panzhihua High-tech Industrial Development Zone	61	10588
泸州高新技术产业开发区	Luzhou High-tech Industrial Development Zone	327	54836
德阳高新技术产业开发区	Deyang High-tech Industrial Development Zone	200	30589
绵阳国家高新技术产业开发区	Mianyang High-tech Industrial Development Zone	177	121749
乐山高新技术产业开发区	Leshan High-tech Industrial Development Zone	153	45273
贵阳国家高新技术产业开发区	Guiyang High-tech Industrial Development Zone	733	268376
昆明国家高新技术产业开发区	Kunming High-tech Industrial Development Zone	309	71409
玉溪高新技术产业开发区	Yuxi High-tech Industrial Development Zone	75	21313
西安高新技术产业开发区	Xi'an High-tech Industrial Development Zone	3882	415344
宝鸡高新技术产业开发区	Baoji High-tech Industrial Development Zone	600	151451
杨凌农业高新技术产业示范区	Yangling Agricultural High-tech Industries Demonstration Zone	201	27240
咸阳高新技术产业开发区	Xianyang High-tech Industrial Development Zone	83	19802
渭南国家高新技术产业开发区	Weinan High-tech Industrial Development Zone	76	26579
榆林高新科技产业园区	Yulin High-tech Industrial Development Zone	22	14249
安康高新技术产业开发区	Ankang High-tech Industrial Development Zone	211	22546
兰州高新技术产业开发区	Lanzhou High-tech Industrial Development Zone	564	121774
白银高新技术产业开发区	Baiyin High-tech Industrial Development Zone	187	66239
青海高新技术产业开发区	Qinghai High-tech Industrial Development Zone	88	14732
银川高产业开发区	Yinchuan High-tech Industrial Development Zone	72	13428
宁夏石嘴山高新技术产业开发区	Ningxia Shizuishan High-tech Industrial Development Zone	72	21119
乌鲁木齐高新技术产业开发区	Wulumuqi High-tech Industrial Development Zone	450	112295
昌吉高新技术产业开发区	Changji High-tech Industrial Development Zone	138	13780
新疆生产建设兵团石河子高新技术产业开发区	The Xinjiang Production and Construction Corps, Shihezi High-tech Industrial Development Zone	20	15211

continued

(10 000 yuan)

营业收入 Revenue	#技术收入 Tech-related	#销售收入 Sales Revenue	总产值 Gross Output Value	净利润 Profits after Taxes	实缴税费 Taxes	出口额 Exports
7342309	96644	7179085	7476686	359645	129773	345690
48373741	3408519	41339761	42927808	3311157	2519895	4117568
19085234	247681	17030958	18174646	1035751	949918	582196
14209341	950285	12236410	12689350	316604	227831	2567280
7317103	31215	7188233	7362743	286468	189547	993539
7150024	484269	6582646	6606565	239527	216782	264440
2029082	11355	1959241	1913503	33001	38533	281837
60242204	9911090	45989272	39035207	4417122	2916523	7512727
62085347	13631560	43277959	42923744	7471235	4620803	12947430
20834480	382122	19870789	22241406	1958947	1380346	7178719
38666081	2404276	35119842	38050151	2901967	1793155	5072997
6011815	4472	5798513	6030933	390463	272466	1587035
8728965	1261	8687193	9190676	282423	136409	457503
23838412	70801	22558312	23133698	930042	1243266	12669201
4604887	2781	4469777	4676490	122707	144825	996550
4330489	98262	3631819	3527427	231443	174786	431972
25523063	137762	23925246	22600885	688449	596432	6453089
20682767	2012281	17041185	21128707	752411	674146	5817771
22313905	2913874	18363602	17176163	1773411	857513	1582546
21441642	1027383	18175259	18771691	730870	1196736	265265
9403879	643402	8289455	10024854	736994	412363	394602
5956952	30043	5801125	6114282	553404	80860	1130391
3697752	169233	3337988	3707698	224913	411284	186614
22033038	2329238	18517398	18587279	1729487	898459	2186452
7780748	25076	7703901	7942560	470955	276711	387119
57439028	12641406	43351131	42245508	3317926	2480632	10539551
4814940	41552	4734736	5013459	227901	275471	276056
1367372	7546	1342789	2107902	-171402	38685	3256
5794060	90195	5160815	4531764	271074	217619	5080
5227612	27514	5131623	5190597	360042	151699	140575
12054581	41831	11722563	15329889	311629	413175	1377953
4156878	9493	4049834	4296926	217069	182238	364563
30423395	1836815	23475430	21822592	1800813	3264724	799138
18190037	1515913	11986991	9017965	-1194712	850654	162415
8731115	6092	6700254	8111271	676160	4673490	8054
100316466	8942559	70723455	72583214	6450808	7284195	8505938
18035915	76217	13290854	19092782	771483	1146071	738546
1941846	224908	1648497	1552151	100452	53259	28599
4292881	9774	4076569	4278897	231107	1019831	98626
3600270	1114	2352557	3779929	315200	192718	262659
3047695	2291	2862457	2905810	425998	244146	
2673678	573555	1070894	2561639	407585	120755	8420
17506316	1038158	14054478	9697448	1406293	1744534	130253
8277941	7476	8063524	5728853	33724	267955	41130
1082111	746	1078095	1595765	41611	30963	4452
1980749		1968970	2367884	53733	11300	165929
1741295	15850	1681628	1557583	99360	95040	120710
21962166	908378	3745184	3591663	224306	743701	62612
2778719	3261	2628286	2742810	286100	95111	159422
3208593	906	2210403	2924017	228199	173053	1839

5-15 高技术产品进出口贸易
Value of Imports and Exports of High-tech Products

单位：百万美元 (million US dollar)

项　目	Item	出口贸易额 Exports	进口贸易额 Imports	进出口贸易总额 Total
	1985	521	4734	5255
	1990	2686	6967	9653
	1995	10091	21827	31918
	2000	37043	52507	89550
	2005	218253	197713	415966
	2006	281451	247299	528750
	2007	347819	286984	634803
	2008	415606	341820	757425
	2009	376931	309853	686784
	2010	492379	412655	905034
	2011	548830	463225	1012054
	2012	601173	506864	1108037
	2013	660330	558193	1218523
	2014	660543	551384	1211927
	2015	655297	549291	1204588
	2016	604174	523724	1127897
计算机与通讯技术	Computer and Communication Technology	409130	107384	516514
生命科学技术	Life Science and Technology	24737	28320	53057
电子技术	Electronics	111529	272382	383910
计算机集成制造技术	Computer Integrated Manufacturing Technology	13263	36286	49550
航空航天技术	Aviation and Aerospace	7158	31144	38301
光电技术	Photonics	30619	41978	72597
生物技术	Biotechnology	638	1286	1924
材料技术	Material Science	6291	4042	10332
其他技术	Others	808	904	1712

5-16 按贸易方式分高技术产品进出口贸易（2016年）
Value of Imports and Exports of High-tech Products by Trade Form(2016)

单位：百万美元 (million US dollar)

项　目	Item	出口贸易额 Exports	进口贸易额 Imports	进出口贸易总额 Total
合　计	**Total**	**604174**	**523724**	**1127897**
一般贸易	Ordinary Trade	157712	164410	322122
国家间、国际组织无偿援助和赠送的物资	Aid or Donation Between Governments or by International Organizations	170	6	176
其他捐赠物资	Other Donations	1	1	2
加工贸易	Processing Trade	369104	219001	588104
#来料加工装配贸易	Processing & Assembling	22260	37416	59676
进料加工贸易	Processing with Imported Materials	346844	181585	528429
边境小额贸易	Border Trade	897	1	898
加工贸易进口设备	Equipment for Processing Trade		320	320
对外承包工程出口货物	Contracting Projects	790		790
租赁贸易	Goods on Lease	17	2797	2814
外商投资企业作为投资进口的设备、物品	Equipment/Materials Imported as Investment by FIE		2132	2132
出料加工贸易	Outward Processing	75	101	176
保税仓库进出境货物	Customs Warehousing Trade	8617	32379	40996
保税区仓储转口货物	Entrepot Trade by Bonded Area	63695	97828	161523
出口加工区进口设备	Equipment Imported into Export Processing Zone		3405	3405
其他	Others	3095	1343	4438

5-17 各地区高技术产品进出口贸易（2016年）
Value of Imports and Exports of High-tech Products by Region(2016)

单位：百万美元 (million US dollar)

地　区	Region	出口贸易额 Imports	进口贸易额 Exports	进出口贸易总额 Total
全　国	**National Total**	**604174**	**523724**	**1127897**
东部地区	Eastern Region	482400	435033	917433
中部地区	Middle Region	57042	36926	93968
西部地区	Western Region	59440	44752	104192
东北地区	Northeast Region	5291	7012	12304
北　京	Beijing	11319	25495	36814
天　津	Tianjin	15344	23524	38868
河　北	Hebei	1894	1074	2968
山　西	Shanxi	6291	3280	9572
内蒙古	Inner Mongolia	378	799	1177
辽　宁	Liaoning	4806	4823	9629
吉　林	Jilin	295	1780	2075
黑龙江	Heilongjiang	191	409	600
上　海	Shanghai	79057	77713	156770
江　苏	Jiangsu	116887	78684	195571
浙　江	Zhejiang	16849	7984	24833
安　徽	Anhui	5985	2864	8850
福　建	Fujian	12487	13720	26208
江　西	Jiangxi	4409	3735	8144
山　东	Shandong	14749	14590	29340
河　南	Henan	28328	19897	48225
湖　北	Hubei	9409	5656	15065
湖　南	Hunan	2619	1494	4114
广　东	Guangdong	213613	189717	403330
广　西	Guangxi	3595	3570	7164
海　南	Hainan	201	2531	2732
重　庆	Chongqing	25093	13041	38134
四　川	Sichuan	15677	15789	31466
贵　州	Guizhou	990	279	1269
云　南	Yunnan	1493	610	2103
西　藏	Tibet	3	232	235
陕　西	Shaanxi	11261	9804	21065
甘　肃	Gansu	502	497	999
青　海	Qinghai	26	7	33
宁　夏	Ningxia	130	32	162
新　疆	Xinjiang	292	93	385

5-18 高技术产品、工业制成品、
Imports and Exports of High-tech Products,

单位：亿美元,%

项　目	Item	2000	2001	2002	2003	2004
商品进出口贸易总额	**Total Value of Imports and Exports**	**4743**	**5097**	**6208**	**8510**	**11546**
工业制成品	Manufactured Goods	4021	4376	5430	7437	9969
占总额比重	% of Total Exports and Imports	84.8	85.9	87.5	87.4	86.3
#高技术产品	High-tech Products	896	1106	1507	2296	3267
占总额比重	% of Total Exports and Imports	18.9	21.7	24.3	27.0	28.3
占工业制成品比重	% of Total Manufactured Goods	22.3	25.3	27.8	30.9	32.8
初级产品	Primary Goods	722	721	778	1073	1577
占总额比重	% of Total Exports and Imports	15.2	14.2	12.5	12.6	13.7
商品出口贸易总额	**Total Value of Exports**	**2492**	**2662**	**3256**	**4384**	**5934**
工业制成品	Manufactured Goods	2238	2398	2971	4036	5528
占总额比重	% of Total Exports	89.8	90.1	91.3	92.1	93.2
#高技术产品	High-tech Products	370	465	679	1103	1654
占总额比重	% of Total Exports	14.9	17.5	20.8	25.2	27.9
占工业制成品比重	% of Total Manufactured Goods	16.6	19.4	22.8	27.3	29.9
初级产品	Primary Goods	255	264	285	348	406
占总额比重	% of Total Exports	10.2	9.9	8.7	7.9	6.8
商品进口贸易总额	**Total Value of Imports**	**2251**	**2436**	**2952**	**4128**	**5614**
工业制成品	Manufactured Goods	1784	1978	2459	3401	4441
占总额比重	% of Total Imports	79.2	81.2	83.3	82.4	79.1
#高技术产品	High-tech Products	525	641	828	1193	1613
占总额比重	% of Total Imports	23.3	26.3	28.1	28.9	28.7
占工业制成品比重	% of Total Manufactured Goods	29.4	32.4	33.7	35.1	36.3
初级产品	Primary Goods	467	458	493	728	1173
占总额比重	% of Total Imports	20.8	18.8	16.7	17.6	20.9
商品进出口贸易差额	**Balance**	**241**	**225**	**304**	**256**	**319**
工业制成品	Manufactured Goods	454	420	512	635	1087
#高技术产品	High-tech Products	-155	-177	-150	-90	41
初级产品	Primary Goods	-213	-194	-208	-380	-768

初级产品的进出口贸易额
Manufactured Goods and Primary Goods

(USD 100 million,%)

2005	2006	2007	2008	2009	2010	2011	2012	2013	2014	2015	2016
14219	**17604**	**21738**	**25633**	**22075**	**29728**	**36419**	**38668**	**41603**	**43030**	**39569**	**36849**
12254	15204	18693	21229	18546	24585	29371	31316	33954	35429	33799	31399
86.2	86.4	86.0	82.8	84.0	82.7	80.6	81.0	81.6	82.3	85.4	85.2
4160	5288	6348	7574	6868	9050	10120	11080	12185	12119	12046	11279
29.2	30.0	29.2	29.5	31.1	30.4	27.8	28.7	29.3	28.2	30.4	30.6
33.9	34.8	34.0	35.7	37.0	36.8	34.5	35.4	35.9	34.2	35.6	35.9
1965	2401	3045	4404	3529	5143	7049	7352	7649	7601	5770	5450
13.8	13.6	14.0	17.2	16.0	17.3	19.4	19.0	18.4	17.7	14.6	14.8
7620	**9689**	**12180**	**14307**	**12016**	**15779**	**18986**	**20490**	**22100**	**23427**	**22749**	**20974**
7130	9160	11565	13527	11385	14962	17980	19484	21027	22300	21710	19925
93.6	94.5	95.0	94.6	94.7	94.8	94.7	95.1	95.1	95.2	95.4	95.0
2182	2815	3478	4156	3769	4924	5488	6012	6603	6605	6553	6042
28.6	29.0	28.6	29.0	31.4	31.2	28.9	29.3	29.9	28.2	28.8	28.8
30.6	30.7	30.1	30.7	33.1	32.9	30.5	30.9	31.4	29.6	30.2	30.3
490	529	615	780	631	817	1006	1006	1073	1127	1040	1050
6.4	5.5	5.0	5.4	5.3	5.2	5.3	4.9	4.9	4.8	4.6	5.0
6601	**7915**	**9558**	**11326**	**10059**	**13948**	**17433**	**18178**	**19503**	**19603**	**16820**	**15875**
5124	6043	7128	7702	7161	9623	11391	11832	12927	28	12089	11475
77.6	76.4	74.6	68.0	71.2	69.0	65.3	65.1	66.3	67.0	71.9	72.3
1977	2473	2870	3418	3099	4127	4632	5069	5582	5514	5493	5237
30.0	31.2	30.0	30.2	30.8	29.6	26.6	27.9	28.6	28.1	32.7	33.0
38.6	40.9	40.3	44.3	43.3	42.9	40.7	42.8	43.2	42.0	45.4	45.6
1477	1871	2430	3624	2898	4326	6044	6346	6576	6474	4730	4400
22.4	23.6	25.4	32.0	28.8	31.0	34.7	34.9	33.7	33.0	28.1	27.7
1019	**1775**	**2622**	**2981**	**1957**	**1831**	**1553**	**2312**	**2597**	**3824**	**5930**	**5100**
2006	3117	4437	5826	4224	5339	6590	7652	8100	9171	9620	8450
205	342	608	738	671	797	856	943	1021	1091	1060	804
-987	-1342	-1815	-2844	-2267	-3508	-5038	-5340	-5503	-5347	-3690	-3350

六、企业创新活动

Innovation Activities of Enterprises

6-1 规模(限额)以上企业创新活动总体情况(2016年)
Enterprises above Designated Size with Innovation(2016)

项 目	Item	开展创新活动企业数(个) Number of Innovation-active Enterprises (unit)	#实现创新企业 Innovators	#同时实现四种创新企业 Enterprises with all 4 kinds of innovation	在全部企业中占比(%) Of Total(%) 开展创新活动企业 Innovation-active Enterprises	实现创新企业 Innovators	同时实现四种创新企业 Enterprises with all 4 kinds of innovation
总 计	**Total**	**283604**	**262289**	**57027**	**39.1**	**36.1**	**7.9**
一、按规模分	**by Size of Enterprises**						
大型企业	Large-sized Industrial Enterprises	14824	13897	4657	70.0	65.7	22.0
中型企业	Medium-sized Industrial Enterprises	66441	62131	14656	45.9	42.9	10.1
小型企业	Small -sized Industrial Enterprises	189420	173923	36052	38.5	35.4	7.3
微型企业	Micro-sized Industrial Enterprises	12919	12338	1662	18.8	18.0	2.4
二、按登记注册类型分	**by Status of Registration**						
内资企业	Domestic Funded	251636	233471	50347	38.0	35.3	7.6
国有企业	State-owned Enterprises	3750	3491	520	29.8	27.8	4.1
集体企业	Collective-owned Enterprises	1525	1424	183	21.2	19.8	2.5
股份合作企业	Cooperative Enterprises	570	528	91	29.7	27.5	4.7
联营企业	Joint Ownership Enterprises	98	93	8	28.2	26.7	2.3
有限责任公司	Limited Liability Corporations	82653	76935	16054	38.0	35.3	7.4
股份有限公司	Share-holding Corporations Ltd.	13391	12609	4325	56.9	53.6	18.4
私营企业	Private Enterprises	148429	137225	28962	37.7	34.9	7.4
其他企业	Other Enterprises	1220	1166	204	25.7	24.6	4.3
港、澳、台商投资企业	Enterprises with Funds from Hong Kong, Macau and Taiwan	14763	13309	3299	48.0	43.3	10.7
外商投资企业	Foreign Funded Enterprises	17205	15509	3381	50.8	45.8	10.0
三、按行业分	**by Industrial Sector**						
采矿业	Mining	3031	2617	187	24.2	20.9	1.5
制造业	Manufacturing	177212	160877	41508	49.8	45.3	11.7
电力、热力、燃气及水生产和供应业	Production and Supply of Electricity,Heat, Gas and Water	3376	2968	106	32.1	28.3	1.0
建筑业	Construction	11227	10820	1423	27.8	26.8	3.5
批发和零售业	Wholesale and Retail Trades	50397	50033	6920	26.1	25.9	3.6
交通运输、仓储和邮政业	Transport,Storage and Post	8649	8370	1028	22.0	21.3	2.6
信息传输、软件和信息技术服务业	Information Transmission,Software and Information Technology	11226	9616	2994	67.8	58.0	18.1
租赁和商务服务业	Leasing and Business Services	8668	8278	1139	26.3	25.1	3.5
科学研究和技术服务业	Scientific Research and Technical Services	8138	7116	1497	41.0	35.9	7.5
水利、环境和公共设施管理业	Management of Water Conservancy, Environment and Public Facilities	1680	1594	225	31.7	30.1	4.2
四、按地区分	**by Region**						
东部地区	Eastern Region	178420	164474	35990	42.3	39.0	8.5
中部地区	Middle Region	56984	52363	12151	36.3	33.4	7.7
西部地区	Western Region	39546	37366	7282	35.6	33.7	6.6
东北地区	Northeast Region	8654	8086	1604	23.9	22.3	4.4

注：按规模分小型企业和微型企业仅包括规模(限额)以上小型企业和微型企业。6-1至6-7各表同。

6-1 续表 continued

项 目	Item	开展创新活动企业数（个） Number of Innovation-active Enterprises (unit)	#实现创新企业 Innovators	#同时实现四种创新企业 Enterprises with all 4 kinds of innovation	在全部企业中占比(%) Of Total(%) 开展创新活动企业 Innovation-active Enterprises	实现创新企业 Innovators	同时实现四种创新企业 Enterprises with all 4 kinds of innovation
北 京	Beijing	9248	7829	1465	41.8	35.4	6.6
天 津	Tianjin	7060	6632	1447	47.3	44.4	9.7
河 北	Hebei	9387	8980	1173	40.3	38.6	5.0
山 西	Shanxi	2381	2301	312	27.9	27.0	3.7
内蒙古	Inner Mongolia	2000	1892	258	25.0	23.6	3.2
辽 宁	Liaoning	3981	3649	843	23.0	21.1	4.9
吉 林	Jilin	2831	2672	516	25.4	24.0	4.6
黑龙江	Heilongjiang	1842	1765	245	23.7	22.7	3.1
上 海	Shanghai	8426	7917	1757	36.1	33.9	7.5
江 苏	Jiangsu	42558	39095	8871	50.1	46.0	10.4
浙 江	Zhejiang	32189	29895	7883	47.3	43.9	11.6
安 徽	Anhui	13218	12659	3876	42.1	40.4	12.4
福 建	Fujian	13196	12605	2286	38.6	36.8	6.7
江 西	Jiangxi	6633	5980	1382	37.2	33.6	7.8
山 东	Shandong	26308	24801	3613	38.2	36.0	5.2
河 南	Henan	13560	13019	2313	30.2	29.0	5.2
湖 北	Hubei	10746	9938	2272	36.6	33.9	7.7
湖 南	Hunan	10446	8466	1996	41.9	34.0	8.0
广 东	Guangdong	29592	26287	7415	36.5	32.5	9.2
广 西	Guangxi	3335	3207	560	31.0	29.8	5.2
海 南	Hainan	456	433	80	36.1	34.3	6.3
重 庆	Chongqing	6154	5788	1349	36.9	34.7	8.1
四 川	Sichuan	10028	9524	1754	37.6	35.7	6.6
贵 州	Guizhou	3358	3095	616	35.6	32.8	6.5
云 南	Yunnan	3889	3719	972	40.4	38.7	10.1
西 藏	Tibet	141	139	20	33.8	33.3	4.8
陕 西	Shaanxi	5247	4993	948	38.6	36.7	7.0
甘 肃	Gansu	1882	1732	321	35.9	33.0	6.1
青 海	Qinghai	487	467	76	35.0	33.6	5.5
宁 夏	Ningxia	853	810	164	38.5	36.6	7.4
新 疆	Xinjiang	2172	2000	244	31.5	29.0	3.5

6-2 规模(限额)以上企业产品和
Enterprises above Designated Size

项 目	Item	开展产品或工艺创新活动企业数(个) Number of Product or Process Innovationactive Enterprises (unit)	#实现产品或工艺创新企业 Product or Process Innovators
总 计	**Total**	**192215**	**159758**
一、按规模分	**by Size of Enterprises**		
大型企业	Large-sized Industrial Enterprises	12524	11025
中型企业	Medium-sized Industrial Enterprises	45512	38706
小型企业	Small -sized Industrial Enterprises	128886	105671
微型企业	Micro-sized Industrial Enterprises	5293	4356
二、按登记注册类型分	**by Status of Registration**		
内资企业	Domestic Funded	166613	138480
国有企业	State-owned Enterprises	2197	1799
集体企业	Collective-owned Enterprises	721	574
股份合作企业	Cooperative Enterprises	406	344
联营企业	Joint Ownership Enterprises	36	29
有限责任公司	Limited Liability Corporations	53536	44326
股份有限公司	Share-holding Corporations Ltd.	10780	9364
私营企业	Private Enterprises	98355	81558
其他企业	Other Enterprises	582	486
港、澳、台商投资企业	Enterprises with Funds from Hong Kong, Macau and Taiwan	11824	9827
外商投资企业	Foreign Funded Enterprises	13778	11451
三、按行业分	**by Industrial Sector**		
采矿业	Mining	1730	1163
制造业	Manufacturing	141074	117641
电力、热力、燃气及水生产和供应业	Production and Supply of Electricity,Heat, Gas and Water	1988	1407
建筑业	Construction	5919	5064
批发和零售业	Wholesale and Retail Trades	17941	16505
交通运输、仓储和邮政业	Transport,Storage and Post	3440	2948
信息传输、软件和信息技术服务业	Information Transmission,Software and Information Technology	9691	7097
租赁和商务服务业	Leasing and Business Services	3773	3028
科学研究和技术服务业	Scientific Research and Technical Services	5889	4285
水利、环境和公共设施管理业	Management of Water Conservancy, Environment and Public Facilities	770	620
四、按地区分	**by Region**		
东部地区	Eastern Region	126058	105603
中部地区	Middle Region	37442	30371
西部地区	Western Region	23602	19596
东北地区	Northeast Region	5113	4188

工艺创新分布情况(2016年)
with Product or Process Innovation(2016)

		在全部企业中占比(%) Of Total(%)			
#实现产品创新企业 Product Innovators	#实现工艺创新企业 Process Innovators	开展产品或工艺创新活动企业 Product or Process Innovation-active Enterprises	#实现产品或工艺创新企业 Product or Process Innovators	#实现产品创新企业 Product Innovators	#实现工艺创新企业 Process Innovators
121008	**130056**	**26.5**	**22.0**	**16.7**	**17.9**
8614	9657	59.2	52.1	40.7	45.6
29680	32160	31.4	26.7	20.5	22.2
79647	84704	26.2	21.5	16.2	17.2
3067	3535	7.7	6.3	4.5	5.2
104050	113095	25.2	20.9	15.7	17.1
1088	1573	17.5	14.3	8.7	12.5
368	475	10.0	8.0	5.1	6.6
275	249	21.1	17.9	14.3	13.0
24	19	10.3	8.3	6.9	5.5
32154	37024	24.6	20.4	14.8	17.0
7727	7901	45.8	39.8	32.9	33.6
62070	65455	25.0	20.7	15.8	16.6
344	399	12.3	10.2	7.2	8.4
7848	7936	38.5	32.0	25.5	25.8
9110	9025	40.7	33.8	26.9	26.6
380	1098	13.8	9.3	3.0	8.8
92234	95465	39.7	33.1	25.9	26.9
258	1358	18.9	13.4	2.5	12.9
2661	4828	14.6	12.5	6.6	11.9
11579	13344	9.3	8.5	6.0	6.9
1831	2480	8.8	7.5	4.7	6.3
6131	5193	58.5	42.8	37.0	31.3
2201	2335	11.4	9.2	6.7	7.1
3296	3465	29.7	21.6	16.6	17.5
437	490	14.5	11.7	8.2	9.2
82755	83828	29.9	25.0	19.6	19.9
21841	25926	23.9	19.4	13.9	16.5
13323	16758	21.3	17.7	12.0	15.1
3089	3544	14.1	11.6	8.5	9.8

6-2 续表

项 目	Item	开展产品或工艺创新活动企业数（个） Number of Product or Process Innovationactive Enterprises (unit)	#实现产品或工艺创新企业 Product or Process Innovators
北 京	Beijing	7104	4981
天 津	Tianjin	4323	3638
河 北	Hebei	4819	4038
山 西	Shanxi	1200	1042
内蒙古	Inner Mongolia	1050	859
辽 宁	Liaoning	2634	2152
吉 林	Jilin	1580	1294
黑龙江	Heilongjiang	899	742
上 海	Shanghai	6114	5324
江 苏	Jiangsu	31221	26419
浙 江	Zhejiang	26660	23468
安 徽	Anhui	9345	8358
福 建	Fujian	7783	6787
江 西	Jiangxi	4779	3850
山 东	Shandong	14859	12440
河 南	Henan	7206	6155
湖 北	Hubei	7105	5750
湖 南	Hunan	7807	5216
广 东	Guangdong	22897	18277
广 西	Guangxi	1873	1629
海 南	Hainan	278	231
重 庆	Chongqing	4070	3450
四 川	Sichuan	5782	4814
贵 州	Guizhou	2018	1582
云 南	Yunnan	2570	2228
西 藏	Tibet	64	54
陕 西	Shaanxi	3083	2570
甘 肃	Gansu	1142	889
青 海	Qinghai	271	226
宁 夏	Ningxia	542	453
新 疆	Xinjiang	1137	842

continued

		在全部企业中占比(%) Of Total(%)			
#实现产品创新企业 Product Innovators	#实现工艺创新企业 Process Innovators	开展产品或工艺创新活动企业 Product or Process Innovation-active Enterprises	#实现产品或工艺创新企业 Product or Process Innovators	#实现产品创新企业 Product Innovators	#实现工艺创新企业 Process Innovators
3898	3697	32.1	22.5	17.6	16.7
2934	2983	28.9	24.4	19.6	20.0
2516	3311	20.7	17.3	10.8	14.2
623	889	14.1	12.2	7.3	10.4
492	728	13.1	10.7	6.1	9.1
1690	1816	15.2	12.4	9.8	10.5
915	1092	14.2	11.6	8.2	9.8
484	636	11.6	9.5	6.2	8.2
4261	4317	26.2	22.8	18.3	18.5
21238	20792	36.7	31.1	25.0	24.5
20483	17329	39.2	34.5	30.1	25.5
6572	7186	29.8	26.6	20.9	22.9
4730	5656	22.8	19.8	13.8	16.5
2714	3262	26.8	21.6	15.2	18.3
7701	10408	21.6	18.1	11.2	15.1
4129	5250	16.1	13.7	9.2	11.7
4025	5014	24.2	19.6	13.7	17.1
3778	4325	31.3	20.9	15.2	17.3
14838	15139	28.3	22.6	18.3	18.7
1046	1373	17.4	15.1	9.7	12.8
156	196	22.0	18.3	12.4	15.5
2682	2914	24.4	20.7	16.1	17.5
3288	4067	21.7	18.0	12.3	15.2
1072	1370	21.4	16.8	11.4	14.5
1523	1986	26.7	23.2	15.8	20.6
30	47	15.3	13.0	7.2	11.3
1733	2184	22.7	18.9	12.8	16.1
557	777	21.8	16.9	10.6	14.8
126	198	19.5	16.3	9.1	14.2
295	395	24.5	20.5	13.3	17.8
479	719	16.5	12.2	6.9	10.4

6-3 规模(限额)以上企业产品或

Innovation Activities for Product or Process Innovation

项 目	Item	开展产品或工艺创新活动企业数(个) Number of Product or Process Innovation-active Enterprises (unit)	内部研发 In-house R&D
总 计	**Total**	**192215**	**48.9**
一、按规模分	**by Size of Enterprises**		
大型企业	Large-sized Industrial Enterprises	12524	63.6
中型企业	Medium-sized Industrial Enterprises	45512	52.6
小型企业	Small -sized Industrial Enterprises	128886	47.4
微型企业	Micro-sized Industrial Enterprises	5293	20.5
二、按登记注册类型分	**by Status of Registration**		
内资企业	Domestic Funded	166613	47.4
国有企业	State-owned Enterprises	2197	36.5
集体企业	Collective-owned Enterprises	721	28.4
股份合作企业	Cooperative Enterprises	406	45.8
联营企业	Joint Ownership Enterprises	36	33.3
有限责任公司	Limited Liability Corporations	53536	44.9
股份有限公司	Share-holding Corporations Ltd.	10780	60.8
私营企业	Private Enterprises	98355	48.0
其他企业	Other Enterprises	582	18.9
港、澳、台商投资企业	Enterprises with Funds from Hong Kong, Macau and Taiwan	11824	58.9
外商投资企业	Foreign Funded Enterprises	13778	58.2
三、按行业分	**by Industrial Sector**		
采矿业	Mining	1730	44.7
制造业	Manufacturing	141074	60.5
电力、热力、燃气及水生产和供应业	Production and Supply of Electricity,Heat, Gas and Water	1988	36.3
建筑业	Construction	5919	14.4
批发和零售业	Wholesale and Retail Trades	17941	18.6
交通运输、仓储和邮政业	Transport,Storage and Post	3440	2.9
信息传输、软件和信息技术服务业	Information Transmission,Software and Information Technology	9691	12.4
租赁和商务服务业	Leasing and Business Services	3773	3.8
科学研究和技术服务业	Scientific Research and Technical Services	5889	24.3
水利、环境和公共设施管理业	Management of Water Conservancy, Environment and Public Facilities	770	9.2
四、按地区分	**by Region**		
东部地区	Eastern Region	126058	53.4
中部地区	Middle Region	37442	43.3
西部地区	Western Region	23602	36.0
东北地区	Northeast Region	5113	39.6

工艺创新活动类型(2016年)
in Enterprises above Designated Size(2016)

在开展产品或工艺创新活动企业中，有下列活动形式的企业占比(%) Of Product or Process innovation-active enterprises(%)						
外部研发 External R&D	获得机器设备和软件 Acquisition of Machinery, Equipment and Software	从外部获取相关技术 Acquisition of other External Knowledge	相关培训 Training for Innovative Activities	市场推介 Market Introduction of Innovations	相关设计 Design	其他创新活动 Other Innovation Activities
8.7	**43.2**	**4.1**	**37.6**	**19.9**	**19.0**	**24.6**
24.3	57.6	11.2	54.7	29.4	21.7	36.1
10.7	46.3	5.7	42.3	22.1	18.8	26.3
6.7	41.4	2.8	34.5	18.3	19.0	22.9
3.3	24.7	4.9	32.7	18.2	14.0	25.0
8.7	42.7	4.1	37.3	20.2	18.8	24.1
14.1	43.9	9.3	49.9	20.9	9.6	30.2
5.5	36.9	5.1	34.1	17.3	12.9	22.3
5.4	30.3	1.7	28.3	15.8	18.7	23.2
5.6	44.4	2.8	33.3	22.2	5.6	19.4
10.1	42.9	5.1	41.0	22.0	18.0	26.4
17.9	52.8	6.7	48.3	30.1	23.9	33.1
6.9	41.6	3.2	34.0	18.2	19.0	21.7
3.6	35.7	6.4	29.6	14.8	19.9	19.4
8.2	48.3	3.1	38.3	18.1	20.3	26.7
8.5	44.2	4.3	40.2	18.4	19.8	29.4
15.6	51.2	2.6	27.6	8.4	5.3	19.6
9.9	48.8	2.4	35.6	18.7	21.3	23.6
11.5	46.5	1.7	32.9	5.5	1.8	23.4
5.9	37.9	11.9	52.7	25.3	6.7	31.9
5.6	23.5	8.8	46.3	29.6	18.8	27.0
1.5	27.9	8.5	38.8	17.7	7.8	28.6
3.4	21.8	8.7	38.2	21.6	11.6	26.6
1.5	22.9	8.2	43.0	25.3	12.2	26.5
7.1	29.1	11.5	42.5	16.7	9.7	29.1
1.9	29.4	8.2	42.2	25.3	11.4	25.2
8.2	42.0	4.1	36.4	18.8	18.8	24.9
9.4	46.8	3.7	37.4	20.5	18.7	22.0
9.8	45.4	4.6	44.0	24.7	20.7	26.6
9.8	35.2	4.1	38.9	21.4	17.5	27.6

6-3 续表

项 目	Item	开展产品或工艺创新活动企业数(个) Number of Product or Process Innovation-active Enterprises (unit)	内部研发 In-house R&D
北 京	Beijing	7104	29.0
天 津	Tianjin	4323	55.5
河 北	Hebei	4819	38.0
山 西	Shanxi	1200	31.8
内蒙古	Inner Mongolia	1050	41.1
辽 宁	Liaoning	2634	46.1
吉 林	Jilin	1580	25.9
黑龙江	Heilongjiang	899	44.9
上 海	Shanghai	6114	40.3
江 苏	Jiangsu	31221	64.0
浙 江	Zhejiang	26660	56.9
安 徽	Anhui	9345	43.8
福 建	Fujian	7783	48.5
江 西	Jiangxi	4779	47.1
山 东	Shandong	14859	49.6
河 南	Henan	7206	40.6
湖 北	Hubei	7105	45.1
湖 南	Hunan	7807	43.3
广 东	Guangdong	22897	53.0
广 西	Guangxi	1873	30.4
海 南	Hainan	278	28.8
重 庆	Chongqing	4070	36.4
四 川	Sichuan	5782	35.5
贵 州	Guizhou	2018	34.6
云 南	Yunnan	2570	39.0
西 藏	Tibet	64	18.8
陕 西	Shaanxi	3083	37.5
甘 肃	Gansu	1142	42.0
青 海	Qinghai	271	22.5
宁 夏	Ningxia	542	45.0
新 疆	Xinjiang	1137	27.9

continued

在开展产品或工艺创新活动企业中，有下列活动形式的企业占比(%) Of Product or Process innovation-active enterprises(%)						
外部研发 External R&D	获得机器设备和软件 Acquisition of Machinery, Equipment and Software	从外部获取相关技术 Acquisition of other External Knowledge	相关培训 Training for Innovative Activities	市场推介 Market Introduction of Innovations	相关设计 Design	其他创新活动 Other Innovation Activities
7.1	33.8	7.0	39.1	21.0	13.7	27.5
9.4	32.2	3.6	38.0	17.5	15.3	24.2
8.3	31.7	2.9	37.5	19.0	17.5	23.6
9.1	43.7	5.3	48.8	24.8	14.3	27.5
12.1	33.2	4.8	39.5	23.0	15.7	27.0
9.8	36.0	4.6	40.2	21.0	15.9	27.9
9.1	35.2	3.1	37.2	21.4	19.4	27.2
11.2	32.7	4.2	37.9	22.4	19.0	27.1
7.4	41.5	5.4	47.4	24.2	18.7	34.8
8.8	49.2	4.1	33.4	15.0	14.8	20.5
7.2	35.0	2.6	31.4	16.2	21.2	22.4
11.6	49.3	4.1	46.2	24.6	22.9	28.6
9.6	39.9	6.4	38.5	21.1	21.4	25.8
8.0	66.9	3.6	32.0	17.6	17.2	19.4
10.6	36.2	3.7	34.6	19.0	18.2	22.5
7.3	29.8	3.9	39.1	22.0	19.9	18.0
10.7	37.2	3.3	38.0	20.7	19.8	23.7
8.6	56.6	3.2	26.2	15.0	13.2	16.8
6.8	51.5	4.4	42.6	24.2	23.6	31.9
8.1	40.0	4.9	47.7	26.4	21.3	32.2
14.4	34.2	7.9	47.1	28.1	18.7	29.9
9.8	55.7	5.1	42.6	23.0	21.8	27.7
9.8	38.3	4.2	42.9	25.2	20.5	26.8
8.5	51.9	5.3	39.3	22.5	21.3	22.3
9.2	54.4	4.9	51.3	28.4	25.1	28.4
6.3	32.8	4.7	42.2	28.1	17.2	28.1
11.5	42.2	4.2	45.7	26.7	21.6	27.1
10.1	40.4	4.2	39.5	20.8	16.5	21.3
9.2	45.0	5.5	48.0	23.6	18.8	26.9
13.3	52.0	5.5	47.2	25.3	17.9	26.4
8.1	44.2	3.8	41.5	21.0	14.2	20.1

6-4 规模以上工业企业创
Innovation Expenditure of Industrial

项目	Item	创新费用支出合计(亿元) Total Core Innovation Expenditure (100 Million Yuan)	1.内部研发经费支出 In-house R&D
总 计	**Total**	**17479.2**	**10944.7**
一、按规模分	**by Size of Enterprises**		
大型企业	Large-sized Industrial Enterprises	9992.6	5718.9
中型企业	Medium-sized Industrial Enterprises	3737.3	2570.6
小型企业	Small -sized Industrial Enterprises	3665.0	2615.6
微型企业	Micro-sized Industrial Enterprises	84.3	39.6
二、按登记注册类型分	**by Status of Registration**		
内资企业	Domestic Funded	13572.1	8525.4
国有企业	State-owned Enterprises	516.0	283.9
集体企业	Collective-owned Enterprises	77.0	61.1
股份合作企业	Cooperative Enterprises	8.1	6.3
联营企业	Joint Ownership Enterprises	1.4	0.8
有限责任公司	Limited Liability Corporations	6056.0	3754.9
股份有限公司	Share-holding Corporations Ltd.	2760.7	1612.8
私营企业	Private Enterprises	4143.9	2800.5
其他企业	Other Enterprises	9.0	5.0
港、澳、台商投资企业	Enterprises with Funds from Hong Kong, Macau and Taiwan	1475.3	1013.6
外商投资企业	Foreign Funded Enterprises	2431.8	1405.7
三、按行业分	**by Industrial Sector**		
采矿业	**Mining**	476.8	267.8
煤炭开采和洗选业	Mining and Washing of Coal	279.3	132.1
石油和天然气开采业	Extraction of Petroleum and Natural Gas	92.0	63.9
黑色金属矿采选业	Mining of Ferrous Metal Ores	17.0	10.4
有色金属矿采选业	Mining of Non-ferrous Metal Ores	38.7	27.1
非金属矿采选业	Mining and Processing of Nonmetal Ores	21.8	11.1
开采辅助活动	Mining Support Service Activities	27.9	23.1
其他采矿业	Other Minerals Mining and Dressing	0.1	0.1
制造业	**Manufacturing**	16602.9	10580.3
农副食品加工业	Processing of Food from Agricultural Products	372.6	249.7
食品制造业	Manufacture of Foods	230.7	152.8
酒、饮料和精制茶制造业	Manufacture of Liquor, Beverages and Refined Tea	203.9	100.6
烟草制品业	Manufacture of Tobacco	126.8	21.4
纺织业	Manufacture of Textile	312.5	219.9
纺织服装、服饰业	Manufacture of Textile, Apparel and Accessories	152.8	107.0
皮革、毛皮、羽毛及其制品和制鞋业	Manufacture of Leather, Fur, Feather and Related Products and Shoes	82.8	59.0

新费用支出情况(2016年)
Enterprises above Designated Size(2016)

所占比重 (%) As Percentage of Total (%)	2.外部研发经费支出 External R&D	所占比重 (%) As Percentage of Total (%)	3.获得机器设备和软件经费支出 Acquisition of Machinery, Equipment and Software	所占比重 (%) As Percentage of Total (%)	4.从外部获取相关技术经费支出 Acquisition of other External Knowledge	所占比重 (%) As Percentage of Total (%)
62.6	**604.9**	**3.5**	**5246.2**	**30.0**	**683.4**	**3.9**
57.2	433.3	4.3	3257.1	32.6	583.2	5.8
68.8	100.4	2.7	1005.6	26.9	60.8	1.6
71.4	68.4	1.9	944.9	25.8	36.1	1.0
47.0	2.8	3.3	38.6	45.8	3.3	3.9
62.8	479.6	3.5	4208.7	31.0	358.5	2.6
55.0	24.5	4.7	189.4	36.7	18.2	3.5
79.4	6.6	8.6	8.5	11.0	0.9	1.2
77.8	0.2	2.5	1.6	19.8		
57.1			0.6	42.9		
62.0	238.9	3.9	1957.9	32.3	104.4	1.7
58.4	95.0	3.4	981.0	35.5	71.9	2.6
67.6	114.4	2.8	1065.8	25.7	163.1	3.9
55.6	0.1	1.1	3.9	43.3		
68.7	31.2	2.1	395.5	26.8	35.0	2.4
57.8	94.2	3.9	642.0	26.4	289.9	11.9
56.2	17.5	3.7	180.2	37.8	11.4	2.4
47.3	7.3	2.6	128.7	46.1	11.2	4.0
69.5	7.2	7.8	21.0	22.8		
61.2	0.3	1.8	6.3	37.1	0.1	0.6
70.0	1.2	3.1	10.4	26.9		
50.9	0.4	1.8	10.2	46.8	0.1	0.5
82.8	1.1	3.9	3.7	13.3		
100.0						
63.7	571.8	3.4	4788.2	28.8	662.7	4.0
67.0	8.1	2.2	111.8	30.0	3.0	0.8
66.2	8.3	3.6	63.9	27.7	5.7	2.5
49.3	3.7	1.8	96.7	47.4	2.9	1.4
16.9	2.6	2.1	93.3	73.6	9.6	7.6
70.4	4.0	1.3	82.3	26.3	6.3	2.0
70.0	1.7	1.1	41.1	26.9	3.0	2.0
71.3	0.5	0.6	22.7	27.4	0.5	0.6

6-4 续表 1

项 目	Item	创新费用支出合计(亿元) Total Core Innovation Expenditure (100 Million Yuan)	1.内部研发经费支出 In-house R&D
木材加工和木、竹、藤、棕、草制品业	Processing of Timbers and Manufacture of Wood,Bamboo, Rattan, Palm and Straw	77.1	52.9
家具制造业	Manufacture of Furniture	65.9	42.9
造纸和纸制品业	Manufacture of Paper and Paper Products	190.2	122.8
印刷和记录媒介复制业	Printing,Reproduction of Recording Media	68.4	46.8
文教、工美、体育和娱乐用品制造业	Manufacture of Artworks, and Articles for Culture, Education, Sports and Recreation	128.9	91.9
石油加工、炼焦和核燃料加工业	Processing of Petroleum ,Coking and Processing of Nucleus Fuel	316.6	119.6
化学原料和化学制品制造业	Manufacture of Chemical Raw Material and Chemical Products	1320.4	840.7
医药制造业	Manufacture of Medicines	739.4	488.5
化学纤维制造业	Manufacture of Chemical Fiber	151.2	83.8
橡胶和塑料制品业	Manufacture of Rubber and Plastic	397.0	278.8
非金属矿物制品业	Manufacture of Non-metallic Mineral Products	478.2	323.1
黑色金属冶炼和压延加工业	Manufacture and Processing of Ferrous Metals	951.2	537.7
有色金属冶炼和压延加工业	Manufacture and Processing of Non-ferrous Metals	663.6	406.8
金属制品业	Manufacture of Metal Products	432.2	326.3
通用设备制造业	Manufacture of General Purpose Machinery	954.8	665.7
专用设备制造业	Manufacture of Special Purpose Machinery	759.8	577.1
汽车制造业	Manufacture of Motor Vehicles	1991.1	1048.7
铁路、船舶、航空航天和其他运输设备制造业	Manufacture of Railway, Ships, Aerospace and Other Transport Equipment	719.6	459.6
电气机械和器材制造业	Manufacture of Electrical Machinery and Equipment	1611.6	1102.4
计算机、通信和其他电子设备制造业	Manufacture of Computer, Communication and Other Electronic Equipment	2757.7	1811.0
仪器仪表制造业	Manufacture of Measuring Instrument and Meter	258.8	185.7
其他制造业	Other Manufacturing	40.0	28.1
废弃资源综合利用业	Waste Recycling and Recovery	19.8	11.0
金属制品、机械和设备修理业	Repaire Service of Metal Products, Machinery and Equipment	27.4	17.8
电力、热力、燃气及水生产和供应业	**Production and Distribution of Electricity, Gas and Water**	399.5	96.6
电力、热力生产和供应业	Production and Supply of Electric Power and Heat Power	350.6	81.6
燃气生产和供应业	Production and Distribution of Gas	17.8	7.7
水的生产和供应业	Production and Distribution of Water	31.1	7.4
四、按地区分	**by Region**		
东部地区	Eastern Region	11596.2	7484.4
中部地区	Middle Region	3050.5	1896.9
西部地区	Western Region	2089.0	1141.9
东北地区	Northeast Region	743.5	421.4

continued

所占比重 (%) As Percentage of Total (%)	2.外部研发经费支出 External R&D	所占比重 (%) As Percentage of Total (%)	3.获得机器设备和软件经费支出 Acquisition of Machinery, Equipment and Software	所占比重 (%) As Percentage of Total (%)	4.从外部获取相关技术经费支出 Acquisition of other External Knowledge	所占比重 (%) As Percentage of Total (%)
68.6	0.7	0.9	23.0	29.8	0.6	0.8
65.1	1.3	2.0	21.5	32.6	0.2	0.3
64.6	1.5	0.8	60.4	31.8	5.5	2.9
68.4	0.6	0.9	20.5	30.0	0.5	0.7
71.3	1.6	1.2	33.9	26.3	1.5	1.2
37.8	6.8	2.1	181.1	57.2	9.1	2.9
63.7	22.8	1.7	426.2	32.3	30.6	2.3
66.1	60.1	8.1	168.1	22.7	22.8	3.1
55.4	1.4	0.9	60.8	40.2	5.1	3.4
70.2	5.2	1.3	106.5	26.8	6.5	1.6
67.6	5.4	1.1	143.8	30.1	5.8	1.2
56.5	9.9	1.0	368.6	38.8	34.9	3.7
61.3	6.4	1.0	245.0	36.9	5.4	0.8
75.5	5.8	1.3	96.8	22.4	3.3	0.8
69.7	30.6	3.2	219.1	22.9	39.4	4.1
76.0	10.7	1.4	162.9	21.4	9.0	1.2
52.7	101.3	5.1	581.0	29.2	260.1	13.1
63.9	69.7	9.7	174.8	24.3	15.6	2.2
68.4	37.1	2.3	445.2	27.6	26.9	1.7
65.7	152.6	5.5	651.4	23.6	142.7	5.2
71.8	8.6	3.3	60.0	23.2	4.6	1.8
70.3	1.5	3.8	9.8	24.5	0.6	1.5
55.6	0.3	1.5	8.5	42.9	0.1	0.5
65.0	1.1	4.0	7.7	28.1	0.8	2.9
24.2	15.6	3.9	277.9	69.6	9.4	2.4
23.3	15.1	4.3	247.1	70.5	6.8	1.9
43.3	0.1	0.6	7.8	43.8	2.3	12.9
23.8	0.4	1.3	23.0	74.0	0.3	1.0
64.5	434.2	3.7	3139.7	27.1	537.9	4.6
62.2	76.3	2.5	1028.1	33.7	49.2	1.6
54.7	61.9	3.0	802.6	38.4	82.5	3.9
56.7	32.6	4.4	275.8	37.1	13.7	1.8

6-4 续表 2

项 目	Item	创新费用支出合计（亿元） Total Core Innovation Expenditure (100 Million Yuan)	1.内部研发经费支出 In-house R&D
北 京	Beijing	450.1	254.8
天 津	Tianjin	423.3	350.0
河 北	Hebei	463.6	308.7
山 西	Shanxi	186.8	97.6
内蒙古	Inner Mongolia	173.1	128.0
辽 宁	Liaoning	420.5	242.1
吉 林	Jilin	193.7	90.9
黑龙江	Heilongjiang	129.3	88.5
上 海	Shanghai	960.2	490.1
江 苏	Jiangsu	2616.9	1657.5
浙 江	Zhejiang	1324.8	935.8
安 徽	Anhui	642.3	370.9
福 建	Fujian	643.5	388.3
江 西	Jiangxi	329.1	179.8
山 东	Shandong	1944.8	1415.0
河 南	Henan	568.8	409.7
湖 北	Hubei	605.5	446.0
湖 南	Hunan	718.0	393.0
广 东	Guangdong	2752.7	1676.3
广 西	Guangxi	186.9	82.7
海 南	Hainan	16.2	8.0
重 庆	Chongqing	427.9	237.5
四 川	Sichuan	413.3	257.3
贵 州	Guizhou	157.1	55.7
云 南	Yunnan	147.9	74.2
西 藏	Tibet	0.6	0.4
陕 西	Shaanxi	300.4	184.4
甘 肃	Gansu	112.8	50.9
青 海	Qinghai	18.3	7.8
宁 夏	Ningxia	59.6	24.0
新 疆	Xinjiang	91.0	39.1

continued

所占比重 (%) As Percentage of Total (%)	2.外部研发经费支出 External R&D	所占比重 (%) As Percentage of Total (%)	3.获得机器设备和软件经费支出 Acquisition of Machinery, Equipment and Software	所占比重 (%) As Percentage of Total (%)	4.从外部获取相关技术经费支出 Acquisition of other External Knowledge	所占比重 (%) As Percentage of Total (%)
56.6	25.8	5.7	131.8	29.3	37.7	8.4
82.7	18.2	4.3	48.7	11.5	6.5	1.5
66.6	14.2	3.1	137.1	29.6	3.7	0.8
52.2	6.1	3.3	76.9	41.2	6.2	3.3
73.9	5.8	3.4	30.6	17.7	8.8	5.1
57.6	14.5	3.4	156.8	37.3	7.1	1.7
46.9	8.1	4.2	89.5	46.2	5.3	2.7
68.4	10.0	7.7	29.5	22.8	1.4	1.1
51.0	50.4	5.2	258.6	26.9	161.1	16.8
63.3	55.4	2.1	853.3	32.6	50.6	1.9
70.6	35.5	2.7	329.7	24.9	23.7	1.8
57.7	19.5	3.0	245.0	38.1	6.9	1.1
60.3	12.7	2.0	216.9	33.7	25.6	4.0
54.6	5.9	1.8	133.8	40.7	9.6	2.9
72.8	59.3	3.0	436.1	22.4	34.4	1.8
72.0	11.0	1.9	145.2	25.5	2.9	0.5
73.7	18.5	3.1	123.7	20.4	17.4	2.9
54.7	15.2	2.1	303.5	42.3	6.2	0.9
60.9	159.5	5.8	722.7	26.3	194.2	7.1
44.2	4.5	2.4	98.6	52.8	1.1	0.6
49.4	3.2	19.8	4.7	29.0	0.4	2.5
55.5	10.4	2.4	137.8	32.2	42.2	9.9
62.3	17.2	4.2	131.4	31.8	7.4	1.8
35.5	3.1	2.0	95.0	60.5	3.5	2.2
50.2	3.7	2.5	63.6	43.0	6.4	4.3
66.7			0.2	33.3		
61.4	10.0	3.3	98.8	32.9	7.2	2.4
45.1	3.0	2.7	58.5	51.9	0.4	0.4
42.6	0.7	3.8	9.6	52.5	0.2	1.1
40.3	1.0	1.7	30.2	50.7	4.4	7.4
43.0	2.5	2.7	48.4	53.2	1.0	1.1

6-5 规模(限额)以上企业产品或

Cooperation for Product or Process Innovation

项　目	Item	开展创新合作的企业数(个) Enterprises with Cooperation for Product or Process Innovation (unit)	创新合作企业占全部企业的比重(%) Of Total (%)	集团内其他企业 Other Enterprises within the Enterprise Group	高等学校 Universities
总　计	**Total**	**120164**	**16.5**	**28.2**	**31.5**
一、按规模分	**by Size of Enterprises**				
大型企业	Large-sized Industrial Enterprises	9543	45.1	55.9	49.2
中型企业	Medium-sized Industrial Enterprises	29980	20.7	36.0	32.8
小型企业	Small -sized Industrial Enterprises	77358	15.7	21.9	29.5
微型企业	Micro-sized Industrial Enterprises	3283	4.8	26.6	18.2
二、按登记注册类型分	**by Status of Registration**				
内资企业	Domestic Funded	104804	15.8	26.0	32.3
国有企业	State-owned Enterprises	1541	12.3	48.0	41.7
集体企业	Collective-owned Enterprises	433	6.0	25.4	22.2
股份合作企业	Cooperative Enterprises	224	11.7	12.9	22.3
联营企业	Joint Ownership Enterprises	20	5.7	30.0	40.0
有限责任公司	Limited Liability Corporations	35238	16.2	35.8	33.9
股份有限公司	Share-holding Corporations Ltd.	7872	33.5	32.9	50.3
私营企业	Private Enterprises	59088	15.0	18.8	28.9
其他企业	Other Enterprises	388	8.2	26.8	19.3
港、澳、台商投资企业	Enterprises with Funds from Hong Kong, Macau and Taiwan	7025	22.8	37.4	28.7
外商投资企业	Foreign Funded Enterprises	8335	24.6	48.3	24.5
三、按行业分	**by Industrial Sector**				
采矿业	Mining	1007	8.0	33.8	40.7
制造业	Manufacturing	86252	24.3	25.6	34.0
电力、热力、燃气及水生产和供应业	Production and Supply of Electricity,Heat, Gas and Water	1142	10.9	46.1	28.4
建筑业	Construction	4039	10.0	38.0	37.8
批发和零售业	Wholesale and Retail Trades	13080	6.8	31.7	14.1
交通运输、仓储和邮政业	Transport,Storage and Post	2230	5.7	36.3	12.6
信息传输、软件和信息技术服务业	Information Transmission,Software and Information Technology	5762	34.8	35.7	32.4
租赁和商务服务业	Leasing and Business Services	2447	7.4	36.1	21.0
科学研究和技术服务业	Scientific Research and Technical Services	3707	18.7	37.7	45.5
水利、环境和公共设施管理业	Management of Water Conservancy, Environment and Public Facilities	498	9.4	29.1	29.9
四、按地区分	**by Region**				
东部地区	Eastern Region	75963	18.0	28.2	30.7
中部地区	Middle Region	24358	15.5	26.9	34.0
西部地区	Western Region	16609	15.0	29.6	31.1
东北地区	Northeast Region	3234	8.9	33.4	35.8

工艺创新合作开展情况(2016年)
in Enterprises above Designated Size(2016)

在创新合作企业中，与下列伙伴开展合作的企业占比(%) Share of enterprises cooperate with these partners in enterprises with cooperation for innovation(%)								
研究机构 Public Research institutes	政府部门 Government Departments	行业协会 Industry Associations	供应商 Suppliers	客户 Clients or Customers	竞争对手或同行业企业 Competitors or other Enterprises in this Sector	市场咨询机构 Consultants	风险投资机构 Venture Capital Institutes	其他合作对象 Others
19.2	**11.3**	**19.7**	**34.7**	**41.8**	**15.4**	**11.1**	**1.3**	**17.5**
32.8	13.5	20.7	34.0	31.2	14.0	13.0	1.2	12.4
20.2	11.3	19.6	34.3	39.0	14.9	11.9	1.3	15.7
17.3	10.9	19.5	35.1	44.1	15.7	10.5	1.3	18.4
13.4	14.1	21.8	32.9	43.5	16.4	11.2	1.9	29.0
19.7	11.9	20.5	34.2	41.5	15.8	11.0	1.4	18.0
27.8	18.0	20.6	30.6	28.0	15.1	8.3	0.8	15.4
15.0	18.2	24.0	33.9	34.2	15.5	8.8	2.1	21.7
14.7	6.7	19.2	37.9	46.4	12.1	7.1	0.4	18.8
10.0	25.0	20.0	15.0	20.0	20.0	15.0		15.0
21.7	12.5	20.0	33.3	37.4	15.3	10.5	1.2	17.6
30.8	14.1	21.3	31.2	35.8	14.6	12.5	2.0	14.1
16.9	11.0	20.8	35.2	45.1	16.3	11.1	1.4	18.8
18.0	15.7	18.0	28.9	34.0	10.8	9.3	2.3	24.2
15.7	8.2	15.5	39.5	45.0	13.3	12.4	0.9	14.6
15.1	6.5	12.3	37.5	43.3	12.2	11.3	0.9	13.3
32.0	10.7	14.9	35.7	18.9	11.3	9.0	1.2	19.3
20.5	9.0	18.2	36.0	43.0	14.2	10.1	0.9	14.9
28.1	14.2	14.5	47.6	7.7	9.9	8.9	0.5	15.8
21.0	16.2	32.6	37.6	23.9	18.7	13.0	1.5	20.8
10.1	13.3	21.8	35.0	47.3	19.8	14.6	2.4	27.8
9.6	18.1	21.9	30.6	35.2	16.9	11.7	2.1	26.8
15.5	22.4	20.5	24.4	44.8	21.0	12.7	3.1	22.3
12.7	21.3	28.5	23.3	39.3	17.7	18.8	3.2	26.4
28.9	21.1	25.0	24.3	33.6	15.2	12.0	1.9	17.3
17.7	27.1	27.3	22.5	31.1	16.3	17.1	1.0	27.3
17.9	10.1	18.8	34.8	42.7	15.2	11.6	1.2	16.5
21.1	12.2	22.0	33.4	39.7	15.5	9.7	1.4	18.3
21.1	15.0	20.7	36.9	41.8	16.7	11.2	1.5	20.9
24.2	13.8	18.1	30.3	36.1	12.6	8.1	1.5	17.6

6-5 续表

项 目	Item	开展创新合作的企业数(个) Enterprises with Cooperation for Product or Process Innovation (unit)	创新合作企业占全部企业的比重(%) Of Total (%)	集团内其他企业 Other Enterprises within the Enterprise Group	高等学校 Universities
北 京	Beijing	3777	17.1	40.6	32.9
天 津	Tianjin	2472	16.5	36.0	30.0
河 北	Hebei	3249	14.0	27.1	28.6
山 西	Shanxi	871	10.2	31.7	34.9
内蒙古	Inner Mongolia	750	9.4	38.9	32.3
辽 宁	Liaoning	1528	8.8	37.0	38.0
吉 林	Jilin	1085	9.7	29.0	30.3
黑龙江	Heilongjiang	621	8.0	32.2	40.1
上 海	Shanghai	3680	15.8	44.3	34.6
江 苏	Jiangsu	17578	20.7	28.9	35.6
浙 江	Zhejiang	16710	24.5	19.0	23.9
安 徽	Anhui	6166	19.7	23.7	39.1
福 建	Fujian	5104	14.9	25.1	28.2
江 西	Jiangxi	3018	16.9	28.8	34.9
山 东	Shandong	10251	14.9	28.7	33.5
河 南	Henan	5040	11.2	27.8	28.2
湖 北	Hubei	4803	16.4	27.3	37.0
湖 南	Hunan	4460	17.9	27.7	29.4
广 东	Guangdong	12939	16.0	30.0	30.4
广 西	Guangxi	1380	12.8	30.5	27.7
海 南	Hainan	203	16.1	46.3	25.1
重 庆	Chongqing	2829	17.0	28.2	26.7
四 川	Sichuan	4066	15.2	27.7	32.8
贵 州	Guizhou	1314	13.9	29.7	30.4
云 南	Yunnan	1897	19.7	28.3	29.8
西 藏	Tibet	49	11.8	42.9	30.6
陕 西	Shaanxi	2247	16.5	29.1	35.1
甘 肃	Gansu	778	14.8	30.6	33.5
青 海	Qinghai	193	13.9	32.6	28.5
宁 夏	Ningxia	377	17.0	31.6	34.7
新 疆	Xinjiang	729	10.6	34.3	32.9

continued

在创新合作企业中，与下列伙伴开展合作的企业占比(%) Share of enterprises cooperate with these partners in enterprises with cooperation for innovation(%)								
研究机构 Public Research institutes	政府部门 Government Departments	行业协会 Industry Associations	供应商 Suppliers	客户 Clients or Customers	竞争对手或同行业企业 Competitors or other Enterprises in this Sector	市场咨询机构 Consultants	风险投资机构 Venture Capital Institutes	其他合作对象 Others
21.9	14.8	20.5	30.2	40.1	15.5	12.3	1.4	13.7
17.0	10.4	15.9	33.1	37.9	14.6	9.6	1.1	14.7
19.7	10.4	16.8	33.0	36.5	13.4	7.6	0.9	19.5
23.1	11.9	15.7	36.5	32.1	16.1	7.6	2.1	19.3
24.9	13.1	16.5	33.1	32.0	13.7	9.1	0.7	19.9
25.0	11.3	18.0	29.8	36.3	12.2	8.0	1.2	15.7
21.1	17.2	19.0	31.7	39.9	14.8	8.9	2.0	20.9
27.4	14.0	16.9	29.0	29.1	9.7	7.1	1.1	16.4
18.4	11.3	21.0	37.9	41.7	14.5	13.6	1.3	13.4
19.4	10.3	18.6	32.6	39.7	14.3	9.9	1.2	13.3
13.4	7.6	17.1	35.7	51.0	16.1	12.5	0.8	17.5
21.2	12.1	21.4	36.2	43.5	16.8	11.7	1.5	20.5
16.3	11.2	20.3	36.8	43.7	15.7	11.7	1.4	22.5
23.0	12.1	21.0	31.7	35.6	13.3	9.4	1.4	18.8
22.8	10.9	18.2	28.5	34.4	12.9	8.6	1.2	16.1
20.8	10.5	22.4	32.0	40.2	17.1	9.9	1.3	14.5
19.3	12.7	22.5	34.0	42.0	15.6	9.0	1.5	18.2
21.3	13.7	23.8	31.1	35.8	13.3	8.1	1.3	18.9
16.8	10.0	21.1	42.4	46.0	17.5	15.8	1.8	18.7
20.1	14.5	19.4	38.7	43.0	19.9	13.8	2.2	23.2
25.1	13.8	16.3	33.5	30.0	17.2	13.8	2.0	27.6
17.1	12.8	22.5	37.6	47.1	17.0	10.7	1.4	20.0
19.7	14.0	22.0	36.4	42.0	16.3	10.3	1.5	19.9
24.0	17.4	23.5	36.5	41.0	15.8	11.4	1.3	25.2
23.0	16.3	20.2	41.4	44.4	18.4	14.5	1.9	21.2
30.6	24.5	20.4	36.7	28.6	14.3	16.3		22.4
22.2	15.4	19.7	35.0	41.7	16.6	10.0	1.4	20.0
22.4	17.7	18.6	35.3	39.2	15.7	10.9	1.3	21.1
26.4	14.0	14.5	34.7	31.1	11.4	12.4	2.1	23.3
25.7	16.4	18.0	38.7	35.8	16.4	8.5	0.8	16.4
24.1	18.7	16.7	34.3	32.2	15.8	10.3	0.5	21.0

6-6 规模(限额)以上企业组织和
Enterprises above Designated Size with

项　目	Item	实现组织或营销创新企业数(个) Number of Organizational or Marketing Innovators (unit)
总　计	**Total**	**218595**
一、按规模分	**by Size of Enterprises**	
大型企业	Large-sized Industrial Enterprises	11571
中型企业	Medium-sized Industrial Enterprises	52550
小型企业	Small -sized Industrial Enterprises	143147
微型企业	Micro-sized Industrial Enterprises	11327
二、按登记注册类型分	**by Status of Registration**	
内资企业	Domestic Funded	196873
国有企业	State-owned Enterprises	3058
集体企业	Collective-owned Enterprises	1274
股份合作企业	Cooperative Enterprises	383
联营企业	Joint Ownership Enterprises	81
有限责任公司	Limited Liability Corporations	66389
股份有限公司	Share-holding Corporations Ltd.	10857
私营企业	Private Enterprises	113770
其他企业	Other Enterprises	1061
港、澳、台商投资企业	Enterprises with Funds from Hong Kong, Macau and Taiwan	10198
外商投资企业	Foreign Funded Enterprises	11524
三、按行业分	**by Industrial Sector**	
采矿业	Mining	2234
制造业	Manufacturing	125570
电力、热力、燃气及水生产和供应业	Production and Supply of Electricity,Heat, Gas and Water	2461
建筑业	Construction	9646
批发和零售业	Wholesale and Retail Trades	47560
交通运输、仓储和邮政业	Transport,Storage and Post	7727
信息传输、软件和信息技术服务业	Information Transmission,Software and Information Technology	8170
租赁和商务服务业	Leasing and Business Services	7713
科学研究和技术服务业	Scientific Research and Technical Services	6042
水利、环境和公共设施管理业	Management of Water Conservancy, Environment and Public Facilities	1472
四、按地区分	**by Region**	
东部地区	Eastern Region	131686
中部地区	Middle Region	45862
西部地区	Western Region	33857
东北地区	Northeast Region	7190

营销创新情况(2016年)
Organizational or Marketing Innovation(2016)

#实现组织创新企业 Organizational Innovators	#实现营销创新企业 Marketing Innovators	在全部企业中占比(%) Of Total(%)		
		实现组织或营销创新企业 Organizational or Marketing Innovators	#实现组织创新企业 Organizational Innovators	#实现营销创新企业 Marketing Innovators
175802	**164884**	**30.1**	**24.2**	**22.7**
10034	8570	54.7	47.4	40.5
43420	38872	36.3	30.0	26.8
113778	109153	29.1	23.1	22.2
8570	8289	16.5	12.5	12.1
158324	149106	29.8	23.9	22.5
2631	1794	24.3	20.9	14.3
1043	826	17.7	14.5	11.5
287	291	19.9	14.9	15.1
63	56	23.3	18.1	16.1
54347	48620	30.5	25.0	22.3
9302	8506	46.2	39.6	36.2
89871	88167	28.9	22.8	22.4
780	846	22.3	16.4	17.8
8191	7639	33.2	26.6	24.8
9287	8139	34.0	27.4	24.0
1918	1337	17.8	15.3	10.7
100953	99513	35.3	28.4	28.0
2178	1182	23.4	20.7	11.3
9058	4208	23.9	22.4	10.4
34925	38453	24.6	18.1	19.9
6702	4356	19.7	17.1	11.1
7084	6270	49.3	42.8	37.8
6422	4967	23.4	19.5	15.1
5331	3590	30.5	26.9	18.1
1231	1008	27.8	23.2	19.0
104561	97728	31.2	24.8	23.2
37407	36512	29.2	23.9	23.3
28023	25219	30.5	25.3	22.7
5811	5425	19.8	16.0	15.0

6-6 续表

项 目	Item	实现组织或营销创新企业数(个) Number of Organizational or Marketing Innovators (unit)
北 京	Beijing	6422
天 津	Tianjin	5606
河 北	Hebei	7807
山 西	Shanxi	2072
内蒙古	Inner Mongolia	1725
辽 宁	Liaoning	3131
吉 林	Jilin	2457
黑龙江	Heilongjiang	1602
上 海	Shanghai	6346
江 苏	Jiangsu	29604
浙 江	Zhejiang	22346
安 徽	Anhui	11128
福 建	Fujian	10545
江 西	Jiangxi	4950
山 东	Shandong	20863
河 南	Henan	11605
湖 北	Hubei	8898
湖 南	Hunan	7209
广 东	Guangdong	21753
广 西	Guangxi	2920
海 南	Hainan	394
重 庆	Chongqing	5044
四 川	Sichuan	8654
贵 州	Guizhou	2823
云 南	Yunnan	3421
西 藏	Tibet	132
陕 西	Shaanxi	4573
甘 肃	Gansu	1588
青 海	Qinghai	424
宁 夏	Ningxia	723
新 疆	Xinjiang	1830

continued

		在全部企业中占比(%) Of Total(%)		
#实现组织创新企业 Organizational Innovators	#实现营销创新企业 Marketing Innovators	实现组织或营销创新企业 Organizational or Marketing Innovators	#实现组织创新企业 Organizational Innovators	#实现营销创新企业 Marketing Innovators
5253	4350	29.0	23.8	19.7
4618	3591	37.5	30.9	24.0
5928	5661	33.5	25.5	24.3
1676	1467	24.3	19.6	17.2
1429	1253	21.5	17.8	15.6
2550	2342	18.1	14.7	13.5
2014	1883	22.0	18.1	16.9
1247	1200	20.6	16.0	15.4
5064	4445	27.2	21.7	19.0
24043	21598	34.8	28.3	25.4
17665	17322	32.8	25.9	25.4
9272	9203	35.5	29.6	29.3
7811	7948	30.8	22.8	23.2
4020	3962	27.8	22.6	22.2
16459	15584	30.3	23.9	22.6
9306	9094	25.9	20.8	20.3
7286	6988	30.3	24.8	23.8
5847	5798	28.9	23.4	23.3
17395	16954	26.9	21.5	20.9
2358	2161	27.1	21.9	20.1
325	275	31.2	25.8	21.8
4178	3830	30.3	25.1	23.0
7009	6347	32.4	26.3	23.8
2348	2220	29.9	24.9	23.5
2943	2673	35.6	30.6	27.8
111	94	31.7	26.6	22.5
3794	3407	33.7	27.9	25.1
1343	1174	30.3	25.6	22.4
378	314	30.5	27.2	22.6
604	537	32.7	27.3	24.3
1528	1209	26.5	22.1	17.5

6-7 规模(限额)以上企业创新
Innovation Strategic Objectives in

项目	Item	制定创新战略目标的企业数(个) Number of Enterprises with Innovation Strategic Objectives (unit)	制定创新战略目标企业占全部企业的比重(%) Of Total (%)
总 计	**Total**	**372568**	**51.3**
#有创新活动的企业	Innovation-active Enterprises	218454	77.0
#有技术创新活动的企业	Technological Innovation-active Enterprises	157546	82.0
一、按规模分	**by Size of Enterprises**		
大型企业	Large-sized Industrial Enterprises	16497	77.9
中型企业	Medium-sized Industrial Enterprises	85279	58.9
小型企业	Small -sized Industrial Enterprises	249691	50.8
微型企业	Micro-sized Industrial Enterprises	21101	30.8
二、按登记注册类型分	**by Status of Registration**		
内资企业	Domestic Funded	335461	50.7
国有企业	State-owned Enterprises	6285	50.0
集体企业	Collective-owned Enterprises	2626	36.4
股份合作企业	Cooperative Enterprises	796	41.4
联营企业	Joint Ownership Enterprises	114	32.8
有限责任公司	Limited Liability Corporations	114883	52.8
股份有限公司	Share-holding Corporations Ltd.	15624	66.4
私营企业	Private Enterprises	193320	49.1
其他企业	Other Enterprises	1813	38.2
港、澳、台商投资企业	Enterprises with Funds from Hong Kong, Macau and Taiwan	17104	55.6
外商投资企业	Foreign Funded Enterprises	20003	59.0
三、按行业分	**by Industrial Sector**		
采矿业	Mining	4739	37.8
制造业	Manufacturing	205043	57.7
电力、热力、燃气及水生产和供应业	Production and Supply of Electricity,Heat, Gas and Water	5588	53.2
建筑业	Construction	20014	49.5
批发和零售业	Wholesale and Retail Trades	80871	41.9
交通运输、仓储和邮政业	Transport,Storage and Post	15899	40.5
信息传输、软件和信息技术服务业	Information Transmission,Software and Information Technology	11930	72.0
租赁和商务服务业	Leasing and Business Services	14890	45.2
科学研究和技术服务业	Scientific Research and Technical Services	10954	55.2
水利、环境和公共设施管理业	Management of Water Conservancy, Environment and Public Facilities	2640	49.8

战略目标制定情况(2016年)
Enterprises above Designated Size(2016)

在制定创新战略目标企业中，制定下列目标的企业占比(%) Share of Enterprises with these Objectives(%)					
保持本领域的国际领先地位 Maintain International Leading Level	赶超同行业国际领先企业 Try to Catch up with International Leading Level	赶超同行业国内领先企业 Try to Catch up with National Leading Level	增加创新投入，提升企业竞争力 Increase Input and Improve Competitiveness	保持现有的技术水平和生产经营状况 Maintain the Current Level	其他目标 Other Objectives
4.0	**5.4**	**19.4**	**52.2**	**18.7**	**0.3**
4.7	6.9	21.8	53.4	13.0	0.2
5.3	7.8	22.6	54.1	10.0	0.2
9.2	10.8	24.4	47.2	8.0	0.4
4.7	6.2	21.1	51.7	15.9	0.4
3.4	4.9	18.8	53.0	19.7	0.2
3.3	4.0	15.7	49.6	26.7	0.6
3.2	4.9	19.5	53.0	19.1	0.3
3.3	3.6	16.2	52.9	23.4	0.6
1.5	1.7	10.1	54.5	31.8	0.5
2.1	3.9	14.6	55.2	23.9	0.4
4.4	6.1	11.4	59.6	18.4	
3.4	5.2	20.2	52.5	18.4	0.4
5.3	8.3	23.2	51.4	11.5	0.3
2.9	4.6	19.2	53.4	19.7	0.2
2.3	2.5	10.7	54.7	29.6	0.2
8.0	9.5	19.7	47.1	15.3	0.3
14.3	10.7	16.9	43.3	14.4	0.5
1.6	2.6	12.3	52.4	30.8	0.3
4.4	6.5	20.3	52.6	16.1	0.1
4.3	4.6	22.1	44.2	23.7	1.0
1.9	2.4	15.0	58.2	22.3	0.2
3.4	4.1	17.7	50.7	23.7	0.5
2.8	3.8	18.5	48.9	25.5	0.6
6.1	6.5	23.5	54.6	9.1	0.3
4.2	4.4	20.1	52.0	18.5	0.9
4.5	5.7	21.0	51.3	17.0	0.4
2.7	2.8	16.0	58.6	19.5	0.5

6-7 续表

项 目	Item	制定创新战略目标的企业数(个) Number of Enterprises with Innovation Strategic Objectives (unit)	制定创新战略目标企业占全部企业的比重(%) Of Total (%)
四、按地区分	**by Region**		
东部地区	Eastern Region	215594	51.1
中部地区	Middle Region	83093	53.0
西部地区	Western Region	58998	53.2
东北地区	Northeast Region	14882	41.1
北 京	Beijing	12112	54.8
天 津	Tianjin	7137	47.8
河 北	Hebei	12205	52.4
山 西	Shanxi	4419	51.8
内蒙古	Inner Mongolia	3482	43.5
辽 宁	Liaoning	6660	38.5
吉 林	Jilin	5028	45.1
黑龙江	Heilongjiang	3194	41.0
上 海	Shanghai	11694	50.1
江 苏	Jiangsu	45283	53.3
浙 江	Zhejiang	39105	57.4
安 徽	Anhui	17959	57.2
福 建	Fujian	16012	46.8
江 西	Jiangxi	8863	49.8
山 东	Shandong	34624	50.2
河 南	Henan	22462	50.1
湖 北	Hubei	16167	55.1
湖 南	Hunan	13223	53.0
广 东	Guangdong	36710	45.3
广 西	Guangxi	5650	52.5
海 南	Hainan	712	56.4
重 庆	Chongqing	8547	51.3
四 川	Sichuan	14073	52.7
贵 州	Guizhou	4872	51.6
云 南	Yunnan	5748	59.7
西 藏	Tibet	222	53.2
陕 西	Shaanxi	7716	56.8
甘 肃	Gansu	2879	54.9
青 海	Qinghai	787	56.6
宁 夏	Ningxia	1312	59.3
新 疆	Xinjiang	3710	53.8

continued

在制定创新战略目标企业中，制定下列目标的企业占比(%) Share of Enterprises with these Objectives(%)					
保持本领域的国际领先地位 Maintain International Leading Level	赶超同行业国际领先企业 Try to Catch up with International Leading Level	赶超同行业国内领先企业 Try to Catch up with National Leading Level	增加创新投入，提升企业竞争力 Increase Input and Improve Competitiveness	保持现有的技术水平和生产经营状况 Maintain the Current Level	其他目标 Other Objectives
4.7	6.1	20.1	51.0	17.8	0.3
2.7	4.4	18.5	54.6	19.5	0.3
2.8	4.2	17.8	54.8	20.0	0.5
5.0	6.1	20.3	46.7	21.5	0.3
6.8	7.1	23.8	46.9	15.0	0.5
6.1	6.7	22.5	45.1	19.2	0.4
3.8	5.4	20.5	51.7	18.3	0.2
2.4	3.8	16.7	52.6	24.0	0.4
3.4	4.8	17.7	50.7	22.9	0.4
5.9	6.4	20.7	45.4	21.2	0.4
4.6	6.3	20.3	48.4	19.9	0.4
3.8	5.2	19.6	46.6	24.6	0.2
9.7	9.3	22.4	42.4	15.8	0.4
4.4	5.9	20.7	50.8	17.9	0.2
3.8	6.3	20.3	52.8	16.6	0.3
2.9	4.4	19.8	55.3	17.3	0.3
3.4	4.8	18.1	52.9	20.5	0.2
3.3	5.9	21.4	52.2	16.9	0.2
3.5	4.9	18.1	53.1	20.3	0.1
2.3	3.6	16.1	55.4	22.4	0.2
2.9	4.7	18.2	54.4	19.5	0.3
2.9	4.6	19.8	54.5	17.9	0.3
5.4	6.6	19.3	51.7	16.6	0.3
2.4	3.6	16.3	56.3	20.8	0.6
4.4	4.6	17.7	53.9	18.7	0.7
3.1	4.1	18.1	54.4	19.9	0.3
2.8	4.3	18.1	54.2	20.1	0.4
3.2	4.7	18.8	55.0	17.8	0.4
2.6	3.5	15.2	59.9	18.3	0.5
2.3	3.2	19.4	56.8	18.5	
2.7	4.8	19.5	53.1	19.4	0.5
2.6	3.6	17.6	56.1	19.5	0.6
2.8	3.6	17.8	56.9	18.7	0.3
2.4	4.4	18.2	55.0	19.1	0.9
2.7	3.3	16.7	52.3	24.3	0.6

6-8 规模以下企业创新
Enterprises below Designated

项 目	Item	调查企业数（个） Number of Enterprises in Survey (unit)	#开展创新活动企业 Innovation-active Enterprises
总 计	**Total**	**54449**	**19.4**
一、按行业分	**by Industrial Sector**		
采矿业	Mining	1056	10.2
制造业	Manufacturing	20649	19.2
电力、热力、燃气及水生产和供应业	Production and Supply of Electricity,Heat, Gas and Water	2571	9.4
交通运输、仓储和邮政业	Transport,Storage and Post	8930	15.9
信息传输、软件和信息技术服务务业	Information Transmission,Software and Information Technology	4699	28.8
租赁和商务服务业	Leasing and Business Services	7519	19.4
科学研究和技术服务业	Scientific Research and Technical Services	5832	23.5
水利、环境和公共设施管理业	Management of Water Conservancy, Environment and Public Facilities	3193	19.7
二、按地区分	**by Region**		
东部地区	Eastern Region	25091	21.0
中部地区	Middle Region	9880	18.8
西部地区	Western Region	16077	18.4
东北地区	Northeast Region	3401	13.3
北 京	Beijing	2105	19.0
天 津	Tianjin	1386	19.6
河 北	Hebei	1802	14.5
山 西	Shanxi	1846	17.1
内蒙古	Inner Mongolia	1102	14.1
辽 宁	Liaoning	1393	15.3
吉 林	Jilin	1076	14.3
黑龙江	Heilongjiang	932	9.2
上 海	Shanghai	1417	15.6
江 苏	Jiangsu	3018	28.9
浙 江	Zhejiang	4559	16.6
安 徽	Anhui	1901	17.5
福 建	Fujian	2360	20.3
江 西	Jiangxi	1215	13.1
山 东	Shandong	3499	16.7
河 南	Henan	1717	21.3
湖 北	Hubei	1542	24.5
湖 南	Hunan	1659	18.5
广 东	Guangdong	4242	30.5
广 西	Guangxi	1701	19.7
海 南	Hainan	703	19.2
重 庆	Chongqing	1979	17.9
四 川	Sichuan	1725	18.0
贵 州	Guizhou	1750	20.5
云 南	Yunnan	1221	20.8
西 藏	Tibet	1042	8.8
陕 西	Shaanxi	1382	23.2
甘 肃	Gansu	1486	16.9
青 海	Qinghai	665	15.5
宁 夏	Ningxia	875	23.0
新 疆	Xinjiang	1149	19.1

活动分布情况(2016年)
Size with Innovation(2016)

在调查企业中占比(%) Of Total Number of Enterprises in Survey(%)						
#实现创新企业 Innovators	#实现产品或工艺创新企业 Product or Process Innovators	#实现产品 Product Innovators	#实现工艺 Process Innovators	#实现组织或营销创新企业 Organizational or Marketing Innovators	#实现组织 Organizational Innovators	#实现营销 Marketing Innovators
18.8	**11.0**	**7.7**	**5.6**	**12.6**	**7.3**	**7.4**
10.1	6.3	2.6	4.8	6.1	4.4	3.0
18.8	12.1	7.5	7.7	11.5	6.0	7.9
9.1	5.0	1.8	3.7	5.4	3.8	1.8
15.4	7.1	5.7	2.4	11.8	8.0	5.8
27.9	16.9	14.2	5.6	18.9	10.2	12.1
18.6	9.4	7.8	3.0	14.2	8.3	8.2
22.7	13.9	10.0	6.9	14.6	9.3	7.8
18.8	10.4	6.3	6.0	12.3	8.3	5.6
20.4	12.1	8.3	6.7	13.2	7.6	7.9
18.3	10.3	7.2	4.9	12.8	7.4	7.5
17.8	10.3	7.3	4.6	12.4	7.5	7.1
13.1	7.6	5.8	3.6	8.2	4.7	5.0
17.9	12.2	8.7	6.4	10.6	6.6	6.2
19.3	10.7	7.4	5.9	12.0	7.0	6.6
14.4	6.9	4.6	3.3	9.4	5.5	5.2
16.7	9.6	6.9	4.1	11.8	7.2	6.9
13.7	7.5	5.7	3.1	8.9	5.1	5.4
15.2	10.0	7.5	5.2	8.8	5.3	5.1
13.8	7.1	5.2	3.0	8.9	4.9	5.4
9.1	4.6	3.9	1.8	6.5	3.4	4.3
15.0	9.0	7.1	4.0	9.5	5.0	6.1
28.3	14.5	9.3	9.3	19.8	11.9	11.7
16.5	10.7	8.0	4.7	9.4	5.4	5.4
17.3	9.7	6.6	4.5	12.4	5.8	7.9
19.4	12.5	7.9	6.6	11.8	6.3	7.4
12.9	6.6	4.4	3.5	8.8	4.9	5.5
16.3	8.8	5.9	4.9	11.4	6.6	6.5
20.6	12.4	9.3	6.0	13.9	9.4	7.6
23.7	12.6	8.0	6.3	16.9	9.4	10.4
18.0	10.3	7.5	4.7	12.2	7.4	6.3
29.0	18.2	12.4	11.4	19.1	10.7	12.4
19.2	10.9	8.1	4.6	13.9	9.2	6.8
18.9	11.5	8.4	5.8	13.5	7.4	8.8
17.2	9.7	6.2	5.0	11.9	6.4	7.1
17.2	10.4	7.1	5.2	11.3	6.4	7.0
20.1	11.5	7.5	5.8	13.5	9.0	7.9
20.2	12.1	9.3	5.7	13.6	9.2	6.9
8.3	5.6	4.7	1.4	5.2	3.6	2.5
22.8	12.4	9.0	5.3	16.1	9.0	9.5
16.3	10.0	7.1	4.6	12.4	7.0	8.3
15.2	8.7	5.9	4.1	9.9	6.2	5.7
22.2	12.2	9.0	5.1	17.4	9.9	10.2
18.6	10.1	8.0	3.9	13.3	8.5	6.6

七、国家科技计划

National Program for Science and Technology Development

7-1 国家主要科技计划基本情况
Appropriation for S&T by Central Government in the Main Programs of S&T

单位：万元 (10 000 yuan)

项　目	Item	2008	2009	2010	2011	2012	2013	2014	2015	2016
863计划	863 Program	559200	511500	511500	511500	551500	520263	515265	196862	196862
基础研究计划	Basic Research Program									
国家自然科学基金	National Natural Science Fund	535851	642697	1038109	1404343	1700000	1616241	1940284	2584293	2680331
国家重点基础研究发展计划(973计划)	National Key Basic Research Program of China	150415	189976	271813	309245	267819	282811	299103	268467	297109
国家重大科学研究计划	National Major Scientific Research Program of China	39585	70024	128187	140756	132181	122710	135517	166255	124650
国家重点研发计划	National Key R&D Program of China									1035418
科技支撑计划	Key Technologies R&D Program	506556	500000	500000	550000	642555	612553	651080	695000	276709
科技基础条件建设	S&T Basic Conditional Construction Program									
国家重点实验室建设计划	State Key Laboratory Construction Program	216774	291695	275922	296081	337768	289089	304500	1148096	357900
国家工程技术研究中心	National Engineering Research Centres		10300	10500	19500	10500	9893	9893	9893	9893
科技基础性工作专项	S&T Basic Work	15000	15048	15515	18350	22506	23937	18000	23000	79672
科技成果转化引导基金	National Fund for Technology Transfer and Commercialization									178607
科技型中小企业技术创新基金	Innovation Fund for Small Technology-based Firms	162109	348357	429709	463999	511385	512105		113600	86373

注：表中各项国家主要科技计划及相关内容依据“十三五”国家科技计划体系。
Note: In the table, the main program plans of S&T and its related contents base on "the Thirteen Five" National S&T Programs.

7-2 国家科技支撑计划/国家科技攻关计划①中央财政拨款
Appropriation for S&T by Central Government in Key Technologies R&D Program

单位：万元 (10 000 yuan)

项　目	Item	2008	2009	2010	2011	2012	2013	2014	2015	2016
合　计	**Total**	**506556**	**500000**	**500000**	**550000**	**642555**	**612553**	**651080**	**695000**	**276709**
能　源②	Energy	24148	15863	15532	17635	23810	21981	23998	30641	6552
资　源③	Resource	43393	42771	34322	36265	27686	25498	32015	35176	23157
环　境	Environment	33188	37681	38827	47399	39015	42059	51695	46046	29273
农　业	Agriculture	102004	96600	110132	131919	115032	112191	130599	153325	61938
材　料	Material	51483	53625	41434	51134	62411	56999	44380	26539	5497
制造业	Manufacture	45199	28749	14873	24403	35460	34171	35951	44221	16274
交通运输	Traffic and Transport	30795	71304	78626	54087	31545	37648	47241	86887	30039
信息产业与现代服务业	Information and Services	46562	41036	52849	72237	152096	133962	122905	73434	16638
人口与健康	Population and Health	47422	46871	61482	52584	69878	58184	65651	77155	36661
城镇化与城市发展	Urbanization and Urban Development	26845	26127	18069	30451	36264	45670	44703	62993	14375
公共安全及其他社会事业④	Public Security and Other Social Undertakings	55517	39373	33854	31886	49358	43490	51942	58583	36306

注：①2005年及以前为国家科技攻关计划，自2006年起为国家科技支撑计划。
②2001–2005年数据包括交通运输领域。
③2001–2005年数据包括环境领域。
④2001–2005年数据包括城镇化与城市发展领域。

Note: a) Data before 2005 refer to S&T programs for tackling key programs and adjust to S&T support programs from 2006.
b) Data from 2001 to 2005 contain the field of transportation.
c) Data from 2001 to 2005 contain the field of environment.
d) Data from 2001 to 2005 contain the fields of urbanization and urban development.

7-3 国家重点基础研究发展计划(973计划)中央财政拨款
Appropriation for S&T by Central Government in National Key Basic Research Program of China

单位：万元 (10 000 yuan)

项　目	Item	2008	2009	2010	2011	2012	2013	2014	2015	2016
合　计	**Total**	**150415**	**189976**	**271813**	**309245**	**267819**	**282811**	**299103**	**268467**	**297109**
农　业	Agriculture Science	16982	22860	21961	25959	31268	25312	28479	27416	31386
能　源	Energy Science	16811	24038	29658	32051	18967	23193	25614	28619	26786
信　息	Information Science	15302	20310	27367	40940	21288	29332	30487	28318	37306
资源环境	Environment Science	18156	23698	24155	21831	28330	20613	24818	23451	24397
健　康	Health Science	26059	31976	34108	40276	49087	36326	40049	36428	38926
材　料	Materials Science	18889	21300	30326	31417	19918	28114	27811	24634	24588
制造与工程	Manufacturing and Infrastructural Engineering Science				13541	11060	10453	26510	27373	35371
综合交叉①	Synthesis Science	17527	23547	66691	68863	38671	65628	46751	33166	32128
重大科学前沿	Forefront of Major Science	20689	22248	37547	34367	49230	43840	48584	39062	46221
其它	Others									

注：2005年数据包括重大科学前沿。

Note: Data 2005 contain forefront of major science.

7-4 国家重大科学研究计划中央财政拨款
Appropriation for S&T by Central Government in National Major Scientific Research Program of China

单位：万元 (10 000 yuan)

项 目	Item	2009	2010	2011	2012	2013	2014	2015	2016
合 计	**Total**	**70024**	**128187**	**140756**	**132181**	**122710**	**135517**	**166255**	**124650**
纳米研究	Nano Studies	24005	34889	42353	34905	35587	35963	42985	28646
量子调控研究	Quantum Regulation Studies	12499	15876	21694	18697	19085	18944	26954	15897
蛋白质研究	Protein Studies	15446	16070	28673	24406	22651	26680	31499	26199
发育与生殖研究	Growth and Reproduction Studies	18074	20729	27617	20719	17471	18053	23836	16276
干细胞研究	Stem Cell Studies		12287	4941	9376	11724	14202	19950	15391
全球变化研究	Global Change Studies		28336	15478	24078	16192	21675	21031	22241

7-5 国家自然科学基金资助项目经费
Project Funding Approved by the National Natural Science Foundation of China

单位：万元 (10 000 yuan)

项 目	Item	2008	2009	2010	2011	2012	2013	2014	2015	2016
总 计	**Total**	**630863**	**705392**	**965315**	**1827450**	**2365585**	**2352354**	**2506310**	**2584293**	**2680331**
面上项目	General Programs	288647	330516	452450	898941	1248000	1200000	1193487	1220262	1212115
重点项目	Key Programs	77973	72408	96450	142500	156700	166300	204620	212480	203864
重大项目	Major Program	17000	11000	16000	22500	32200	39000	39000	37647	41665
重大研究计划	Major Research Plan	24972	33379	48605	62213	71023	72605	83079	83497	83989
联合基金项目	Program of Joint Funds with other Institutions	16654	18008	16790	36900	47787	50964	73312	100126	133213
国家杰出青年科学基金(包括外籍)	Projects of National Distinguished Young Scientists (including Foreign)	35220	35020	38820	38760	38980	38760	77760	77640	77640
优秀青年科学基金	Excellent Young Scientists Fund					40000	39900	40000	59980	60000
青年科学基金项目*	Young Scientists Fund	93994	120304	164600	311710	337500	370000	398943	380000	370892
地区科学基金项目*	Regional Fund	16974	22180	33560	99920	120000	120000	130750	130690	130101
海外及港澳学者合作研究基金项目	Programs of Joint Research for Oversea Scientists	1580	1540	1660	4000	6340	6400	6640	6320	6300
创新研究群体项目	Programs of Innovation Research Teams	26315	26480	34660	38460	36900	39660	68160	68760	67560
国家重大科研仪器设备研制专项	Special Fund for Research on National Major Research Instruments and Facilities					108700	91300	99767	98487	93933
应急管理项目	Management Program for Emergency							26955	26570	34566
数学天元基金	Tianyuan Fund of Mathematics							2500	2500	2500
国际合作研究项目	International Cooperation Research Projects							53101	71090	93826
外国青年学者研究基金项目	Research Foundation Projects for Young Scholars of Foreign							1996	3299	3543
国际合作与交流	International Cooperation and Exchange	14444	16895	28934	47814	57813	63691	6241	4946	7580
基础科学中心项目	Programs of Basic Science Centres									57043

注："青年科学基金项目"和"地区科学基金项目"自2007年开始从原"面上项目"中分出。
Note: Date of "Youth Scientists Fund" and "Regional Fund" seperated from "General Programs" in 2007.

7-6 分部门国家自然科学基金资助项目经费(2016年)
Project Funding Approved by the National Natural Science Foundation of China by Sectors (2016)

单位：万元 (10 000 yuan)

项 目	Item	合 计 Total	高等学校 Higher Education	#教育部所属院校 Subordinated Directly to Ministry of Education	科研机构 Research Institution	#中国科学院 China Academy of Sciences	其 他 Others
总 计	**Total**	**2680331**	**2044056**	**1094663**	**601218**	**422845**	**35058**
面上项目	General Programs	1212115	982617	537281	214001	142606	15496
重点项目	Key Programs	203864	154093	111767	48442	37344	1328
重大项目	Major Program	41665	26385	17793	15281	11320	
重大研究计划项目	Major Research Plan	83989	55778	41316	26507	18685	1703
国际(地区)合作研究项目		93826	59269	44696	33983	27553	574
青年科学基金项目	Young Scientists Fund	370892	293576	117844	71261	35749	6055
地区科学基金项目	Regional Fund	130101	117711		8238	96	4152
优秀青年科学基金项目	Excellent Young Scientists Fund	60000	48750	33300	11100	9150	150
国家杰出青年科学基金项目	Projects of National Distinguished Young Scientists	77640	58040	41720	19600	16400	
创新研究群体项目	Programs of Innovation Research Teams	67560	45900	39300	21660	17460	
海外及港澳学者合作研究基金项目	Programs of Joint Research for Oversea Scientists	6300	4960	4220	1320	1040	20
国家重大科研仪器研制项目	Special Fund for Research on National Major Research Instruments and Facilities	93933	71079	38107	22059	13858	795
联合基金项目	Program of Joint Funds with other Institutions	133213	95448	50554	36506	24211	1260
国际(地区)合作交流项目	International Cooperation and Exchange	7580	3530	2444	1122	847	2928
应急管理项目	Management Program for Emergency	34566	22231	11835	11739	8320	596
外国青年学者研究基金项目	Research Foundation Projects for Young Scholars of Foreign	3543	2241	1122	1302	1109	
数学天元基金	Tianyuan Fund of Mathematics	2500	2447	1363	53	53	
基础科学中心项目	Programs of Basic Science Centres	57043			57043	57043	

7-7 国家重点实验室
State Key Laboratories and National

项目	Item	实验室数(个) Number of Laboratories (unit)①	实验室人员 Personnel of Laboratories 固定人员(人) Full-time Personnel (person)	客座人员(人) Guest Researchers (person)
总计	**Total**	**262**	**23095**	**10322**
工业与信息化部	Ministry of Industry and Information Technology of the People's Republic of China	8	620	262
国家卫生和计划生育委员会	National Health and Family Planning Commission of China	8	637	177
教育部	Ministry of Education	135	11146	5347
农业部	Ministry of Agriculture	6	466	272
水利部	Ministry of Water Resources	1	87	8
环境保护部	Ministry of Environmental Protection	1	91	49
国家林业局	State Forestry Administration	1	94	12
中国科学院	Chinese Academy of Sciences	81	7996	3505
中国地震局	China Earthquake Administration	1	83	48
中国气象局	China Meteorological Administration	1	71	30
国家海洋局	State Oceanic Administration People's Republic of China	1	51	57
中央军委后勤保障部	Central Military Commission Logistical Support Department	3	298	26
中央军委训练管理部	Central Military Commission Training Department	3	227	127
河北省科学技术厅	Hebei Science and Technology Department	1	76	3
陕西省科学技术厅	Shaanxi Science and Technology Deparment	1	74	31
山西省科学技术厅	The Shanxi Science and Technology Department	1	53	25
四川省科学技术厅	Science and technology Bureau of Sichuan Province	2	197	114
江苏省科学技术厅	Jiangsu Science and Technology Department	2	176	49
山东省科学技术厅	Department of Science and Technology of Shandong Province	1	85	67
广东省科学技术厅	Guangdong Science and Technology Department	1	45	8
广西壮族自治区科学技术厅	Guangxi Science and Technology Department	1	82	62
湖南省科学技术厅	Hunan Science and Technology Department	1	77	43
青岛海洋科学与技术试点国家实验室	Qingdao National Laboratory for Marine Science and Technology	1	363	

注：统计范围为学科类国家重点实验室。

运行情况(2016年)
Laboratories Operation By Sectors (2016)

研究经费 Funds		科研项目 Projects		获奖成果(项) Achievements Awarded (item)②	发表论文(篇) Paper Published (piece)	毕业研究生(人) Graduated Masters & Doctors (person)
筹集(万元) R&D Founds (10 000 yuan)	支出(万元) R&D Expenditure (10 000 yuan)	项数(项) R&D Projects (item)	经费(万元) Funds (10 000 yuan)			
1811437	**1307179**	**40220**	**2002202**	**108**	**63509**	**27489**
64002	46388	926	61098	8	2070	1337
46229	22781	1122	58132	3	1354	332
985297	740262	23510	1147251	63	39237	19715
31195	30472	772	30367	2	1104	432
11212	8918	122	11012	2	61	36
1250	1240	80	4695		332	28
4745	4121	85	2773		122	96
540007	387221	11118	568563	19	15173	3508
3597	3142	90	2522		129	23
2572	2569	60	4345		126	29
4876	3549	62	5257		119	13
19743	3762	256	20600	2	396	207
9962	2373	203	5613		140	56
3633	3419	133	2407		383	164
5487	4251	199	5469		173	110
3228	2470	84	2231		123	28
11968	8657	342	9047	3	937	629
14675	13816	358	10220	2	363	282
4581	4581	101	4194	2	121	152
300	300	37	2554	1	247	65
8142	120	223	9289		176	188
7275	7275	112	7102		74	58
27462	5492	225	27462	1	549	1

7-8 全国创业风险投资基本情况
Basic Statistics on National VC Capital

项　　目	Item	2007	2008	2009	2010	2011	2012	2013	2014	2015	2016
一、机构数（个）	**No. of VC Firms (unit)**	**383**	**464**	**576**	**720**	**860**	**942**	**1408**	**1551**	**1775**	**2045**
二、管理资本总额（亿元）	**VC Capital under Management (100 Million Yuan)**	**1112.9**	**1455.7**	**1605.1**	**2406.6**	**3198.0**	**3312.9**	**3573.9**	**5232.4**	**6653.3**	**8277.1**
三、投资强度（万元/项）	**Avg. VC Deals Size (10 000 yuan/unit)**	**973.4**	**1041.3**	**1059.8**	**1356.5**	**1550.5**	**1322.7**	**1282.1**	**1129.5**	**1360.2**	**1842.0**
四、累计投资	**Cumulative Investment**										
1.累计投资项目数（项）	No. of Cumulative Deals(unit)	5585	6796	7435	8693	9978	11112	12149	14118	17376	19296
#累计投资高新技术企业(项目)数	In Hi-tech Deals	3369	3845	4737	5160	5940	6404	6779	7330	8047	8490
2.累计投资金额（亿元）	Cumulative Capital (100 Million Yuan)	495.5	769.7	906.2	1491.3	2036.6	2355.1	2634.1	2933.6	3361.2	3765.2
#累计投资高新技术企业(项目)额	In Hi-tech Deals	295.2	427.4	405.1	808.8	1038.6	1193.1	1302.1	1401.9	1493.1	1566.8
五、投资轮次（%）	**Investment Rounds (%)**										
首轮投资	First	83.1	84.5	82.7	86.2	83.4	80.1	77.5	68.1	62.7	69.0
后续投资	Follows-on	16.9	15.5	17.3	13.8	16.6	19.9	22.5	31.9	37.3	31.0
六、投资阶段	**Investment Stages**										
1.按投资项目分（%）	By Investment Deal (%)										
种子期	Seed	26.6	19.3	32.2	19.9	9.7	12.3	18.3	20.8	18.2	19.6
起步期	Startup	18.9	30.2	20.3	27.1	22.7	28.7	32.5	36.5	35.6	38.9
成长(扩张)期	Expansion	36.6	34.0	35.2	40.9	48.3	45.0	38.2	36.0	40.1	35.0
成熟(过渡)期	Maturity	12.4	12.1	9.0	10.0	16.7	13.2	10.0	6.5	5.4	5.7
重建期	Turn Around	5.4	4.4	3.4	2.2	2.6	0.8	1.0	0.3	0.7	0.8
2.按投资金额分（%）	By Investment Amt. (%)										
种子期	Seed	12.7	9.4	19.9	10.2	4.3	6.6	12.2	4.6	8.1	4.3
起步期	Startup	8.9	19.0	12.8	17.4	14.8	19.3	22.4	20.7	21.5	30.3
成长(扩张)期	Expansion	38.2	38.5	45.0	49.2	55.0	52.0	41.4	66.4	54.5	38.5
成熟(过渡)期	Maturity	35.2	26.5	18.5	20.2	22.3	21.5	22.8	8.3	15.2	26.3
重建期	Turn Around	5.0	6.6	3.7	3.0	3.6	0.6	1.2		0.7	0.6
七、退出方式（%）	**Exit (%)**										
上市	IPO	24.2	22.7	25.3	29.8	29.4	29.4	24.3	20.8	15.5	15.5
收购	Acquisition	29.0	23.2	33.0	28.6	30.0	18.9	26.3	36.0	31.0	31.0
回购	Buyback	27.4	34.8	35.3	32.8	32.3	45.0	44.8	36.0	37.5	37.5
清算	Liquidation	5.6	9.2	6.3	6.9	3.2	6.7	4.6	4.8	6.5	6.5
其它	Others	13.7	10.1						2.4	9.5	9.5

八、科技活动成果

Results of Science and Technology Activities

8-1 国内专利申请受理数
Domestic Patent Applications Accepted

单位：件 (piece)

地区	Region	1995	2000	2005	2009	2010	2011	2012	2013	2014	2015	2016
全国	**National Total**	**69535**	**140339**	**383157**	**877611**	**1109428**	**1504670**	**1912151**	**2234560**	**2210616**	**2639446**	**3305225**
东部地区	Eastern Region	35808	82700	262416	637402	780151	1079386	1363991	1572329	1494007	1751374	2228606
中部地区	Middle Region	9969	16335	37594	91175	140203	177100	234599	277222	306119	382707	510682
西部地区	Western Region	9741	16381	34053	84721	112713	153545	206046	271064	304711	391038	435112
东北地区	Northeast Region	8407	12758	25823	40751	50930	68730	80933	89011	81649	91564	106818
北京	Beijing	6362	10344	22572	50236	57296	77955	92305	123336	138111	156312	189129
天津	Tianjin	1648	2789	11657	19624	25973	38489	41009	60915	63422	79963	106514
河北	Hebei	2707	3848	6401	11361	12295	17595	23241	27619	30000	44060	54838
山西	Shanxi	917	1475	1985	6822	7927	12769	16786	18859	15687	14948	20031
内蒙古	Inner Mongolia	647	1138	1455	2484	2912	3841	4732	6388	6359	8876	10672
辽宁	Liaoning	4449	7151	15672	25803	34216	37102	41152	45996	37860	42153	52603
吉林	Jilin	1389	2501	4101	5934	6445	8196	9171	10751	11933	14800	18922
黑龙江	Heilongjiang	2569	3106	6050	9014	10269	23432	30610	32264	31856	34611	35293
上海	Shanghai	2456	11337	32741	62241	71196	80215	82682	86450	81664	100006	119937
江苏	Jiangsu	4078	8211	34811	174329	235873	348381	472656	504500	421907	428337	512429
浙江	Zhejiang	4042	10316	43221	108482	120742	177066	249373	294014	261435	307264	393147
安徽	Anhui	1026	1877	3516	16386	47128	48556	74888	93353	99160	127709	172552
福建	Fujian	1979	4211	9460	17559	21994	32325	42773	53701	58075	83146	130376
江西	Jiangxi	1008	1557	2815	5224	6307	9673	12458	16938	25594	36936	60494
山东	Shandong	4624	10019	28835	66857	80856	109599	128614	155170	158619	193220	212911
河南	Henan	2386	3823	8981	19589	25149	34076	43442	55920	62434	74373	94669
湖北	Hubei	2004	3486	11534	27206	31311	42510	51316	50816	59050	74240	95157
湖南	Hunan	2628	4117	8763	15948	22381	29516	35709	41336	44194	54501	67779
广东	Guangdong	7729	21123	72220	125673	152907	196272	229514	264265	278358	355939	505667
广西	Guangxi	1231	1762	2379	4277	5117	8106	13610	23251	32298	43696	59239
海南	Hainan	183	502	498	1040	1019	1489	1824	2359	2416	3127	3658
重庆	Chongqing	318	1780	6260	13482	22825	32039	38924	49036	55298	82791	59518
四川	Sichuan	2868	4496	10567	33047	40230	49734	66312	82453	91167	110746	142522
贵州	Guizhou	562	986	2226	3709	4414	8351	11296	17405	22467	18295	25315
云南	Yunnan	959	1710	2556	4633	5645	7150	9260	11512	13343	17603	23709
西藏	Tibet	11	28	102	195	162	263	170	203	248	309	712
陕西	Shaanxi	1721	2080	4166	15570	22949	32227	43608	57287	56235	74904	69611
甘肃	Gansu	546	798	1759	2676	3558	5287	8261	10976	12020	14584	20276
青海	Qinghai	100	174	216	499	602	732	844	1099	1534	2590	3284
宁夏	Ningxia	169	341	516	1277	739	1079	1985	3230	3532	4394	6149
新疆	Xinjiang	609	1088	1851	2872	3560	4736	7044	8224	10210	12250	14105
香港	Hongkong	655	1374	2645	2411	2980	3171	3168	3322	3242	3319	4552
澳门	Macao		13	27	38	32	36	65	147	84	213	221
台湾	Taiwan	4955	10778	20599	21113	22419	22702	23349	21465	20804	19231	19234

注：本年鉴中有关专利申请受理与授权的数据口径为由我国专利机构受理与授权的专利，不包括我国在外国申请专利及被授权的数据。

8-2 国内专利申请授权数
Domestic Patents Granted

单位：件 (piece)

地区	Region	1995	2000	2005	2009	2010	2011	2012	2013	2014	2015	2016
全国	**National Total**	**41881**	**95236**	**171619**	**501786**	**740620**	**883861**	**1163226**	**1228413**	**1209402**	**1596977**	**1628881**
东部地区	Eastern Region	21132	54389	114953	369354	545428	653832	856207	882636	852433	1110358	1115063
中部地区	Middle Region	5329	11041	15787	45827	72887	97563	132980	150018	158875	213842	227534
西部地区	Western Region	5774	11299	16272	47633	72877	76200	106991	129843	138702	201038	216169
东北地区	Northeast Region	4972	8744	11124	20552	28216	36332	47421	47694	41633	53003	53145
北京	Beijing	4025	5905	10100	22921	33511	40888	50511	62671	74661	94031	100578
天津	Tianjin	1034	1611	3045	7404	11006	13982	19782	24856	26351	37342	39734
河北	Hebei	1580	2812	3585	6839	10061	11119	15315	18186	20132	30130	31826
山西	Shanxi	569	968	1220	3227	4752	4974	7196	8565	8371	10020	10062
内蒙古	Inner Mongolia	415	775	845	1494	2096	2262	3084	3836	4031	5522	5846
辽宁	Liaoning	2745	4842	6195	12198	17093	19176	21223	21656	19525	25182	25104
吉林	Jilin	824	1650	2023	3275	4343	4920	5930	6219	6696	8878	9995
黑龙江	Heilongjiang	1403	2252	2906	5079	6780	12236	20268	19819	15412	18943	18046
上海	Shanghai	1436	4050	12603	34913	48215	47960	51508	48680	50488	60623	64230
江苏	Jiangsu	2413	6432	13580	87286	138382	199814	269944	239645	200032	250290	231033
浙江	Zhejiang	2131	7495	19056	79945	114643	130190	188463	202350	188544	234983	221456
安徽	Anhui	574	1482	1939	8594	16012	32681	43321	48849	48380	59039	60983
福建	Fujian	933	3003	5147	11282	18063	21857	30497	37511	37857	61621	67142
江西	Jiangxi	509	1072	1361	2915	4349	5550	7985	9970	13831	24161	31472
山东	Shandong	2861	6962	10743	34513	51490	58844	75496	76976	72818	98101	98093
河南	Henan	1145	2766	3748	11425	16539	19259	26791	29482	33366	47766	49145
湖北	Hubei	1017	2198	3860	11357	17362	19035	24475	28760	28290	38781	41822
湖南	Hunan	1515	2555	3659	8309	13873	16064	23212	24392	26637	34075	34050
广东	Guangdong	4611	15799	36894	83621	119343	128413	153598	170430	179953	241176	259032
广西	Guangxi	665	1191	1225	2702	3647	4402	5900	7884	9664	13573	14858
海南	Hainan	108	320	200	630	714	765	1093	1331	1597	2061	1939
重庆	Chongqing	305	1158	3591	7501	12080	15525	20364	24828	24312	38914	42738
四川	Sichuan	1714	3218	4606	20132	32212	28446	42218	46171	47120	64953	62445
贵州	Guizhou	274	710	925	2084	3086	3386	6059	7915	10107	14115	10425
云南	Yunnan	569	1217	1381	2923	3823	4199	5853	6804	8124	11658	12032
西藏	Tibet	2	17	44	292	124	142	133	121	146	198	245
陕西	Shaanxi	1085	1462	1894	6087	10034	11662	14908	20836	22820	33350	48455
甘肃	Gansu	257	493	547	1274	1868	2383	3662	4737	5097	6912	7975
青海	Qinghai	65	117	79	368	264	538	527	502	619	1217	1357
宁夏	Ningxia	111	224	214	910	1081	613	844	1211	1424	1865	2677
新疆	Xinjiang	312	717	921	1866	2562	2642	3439	4998	5238	8761	7116
香港	Hongkong	633	1285	1669	2250	2601	2588	2619	2297	2867	2940	2970
澳门	Macao		13	3	15	34	19	26	93	55	142	179
台湾	Taiwan	4041	8465	11811	16155	18577	17327	16982	15832	14837	15654	13821

8-3 国内有效专利数
Domestic Patents in Force

单位：件 (piece)

地区	Region	2007	2008	2009	2010	2011	2012	2013	2014	2015	2016
全国	**National Total**	**622409**	**923797**	**1193110**	**1825403**	**2303015**	**3005023**	**3635929**	**4032362**	**4792356**	**5527183**
东部地区	Eastern Region	417907	631209	841515	1308739	1657851	2178907	2611289	2862063	3371430	3863963
中部地区	Middle Region	52530	80506	104881	168457	234200	319521	413120	484371	600824	715935
西部地区	Western Region	58325	87808	111890	175264	211352	273288	349625	410598	522476	629583
东北地区	Northeast Region	34907	49860	56245	79452	98956	127407	151376	161208	178805	197003
北京	Beijing	43584	55771	71076	100623	131255	170516	219243	274667	344916	417666
天津	Tianjin	10909	17319	20515	29672	38690	52338	68540	83628	103775	124443
河北	Hebei	11222	15776	18606	27472	33813	43358	54781	66529	86360	105490
山西	Shanxi	4125	6076	7921	11998	14764	19561	25037	29077	34009	38702
内蒙古	Inner Mongolia	2727	3711	4188	5935	7162	8996	11421	13734	16799	20007
辽宁	Liaoning	18948	27614	31107	45241	54320	64019	74134	80089	90970	101657
吉林	Jilin	6199	8657	9619	13201	15594	18818	21926	24668	29046	34101
黑龙江	Heilongjiang	9760	13589	15519	21010	29042	44570	55316	56451	58789	61245
上海	Shanghai	46547	66941	83235	126178	149202	173513	194496	218156	251157	285877
江苏	Jiangsu	53065	94372	154887	273249	371322	537180	616779	594186	674053	740215
浙江	Zhejiang	75298	121343	170474	268471	331703	449957	552681	597051	668889	732438
安徽	Anhui	6438	10447	16608	32460	60400	88326	119704	135785	162177	188240
福建	Fujian	16068	22976	28364	44116	58969	81267	107246	126232	162451	197393
江西	Jiangxi	3820	5706	7050	10931	14237	19663	26037	34458	51824	73745
山东	Shandong	37342	58482	71771	111295	139884	177511	206983	226424	270920	312937
河南	Henan	13324	20713	26917	39972	50785	67824	84420	99590	126381	148862
湖北	Hubei	12252	19931	25745	40580	50906	64719	82392	96682	119345	143802
湖南	Hunan	12571	17633	20640	32516	43108	59428	75530	88779	107088	122584
广东	Guangdong	123035	177144	221131	325566	400571	490159	586592	670131	802493	940138
广西	Guangxi	4256	6213	7421	10503	13149	16822	22038	28303	37215	45928
海南	Hainan	837	1085	1456	2097	2442	3108	3948	5059	6416	7366
重庆	Chongqing	11939	16361	20012	30947	41070	53383	66208	73780	94975	116201
四川	Sichuan	17197	29310	39415	66644	74455	94938	119531	135209	169203	193737
贵州	Guizhou	3691	5130	6241	8995	11240	15931	21835	27965	34909	37562
云南	Yunnan	4913	6608	8051	11363	13683	17483	21837	26736	34045	40583
西藏	Tibet	161	231	430	529	390	462	527	588	724	989
陕西	Shaanxi	7305	11106	14828	24158	31544	41447	55310	66573	86053	116270
甘肃	Gansu	2159	3113	3657	5318	6728	9260	12459	15077	18580	22593
青海	Qinghai	320	559	656	857	1195	1502	1588	1946	2975	3962
宁夏	Ningxia	788	1336	1969	2790	2133	2493	3277	4221	5317	7220
新疆	Xinjiang	2869	4130	5022	7225	8603	10571	13594	16466	21681	24531
香港	Hongkong	6574	7862	8161	10071	10913	11326	11825	13578	14608	15815
澳门	Macao	29	44	51	84	95	104	176	236	360	511
台湾	Taiwan	52137	66508	70367	83336	89648	94470	98518	100308	103853	104373

8-4 国内、外三种专利申请受理数
Three Kinds of Applications for Patents Accepted

单位：件 (piece)

项　目	Item	1995	2000	2005	2010	2011	2012	2013	2014	2015	2016
合　计	**Total**	**83045**	**170682**	**476264**	**1222286**	**1633347**	**2050649**	**2377061**	**2361243**	**2798500**	**3464824**
1.发　明	Inventions	21636	51747	173327	391177	526412	652777	825136	928177	1101864	1338503
国　内	Domestic	10018	25346	93485	293066	415829	535313	704936	801135	968251	1204981
职　务	Official	2993	12609	62270	223754	324224	428427	571073	648023	776117	982971
大专院校	Universities and Colleges	574	1942	14643	48294	63028	75688	98509	111993	133645	173049
科研单位	Research Institutions	865	2228	6726	18254	25222	29518	36582	39625	44545	55076
企　业	Industrial and Mineral Enterprises	1086	8316	40196	154581	231551	316414	426544	484747	582512	735533
机关团体	Government Agencies and Organizations	468	123	705	2625	4423	6807	9438	11658	15415	19313
非职务	Non-official	7025	12737	31215	69312	91605	106886	133863	153112	192134	222010
国　外	Foreign	11618	26401	79842	98111	110583	117464	120200	127042	133613	133522
职　务	Official	11045	25334	77575	95517	107899	114700	117654	124362	130838	130699
非职务	Non-official	573	1067	2267	2594	2684	2764	2546	2680	2775	2823
2.实用新型	Utility Models	43741	68815	139566	409836	585467	740290	892362	868511	1127577	1475977
国　内	Domestic	43429	68461	138085	407238	581303	734437	885226	861053	1119714	1468295
职　务	Official	8727	17792	46879	242479	387591	512203	633446	653904	858743	1135997
大专院校	Universities and Colleges	771	965	3843	18223	32641	39999	55997	60369	89077	124155
科研单位	Research Institutions	1376	1616	2661	7474	10512	12786	14360	15044	18830	21535
企　业	Industrial and Mineral Enterprises	4739	14912	39649	212081	336298	450002	551056	565757	730865	964644
机关团体	Government Agencies and Organizations	1841	299	726	4701	8140	9416	12033	12734	19971	25663
非职务	Non-official	34702	50669	91206	164759	193712	222234	251780	207149	260971	332298
国　外	Foreign	312	354	1481	2598	4164	5853	7136	7458	7863	7682
职　务	Official	190	259	1171	2248	3772	5482	6666	6985	7323	7013
非职务	Non-official	122	95	310	350	392	371	470	473	540	669
3.外观设计	Designs	17668	50120	163371	421273	521468	657582	659563	564555	569059	650344
国　内	Domestic	15433	46532	151587	409124	507538	642401	644398	548428	551481	631949
职　务	Official	8193	22974	49733	192337	250529	352686	350551	271127	268214	325655
大专院校	Universities and Colleges	18	17	1435	12815	14467	16961	13150	11607	12440	17310
科研单位	Research Institutions	104	278	359	1234	2176	2815	2090	1192	1101	1663
企　业	Industrial and Mineral Enterprises	6031	22634	47552	173338	231586	330804	332458	255962	252374	304160
机关团体	Government Agencies and Organizations	2040	45	387	4950	2300	2106	2853	2366	2299	2522
非职务	Non-official	7240	23558	101854	216787	257009	289715	293847	277301	283267	306294
国　外	Foreign	2235	3588	11784	12149	13930	15181	15165	16127	17578	18395
职　务	Official	2013	3432	11230	11535	13315	14456	14289	15183	16637	17248
非职务	Non-official	222	156	554	614	615	725	876	944	941	1147

8-5 国内、外三种专利申请授权数
Three Kinds of Patents Granted

单位：件 (piece)

项 目	Item	1995	2000	2005	2010	2011	2012	2013	2014	2015	2016
合 计	**Total**	**45064**	**105345**	**214003**	**814825**	**960513**	**1255138**	**1313000**	**1302687**	**1718192**	**1753763**
1.发 明	Inventions	3393	12683	53305	135110	172113	217105	207688	233228	359316	404208
国 内	Domestic	1530	6177	20705	79767	112347	143847	143535	162680	263436	302136
职 务	Official	932	2824	14761	66149	95069	125954	126860	146172	238818	276007
大专院校	Universities and Colleges	258	652	4453	19036	26616	33821	33309	38317	57196	62311
科研单位	Research Institutions	304	910	2423	6557	9238	11248	12284	13573	19243	20109
企 业	Industrial and Mineral Enterprises	205	1016	7712	40049	58364	78651	79439	91874	158620	189564
机关团体	Government Agencies and Organizations	165	246	173	507	851	2234	1828	2408	3759	4023
非职务	Non-official	598	3353	5944	13618	17278	17893	16675	16508	24618	26129
国 外	Foreign	1863	6506	32600	55343	59766	73258	64153	70548	95880	102072
职 务	Official	1748	6222	31555	54169	58541	71871	62991	69301	94325	100466
非职务	Non-official	115	284	1045	1174	1225	1387	1162	1247	1555	1606
2.实用新型	Utility Models	30471	54743	79349	344472	408110	571175	692845	707883	876217	903420
国 内	Domestic	30195	54407	78137	342256	405086	566750	686208	699971	868734	897035
职 务	Official	6766	15519	29191	209275	271345	410763	512203	564055	687372	734885
大专院校	Universities and Colleges	623	868	2391	16002	21190	33389	43085	47600	68827	77166
科研单位	Research Institutions	1025	1529	1599	7074	8016	7754	11319	12238	13680	13908
企 业	Industrial and Mineral Enterprises	2627	12821	24743	183289	236959	359990	451662	497268	592771	631299
机关团体	Government Agencies and Organizations	2491	301	458	2910	5180	9630	6137	6949	12094	12512
非职务	Non-official	23429	38888	48946	132981	133741	155987	174005	135916	181362	162150
国 外	Foreign	276	336	1212	2216	3024	4425	6637	7912	7483	6385
职 务	Official	154	261	1011	1903	2662	4085	6233	7451	7030	5962
非职务	Non-official	122	75	201	313	362	340	404	461	453	423
3.外观设计	Designs	11200	37919	81349	335243	380290	466858	412467	361576	482659	446135
国 内	Domestic	9523	34652	72777	318597	366428	452629	398670	346751	464807	429710
职 务	Official	5344	17789	27566	146407	192958	262217	233534	189210	249538	221633
大专院校	Universities and Colleges	10	28	555	8115	8678	10073	8644	6571	10311	10283
科研单位	Research Institutions	156	248	170	637	523	850	1275	769	728	903
企 业	Industrial and Mineral Enterprises	2554	17482	26658	135680	179464	246879	221575	181188	237326	209495
机关团体	Government Agencies and Organizations	2624	31	183	1975	4293	4415	2040	682	1173	952
非职务	Non-official	4179	16863	45211	172190	173470	190412	165136	157541	215269	208077
国 外	Foreign	1677	3267	8572	16646	13862	14229	13797	14825	17852	16425
职 务	Official	1402	3108	8254	15851	13250	13608	13116	14021	16878	15566
非职务	Non-official	275	159	318	795	612	621	681	804	974	859

8-6 国内、外三种专利有效数
Three Kinds of Patents in Force

单位：件 (piece)

项　目	Item	2009	2010	2011	2012	2013	2014	2015	2016
合　计	**Total**	**1520023**	**2216082**	**2739906**	**3508561**	**4195139**	**4642506**	**5477625**	**6285238**
1.发　明	Inventions	438036	564760	696939	875385	1033908	1196497	1472374	1772203
国　内	Domestic	180042	257893	351288	473187	586493	708690	921757	1158203
职　务	Official	144298	209559	291541	411470	519589	638148	839551	1066375
大专院校	Universities and Colleges	35413	53144	73320	96707	116337	136613	173683	210553
科研单位	Research Institutions	16507	22976	30545	37639	46734	56274	70403	84411
企　业	Industrial and Mineral Enterprises	91237	131794	185357	274038	351500	438221	585404	758354
机关团体	Government Agencies and Organizations	1141	1645	2319	3086	5018	7040	10061	13057
非职务	Non-official	35744	48334	59747	61717	66904	70542	82206	91828
国　外	Foreign	257994	306867	345651	402198	447415	487807	550617	614000
职　务	Official	252620	300476	338645	394757	439619	479685	541889	604689
非职务	Non-official	5374	6391	7006	7441	7796	8122	8728	9311
2.实用新型	Utility Models	565804	857968	1120596	1501044	1936789	2291326	2732554	3154485
国　内	Domestic	558791	849454	1109958	1486839	1917122	2265224	2700833	3118410
职　务	Official	309630	501555	717902	1074312	1461587	1828413	2238950	2640791
大专院校	Universities and Colleges	16363	30255	42079	63650	84984	103344	135785	170863
科研单位	Research Institutions	14219	20702	26090	26839	33400	39225	44899	51130
企　业	Industrial and Mineral Enterprises	274357	444655	639741	973122	1329876	1669822	2034725	2388230
机关团体	Government Agencies and Organizations	4691	5943	9992	10701	13327	16022	23541	30568
非职务	Non-official	249161	347899	392056	412527	455535	436811	461883	477619
国　外	Foreign	7013	8514	10638	14205	19667	26102	31721	36075
职　务	Official	5994	7276	9254	12807	18124	24378	29881	34176
非职务	Non-official	1019	1238	1384	1398	1543	1724	1840	1899
3.外观设计	Designs	516183	793354	922371	1132132	1224442	1154683	1272697	1358550
国　内	Domestic	454277	718056	841769	1044997	1132314	1058448	1169766	1250570
职　务	Official	199973	327916	427350	589620	672339	626252	680400	729868
大专院校	Universities and Colleges	5726	12783	13912	17161	19289	16284	18486	21003
科研单位	Research Institutions	986	1584	1696	2671	3395	2744	2532	2821
企　业	Industrial and Mineral Enterprises	189563	308031	403960	564716	646281	605410	657156	703506
机关团体	Government Agencies and Organizations	3698	5518	7782	5072	3374	1814	2226	2538
非职务	Non-official	254304	390140	414419	455377	459975	432196	489366	520702
国　外	Foreign	61906	75298	80602	87135	92128	96235	102931	107980
职　务	Official	60306	73046	78070	84519	89259	93063	99292	104117
非职务	Non-official	1600	2252	2532	2616	2869	3172	3639	3863

8-7 国内三种专利申请受理数按地区分布(2016年)

Three Kinds of Domestic Patent Applications Accepted by Region (2016)

单位：件 (piece)

地区	Region	合计 Total	发明 Invention	实用新型 Utility Model	外观设计 Design
全国	**National Total**	**3305225**	**1204981**	**1468295**	**631949**
东部地区	Eastern Region	2228606	761421	991793	475392
中部地区	Middle Region	510682	210268	232915	67499
西部地区	Western Region	435112	175418	183545	76149
东北地区	Northeast Region	106818	46275	51499	9044
北京	Beijing	189129	104643	64496	19990
天津	Tianjin	106514	38153	63589	4772
河北	Hebei	54838	14141	30253	10444
山西	Shanxi	20031	8208	10079	1744
内蒙古	Inner Mongolia	10672	2878	6401	1393
辽宁	Liaoning	52603	25561	22996	4046
吉林	Jilin	18922	7537	9647	1738
黑龙江	Heilongjiang	35293	13177	18856	3260
上海	Shanghai	119937	54339	51836	13762
江苏	Jiangsu	512429	184632	192636	135161
浙江	Zhejiang	393147	93254	199244	100649
安徽	Anhui	172552	95963	67031	9558
福建	Fujian	130376	27041	78176	25159
江西	Jiangxi	60494	8202	32631	19661
山东	Shandong	212911	88359	106100	18452
河南	Henan	94669	28582	51358	14729
湖北	Hubei	95157	43789	42181	9187
湖南	Hunan	67779	25524	29635	12620
广东	Guangdong	505667	155581	203609	146477
广西	Guangxi	59239	43078	11599	4562
海南	Hainan	3658	1278	1854	526
重庆	Chongqing	59518	19981	32099	7438
四川	Sichuan	142522	54277	58088	30157
贵州	Guizhou	25315	10953	11081	3281
云南	Yunnan	23709	7907	13549	2253
西藏	Tibet	712	176	410	126
陕西	Shaanxi	69611	22565	27149	19897
甘肃	Gansu	20276	6114	10272	3890
青海	Qinghai	3284	1381	1569	334
宁夏	Ningxia	6149	2510	3329	310
新疆	Xinjiang	14105	3598	7999	2508
香港	Hongkong	4552	1278	1195	2079
澳门	Macao	221	38	33	150
台湾	Taiwan	19234	10283	7315	1636

8-8 国内三种专利申请授权数按地区分布(2016年)

Three Kinds of Domestic Patent Applications Granted by Region (2016)

单位：件 (piece)

地 区	Region	合 计 Total	发 明 Invention	实用新型 Utility Model	外观设计 Design
全 国	**National Total**	**1628881**	**302136**	**897035**	**429710**
东部地区	Eastern Region	1115063	203231	598696	313136
中部地区	Middle Region	227534	41912	141102	44520
西部地区	Western Region	216169	36170	117316	62683
东北地区	Northeast Region	53145	13504	33401	6240
北 京	Beijing	100578	40602	44710	15266
天 津	Tianjin	39734	5185	31046	3503
河 北	Hebei	31826	4247	19762	7817
山 西	Shanxi	10062	2411	6532	1119
内 蒙 古	Inner Mongolia	5846	871	3981	994
辽 宁	Liaoning	25104	6731	15515	2858
吉 林	Jilin	9995	2428	6179	1388
黑 龙 江	Heilongjiang	18046	4345	11707	1994
上 海	Shanghai	64230	20086	34101	10043
江 苏	Jiangsu	231033	40952	117827	72254
浙 江	Zhejiang	221456	26576	123744	71136
安 徽	Anhui	60983	15292	38773	6918
福 建	Fujian	67142	7170	42110	17862
江 西	Jiangxi	31472	1914	17939	11619
山 东	Shandong	98093	19404	66068	12621
河 南	Henan	49145	6811	32197	10137
湖 北	Hubei	41822	8517	27209	6096
湖 南	Hunan	34050	6967	18452	8631
广 东	Guangdong	259032	38626	118157	102249
广 西	Guangxi	14858	5159	6535	3164
海 南	Hainan	1939	383	1171	385
重 庆	Chongqing	42738	5044	30428	7266
四 川	Sichuan	62445	10350	31813	20282
贵 州	Guizhou	10425	2036	6525	1864
云 南	Yunnan	12032	2125	8063	1844
西 藏	Tibet	245	33	154	58
陕 西	Shaanxi	48455	7503	17084	23868
甘 肃	Gansu	7975	1308	5075	1592
青 海	Qinghai	1357	271	883	203
宁 夏	Ningxia	2677	560	1947	170
新 疆	Xinjiang	7116	910	4828	1378
香 港	Hongkong	2970	630	747	1593
澳 门	Macao	179	25	29	125
台 湾	Taiwan	13821	6664	5744	1413

8-9 国内三种专利有效数按地区分布(2016年)
Three Kinds of Domestic Patents in Force by Region (2016)

单位：件 (piece)

地区	Region	合计 Total	发明 Invention	实用新型 Utility Model	外观设计 Design
全国	**National Total**	**5527183**	**1158203**	**3118410**	**1250570**
东部地区	Eastern Region	3863963	785093	2126628	952242
中部地区	Middle Region	715935	137927	459016	118992
西部地区	Western Region	629583	126899	360343	142341
东北地区	Northeast Region	197003	53307	122729	20967
北京	Beijing	417666	166722	203533	47411
天津	Tianjin	124443	22663	89667	12113
河北	Hebei	105490	15755	68809	20926
山西	Shanxi	38702	9896	24638	4168
内蒙古	Inner Mongolia	20007	3734	12936	3337
辽宁	Liaoning	101657	27915	63929	9813
吉林	Jilin	34101	9255	20395	4451
黑龙江	Heilongjiang	61245	16137	38405	6703
上海	Shanghai	285877	85049	160744	40084
江苏	Jiangsu	740215	146859	419226	174130
浙江	Zhejiang	732438	91373	410069	230996
安徽	Anhui	188240	39104	126067	23069
福建	Fujian	197393	23793	118556	55044
江西	Jiangxi	73745	6896	42845	24004
山东	Shandong	312937	62005	208963	41969
河南	Henan	148862	22601	100870	25391
湖北	Hubei	143802	31567	94161	18074
湖南	Hunan	122584	27863	70435	24286
广东	Guangdong	940138	168480	443368	328290
广西	Guangxi	45928	14222	23297	8409
海南	Hainan	7366	2394	3693	1279
重庆	Chongqing	116201	16737	76390	23074
四川	Sichuan	193737	36815	105859	51063
贵州	Guizhou	37562	7019	22725	7818
云南	Yunnan	40583	9011	25196	6376
西藏	Tibet	989	394	292	303
陕西	Shaanxi	116270	27599	55903	32768
甘肃	Gansu	22593	5022	14398	3173
青海	Qinghai	3962	904	2247	811
宁夏	Ningxia	7220	1680	4935	605
新疆	Xinjiang	24531	3762	16165	4604
香港	Hongkong	15815	4626	4017	7172
澳门	Macao	511	90	141	280
台湾	Taiwan	104373	50261	45536	8576

8-10 按国别(地区)分国外三种专利申请受理
Three Kinds of Foregin Patent Applications Accepted by Country (Area)

单位：件 (piece)

国 家 (地区)	Country (Area)	合 计 Total	发 明 Invention	实用新型 Utility Model	外观设计 Design
总 计	**Total**	**159599**	**133522**	**7682**	**18395**
安道尔	Andorra	2	2		
阿根廷	Argentina	5	4		1
奥地利	Austria	1054	946	52	56
澳大利亚	Australia	927	624	86	217
巴哈马	Bahamas	9	9		
巴巴多斯	Barbados	125	88	7	30
比利时	Belgium	805	700	38	67
伯利兹	Belize	13	8	5	
百慕大群岛	Bermuda	83	83		
巴 西	Brazil	183	134	23	26
保加利亚	Bulgaria	9	6		3
加拿大	Canada	1157	985	48	124
开曼群岛	Cayman Islands	3792	3309	47	436
智 利	Chile	17	16	1	
哥伦比亚	Colombia	10	6		4
克罗地亚	Croatia	3	3		
古 巴	Cuba	4	4		
塞浦路斯	Cyprus	31	15	6	10
捷 克	Czech Republic	143	65	11	67
朝 鲜	North Korea				
丹 麦	Denmark	1051	858	24	169
埃 及	Egypt	4	2	2	
芬 兰	Finland	1148	1007	58	83
法 国	France	5775	4631	301	843
德 国	Germany	16641	14158	757	1726
直布罗陀	Gibraltar	3	3		
希 腊	Greece	42	28	1	13
匈牙利	Hungary	42	39	3	
冰 岛	Iceland	12	9	1	2
印 度	India	334	288	8	38
印度尼西亚	Indonesia	13		1	12
伊 朗	Iran	28	1	9	18
爱尔兰	Ireland	242	223	4	15
以色列	Israel	919	800	31	88
意大利	Italy	2430	1610	145	675
日 本	Japan	45151	39207	2134	3810
哈萨克斯坦	Kazakhstan				
吉尔吉斯斯坦	kyrgyzstan				
拉托维亚	Latvia	2	2		

8-10 续表 continued

单位：件 (piece)

国 家 (地区)	Country (Area)	合 计 Total	发 明 Invention	实用新型 Utility Model	外观设计 Design
列支敦士登	Liechtenstein	176	137	2	37
卢森堡	Luxembourg	348	252	11	85
马来西亚	Malaysia	111	57	22	32
马耳他	Malta	44	36	2	6
毛里求斯	Mauritius	6	4		2
墨西哥	Mexico	34	27		7
摩纳哥	Monaco	16	15		1
荷 兰	Netherlands	3551	3155	92	304
荷属安的列斯群岛	Netherlands Antilles	4	4		
新西兰	New Zealand	232	143	24	65
挪 威	Norway	223	194	8	21
巴拿马	Panama	7	3	2	2
菲律宾	Philippines	23	8	6	9
波 兰	Poland	82	57	2	23
葡萄牙	Portugal	55	46		9
韩 国	South Korea	17560	13764	814	2982
罗马尼亚	Romania	4	4		
俄罗斯联邦	Russian Federation	199	135	26	38
萨摩亚	Samoa	55	34	19	2
沙特阿拉伯	Saudi Arabia	273	191		82
塞舌尔	Seychelles	48	39	9	
新加坡	Singapore	1103	769	267	67
斯洛伐克	Slovakia	15	8		7
斯洛文尼亚	Slovenia	40	25		15
南 非	South Africa	74	61	4	9
西班牙	Spain	541	393	28	120
瑞 典	Sweden	2461	1919	58	484
瑞 士	Switzerland	4450	3453	212	785
泰 国	Thailand	70	46	4	20
突尼斯	Tunis	1	1		
土耳其	Turkey	117	80	8	29
乌克兰	Ukraine	13	9		4
越 南	Viet Nam	44	3	1	40
阿拉伯联合酋长国	United Arab Emirates	55	34	5	16
英 国	United Kingdom	3113	2372	131	610
美 国	United States of America	41736	35895	2070	3771
维尔京群岛	Virgin Islands, British	395	210	46	139
其 他	Others	111	66	6	39

8-11 按国别(地区)分国外三种专利授权
Three Kinds of Foregin Patents Granted by Country (Area)

单位：件 (piece)

国 家 (地区)	Country (Area)	合 计 Total	发 明 Invention	实用新型 Utility Model	外观设计 Design
总 计	**Total**	**124882**	**102072**	**6385**	**16425**
安道尔	Andorra				
阿根廷	Argentina	8	6	1	1
奥地利	Austria	855	769	28	58
澳大利亚	Australia	682	479	50	153
巴哈马	Bahamas	17	16		1
巴巴多斯	Barbados	156	127	7	22
比利时	Belgium	628	556	27	45
伯利兹	Belize	3		3	
百慕大群岛	Bermuda	37	35	1	1
巴 西	Brazil	119	84	8	27
保加利亚	Bulgaria	8	5		3
加拿大	Canada	908	798	33	77
开曼群岛	Cayman Islands	969	514	26	429
智 利	Chile	11	11		
哥伦比亚	Colombia	2	2		
克罗地亚	Croatia	3	2		1
古 巴	Cuba	4	4		
塞浦路斯	Cyprus	34	20	5	9
捷 克	Czech Republic	89	22	4	63
朝 鲜	North Korea	2	2		
丹 麦	Denmark	804	654	33	117
埃 及	Egypt	3	2	1	
芬 兰	Finland	1036	892	55	89
法 国	France	4944	3889	247	808
德 国	Germany	14585	12593	604	1388
直布罗陀	Gibraltar	3	2		1
希 腊	Greece	22	6	1	15
匈牙利	Hungary	24	20	3	1
冰 岛	Iceland	13	12	1	
印 度	India	234	196	6	32
印度尼西亚	Indonesia	7	3		4
伊 朗	Iran	7	1	1	5
爱尔兰	Ireland	204	189	4	11
以色列	Israel	519	430	28	61
意大利	Italy	1933	1265	141	527
日 本	Japan	40571	34967	2052	3552
哈萨克斯坦	Kazakhstan				
吉尔吉斯斯坦	kyrgyzstan	1	1		
拉托维亚	Latvia	2	1		1

8-11 续表 continued

单位：件 (piece)

国 家 (地区)	Country (Area)	合 计 Total	发 明 Invention	实用新型 Utility Model	外观设计 Design
列支敦士登	Liechtenstein	153	111	5	37
卢森堡	Luxembourg	258	165	13	80
马来西亚	Malaysia	92	47	15	30
马耳他	Malta	33	21	8	4
毛里求斯	Mauritius	11	7		4
墨西哥	Mexico	38	22	2	14
摩纳哥	Monaco	4	3	1	
荷 兰	Netherlands	2899	2551	81	267
荷属安的列斯群岛	Netherlands Antilles	4	4		
新西兰	New Zealand	139	83	14	42
挪 威	Norway	219	196	6	17
巴拿马	Panama	8	1	3	4
菲律宾	Philippines	18	7	10	1
波 兰	Poland	66	48	3	15
葡萄牙	Portugal	24	17		7
韩 国	South Korea	10672	7410	580	2682
罗马尼亚	Romania	2	2		
俄罗斯联邦	Russian Federation	150	102	17	31
萨摩亚	Samoa	17	3	12	2
沙特阿拉伯	Saudi Arabia	177	113		64
塞舌尔	Seychelles	36	19	11	6
新加坡	Singapore	585	400	117	68
斯洛伐克	Slovakia	15	6		9
斯洛文尼亚	Slovenia	24	16		8
南 非	South Africa	60	50		10
西班牙	Spain	378	253	21	104
瑞 典	Sweden	1813	1516	45	252
瑞 士	Switzerland	3934	2847	194	893
泰 国	Thailand	37	17	3	17
突尼斯	Tunis				
土耳其	Turkey	133	82	2	49
乌克兰	Ukraine	12	7	1	4
越 南	Viet Nam	15	2	1	12
阿拉伯联合酋长国	United Arab Emirates	15	4		11
英 国	United Kingdom	2222	1566	83	573
美 国	United States of America	30817	25637	1719	3461
维尔京群岛	Virgin Islands, British	286	138	41	107
其 他	Others	69	24	7	38

8-12 按国别(地区)分国外三种专利有效数
Three Kinds of Foregin Patents in Force by Country (Area)

单位：件 (piece)

国家(地区)	Country (Area)	合计 Total	发明 Invention	实用新型 Utility Model	外观设计 Design
总计	**Total**	**758055**	**614000**	**36075**	**107980**
安道尔	Andorra	7	5	1	1
阿根廷	Argentina	37	28	4	5
奥地利	Austria	4045	3364	193	488
澳大利亚	Australia	4113	2644	249	1220
巴哈马	Bahamas	115	104	1	10
巴巴多斯	Barbados	663	569	9	85
比利时	Belgium	3733	3210	112	411
伯利兹	Belize	44	4	31	9
百慕大群岛	Bermuda	421	272	64	85
巴西	Brazil	779	438	56	285
保加利亚	Bulgaria	32	21	3	8
加拿大	Canada	5884	4709	227	948
开曼群岛	Cayman Islands	3308	1998	245	1065
智利	Chile	60	57	2	1
哥伦比亚	Colombia	23	17	2	4
克罗地亚	Croatia	11	9	1	1
古巴	Cuba	72	72		
塞浦路斯	Cyprus	113	74	12	27
捷克	Czech Republic	536	114	50	372
朝鲜	North Korea	6	4	2	
丹麦	Denmark	4838	3751	156	931
埃及	Egypt	13	5	1	7
芬兰	Finland	7286	6067	348	871
法国	France	28687	22954	1298	4435
德国	Germany	77055	62203	3677	11175
直布罗陀	Gibraltar	23	19	1	3
希腊	Greece	126	73	1	52
匈牙利	Hungary	174	148	9	17
冰岛	Iceland	90	88	1	1
印度	India	1043	872	34	137
印度尼西亚	Indonesia	62	19	6	37
伊朗	Iran	23	3	1	19
爱尔兰	Ireland	1145	1036	36	73
以色列	Israel	2424	1842	203	379
意大利	Italy	11329	7506	446	3377
日本	Japan	285255	238910	13584	32761
哈萨克斯坦	Kazakhstan	14	10	4	
吉尔吉斯斯坦	kyrgyzstan	1	1		
拉托维亚	Latvia	25	18	1	6

8-12 续表 continued

单位：件 (piece)

国 家 (地区)	Country (Area)	合 计 Total	发 明 Invention	实用新型 Utility Model	外观设计 Design
列支敦士登	Liechtenstein	691	481	7	203
卢森堡	Luxembourg	1543	1133	83	327
马来西亚	Malaysia	603	250	74	279
马耳他	Malta	113	97	9	7
毛里求斯	Mauritius	132	119	3	10
墨西哥	Mexico	364	242	6	116
摩纳哥	Monaco	43	35	2	6
荷 兰	Netherlands	18782	16146	406	2230
荷属安的列斯群岛	Netherlands Antilles	59	58	1	
新西兰	New Zealand	683	430	43	210
挪 威	Norway	1393	1185	34	174
巴拿马	Panama	150	115	5	30
菲律宾	Philippines	86	60	12	14
波 兰	Poland	273	162	13	98
葡萄牙	Portugal	119	85	1	33
韩 国	South Korea	61667	47090	1966	12611
罗马尼亚	Romania	7	4	2	1
俄罗斯联邦	Russian Federation	687	445	121	121
萨摩亚	Samoa	325	190	105	30
沙特阿拉伯	Saudi Arabia	444	292	6	146
塞舌尔	Seychelles	129	55	43	31
新加坡	Singapore	2921	2037	309	575
斯洛伐克	Slovakia	41	19	1	21
斯洛文尼亚	Slovenia	123	101		22
南 非	South Africa	488	418	13	57
西班牙	Spain	2140	1221	106	813
瑞 典	Sweden	12475	10396	335	1744
瑞 士	Switzerland	22151	16696	1160	4295
泰 国	Thailand	228	72	21	135
突尼斯	Tunis	1	1		
土耳其	Turkey	590	299	33	258
乌克兰	Ukraine	48	25	11	12
越 南	Viet Nam	35	9	1	25
阿拉伯联合酋长国	United Arab Emirates	89	30	12	47
英 国	United Kingdom	12252	8685	524	3043
美 国	United States of America	170211	140947	9134	20130
维尔京群岛	Virgin Islands, British	1983	972	359	652
其 他	Others	371	160	43	168

8-13 按国际专利标准分类的专利申请受理、授权和有效数(2016年)
Patents Applications Accepted, Granted and in Force by International Patent Classification (2016)

单位：件

项 目	Item	申 请 Application	授 权 Granted	有 效 in Force
合 计	**Total**	**2562594**	**1307628**	**4926688**
A部(人类生活需要)	**Section A: Human Necessities**	**500407**	**186498**	**649401**
农、林、牧、渔	Agriculture, Forestry, Animal Husbandry and Fishery	89046	41560	113483
烘烤、食用面团	Baking and Edible Doughs	6084	1816	5841
屠宰、加工	Butchering and Meat Treatment	1814	1028	2817
食品、食物及处理	Foods and Foodstuffs and their Treatment	60170	11245	49210
烟类及用品	Tobacco, Cigars and Cigarettes	4545	2832	11238
服 装	Clothing	13022	6023	18612
帽类制品	Headwear	1898	851	2470
鞋 类	Footwear	8167	4189	12206
男用服饰用品、珠宝	Haberdashery and Jewelry	3897	2069	6803
手携及旅行用品	Hand or Traveling Articles	15453	7347	20420
刷类用品	Brushware	2658	1188	3379
家具、家庭日用品或设备	Furniture, Domestic Articles, and Appliance	97490	34716	123226
医学、兽医学、卫生学	Medical or Veterinary Science and Hygiene	160013	57041	234787
救生、消防	Life-saving and Fire-fighting	6801	3439	11473
运动、游戏、娱乐活动	Sports, Games and Recreation	20244	11152	33432
本部其他类目中不包括的技术主题	Subject Matter not Otherwise Provided for in this Section	9105	2	8
B部(作业、运输)	**Section B: Industrial and Transportation**	**640714**	**374840**	**1259030**
物理或化学的方法功能装置	Physical or Chemical Processes or Apparatus	74928	42765	145138
破碎、研磨、粉碎	Crushing,Pulverizing or Disintegrating	14972	7917	22889
分选、分离	Separation of Solid Materials, Electrostatic Separation	4209	2575	9400
离心装置、离心机	Centrifugal Apparatus or Machines	1632	984	4037
喷射、雾化	Spraying or Atomizing in General	15468	8694	28599
机械振动的产生和传递	Generating or transmission of Mechanical Vibrations	284	205	824
固体分离、分选	Separating Solids from Solids Wastes	9395	5574	15681
清 洁	Cleaning	14141	8086	23135
固体废料的处理	Disposal of Solid Waste	3353	1563	5001
金属加工、冲裁	Mechanical Metal-working and Stamping	29266	19558	70757
铸造、粉末冶金	Casting and Powder Metallurgy	13281	8295	30452
机床、其他金属加工	Machine Tools	67395	41230	139839
磨削、抛光	Grinding and Polishing	17892	9774	31504
简单工具	Hand tools, Portable Power Tools and Workshop Equipment	29691	16481	48171
手工切割工具、切断	Hand Cutting Tools, Cutting and Servering	12301	7420	21234
木材加工、保存、钉钉机	Wood Preservation and Nailing or Stapling Machines	7353	3681	10839
加工水泥、粘土和石料	Cement, Clay or Stone	11075	6143	21371
塑料制品的加工	Working of Plastics	31669	18751	62947
压力机	Presses	3799	2423	8621
纸品制作、纸的加工	Paper Making and Processing Paper	2735	1617	5969
叠层产品	Layered Products	14913	7283	24801
印刷、打字机、印刷机	Pringting, Lining Machines, and Typewriters	10519	7484	30756
装订、图册、文件夹	Bookbinding, Albums, and Files	2987	1505	4784
绘图具、办公附属用品	Writing or Drawing Appliances	8338	2523	8323
装饰艺术	Decorative Arts	4354	2042	6257

注：1.本表只包含发明和实用新型专利。
2.分类指专利分类部门对每一件发明专利申请或实用新型专利申请的技术主题进行分类，给出完整的代表发明或实用新型的发明情报的分类号。

8-13 续表 1 continued

单位：件

项　目	Item	申　请 Application	授　权 Granted	有　效 in Force
一般车辆	Vehicles in General	52694	32182	116311
铁　路	Railways	5139	3319	14154
无轨陆用车牌	Land Vehicles other than Rails	27094	15806	55646
船舶、船只，有关的设备	Ships and Related Equipment	6911	3983	13517
飞行器、航空、宇宙航行	Aircraft and Aviation	8959	5017	11974
输送、包装、存储、搬运	Conveying aand Packing Inflammatory Material	101498	60330	193167
卷扬、提升、牵引	Hoistng, Lifting, and Hauling	27351	16433	62235
液体的储运	Opening or Closing Bottles, Jars or Similar Containers	4341	2573	8408
鞍具、室内装璜	Saddlery and Upholstery	111	58	290
微观结构技术	Micro-Structural Technology	529	503	1572
超微技术	Nano-Technology	137	63	427
C部（化学、冶金）	**Section C: Chemistry and Metallurgy**	**221354**	**101642**	**440080**
无机化学	Inorganic Chemistry	9494	5989	26715
水、废污水、泥浆的处理	Treatment of Water, Waste Water, Sewage or Sludge	34712	16860	54652
玻璃、矿棉和渣棉	Glass, Mineral or Slag Wool	5269	3279	14324
水泥、陶瓷等、隔音材料	Cements, Concrete, Artificial Stone,Ceramics, Refractories	12258	4499	18681
肥料及制造	Fertilizers and Related Products	9471	1995	8214
炸药、火柴	Explosives and Matches	356	284	1322
有机化学	Organic Chemistry	23357	13812	68383
有机高分子化合物	Organic Macromolecular Compounds	30236	12417	58759
杂料、涂料、抛光剂等	Dyes, Paints, Polishes, Resins, and Adhesives	21482	7791	32083
石油、煤气及炼焦工业	Petroleum, Gas or Coke Industries,Inert Gases	9217	4398	23381
动植物油、脂类	Animal or Vegetable Oils, Fats	4854	995	5703
生化、酒、醋、酶、遗传工程	Biochemistry, Beer, Spirits, Wine, Microbiology	26992	10545	47955
糖或淀粉工业	Sugar Industry	212	98	501
大小原皮、毛皮、皮革	Skins, Hides, Pelts, Leather	811	461	1425
黑色冶金	Metallurgy of Iron	6048	3888	18786
冶金学、合金或有色合金	Metallurgy, Ferrous or Non-ferrous Alloys	10968	5379	21860
金属加工涂料、防腐防锈	Coating Metallic Materials	8347	4174	18699
电解电泳方法及设备	Electrolytic or Electrophoretic Processes	5349	3582	13008
晶体生长	Crystal Growth	1828	1168	5512
组合技术	Combinatorial Technology	93	28	117
D部（纺织、造纸）	**Section D: Textiles and Papers Making**	**41389**	**21988**	**84232**
线、纤维、纺纱	Natural or Artificial Threads or Fibres, Spinning	6876	4089	16626
纺纱、整经或络经	Yarn, Mechanical Finishing of Yarns or Ropes	1705	869	3420
织　造	Weaving	3383	1668	7088
编带、花边、针织、整理	Braiding, Lacce-making, Knitting	3560	2047	8955
缝纫、绣花、簇绒	Sewing, Embroidering, Tufting	3570	2182	8518
织物等的处理、洗涤	Treatment of Textiles, Laundering	17329	8560	28232
绳、除电缆外的缆绳	Ropes, Cables other than Electric	574	292	1524
造纸、纤维素的生产	Paper-making, Production of Cellulose	4392	2281	9869
E部（固定建筑物）	**Section E: Fixed Constructions**	**159376**	**92293**	**319761**
道路、铁路和桥梁的建筑	Construction od Roads, Railways, or Bridges	21302	12165	38013
水利工程、基础、运土	Hydraulic Engineering, Foundations, Soil-shifting	21461	12013	41509

a) Invention and Utility Model only.
b) Classification refers to the patent classification department classify technology theme of every piece of invention and utility model and give each complete classification number.

8-13 续表 2 continued

单位：件

项 目	Item	申 请 Application	授 权 Granted	有 效 in Force
给水、排水	Water Supply, Sewerage	11969	6454	19880
建筑物	Building	55970	31009	103620
锁、钥匙、门窗、保险箱	Locks, Keys, Windows or Door Fittings,Safes	12381	7799	29277
一般门、窗、百叶窗、梯子	Doors, Windows, Shutters, or Roller Blinds in General,Ladders	13562	8166	26844
钻进、采矿	Well Drilling, Mining	22731	14687	60618
F部（机械工程）	**Section F: Mechanical Engineering**	**270880**	**161106**	**624012**
一般机器、发动机、蒸汽机	Machines or Engines in General,Engines Plants in General, Steam Engines	9909	6149	25489
内燃机等	Combustion Engines	11371	7627	33955
液力机械和其他发动机	Machines or Engines for Liquids	6460	3081	12956
液体变容机械、泵	Prositive-displacement Machines for Liquids	22884	14306	55751
液压调节器、液压技术	Fluid-pressure Ajustors,Hydraulic or Pneumatics in General	6044	3941	14585
工程元件或部件	Engineering Elements of Units	81382	48831	192872
气体或液体的储藏或分配	Storing or Distributing of Gases or Liquids	3579	2113	8904
照 明	Lighting	33970	19425	75026
蒸汽的产生	Steam Generation	2682	1707	6506
燃烧设备、燃烧技术	Combustion Apparatus,Combustion Processes	10807	6612	24336
采暖、炉灶、通风	Heating, Ranges, Ventilation	40737	22737	82207
制冷气体的液化和固化	Refrigeration or Cooling, Heat Pump System	12380	7812	31030
干 燥	Drying	11190	6134	17052
炉、窑、灶、罐	Furnaces, Kins, Ovens	5808	3844	16979
一般热交换	Heat Exchanges in General	7543	4418	18349
武 器	Weapons	2320	1327	4184
弹药、爆破	Ammunition, Blasting Caps	1814	1042	3831
G部（物理）	**Section G: Physics**	**387013**	**186120**	**721863**
测量、测试	Measurements,Testing	144885	81507	301107
光学技术	Optics	22324	13129	65307
照相术、电影术、电刻术	Photograpphy,Cinematography, Electrography	6650	4446	28666
测时技术	Horology	2311	1318	4868
控制、调节技术	Controlling, Regulating	28861	14505	50627
计算、推算、计数技术	Computing, Calculating, Counting	111059	37267	141179
核算装置	Checking Devices	13370	6896	22265
信号装置	Signaling	19059	9002	29188
教育、密码、显示、广告等	Education, Cryptography, Advertising, Seals	29337	12833	47459
乐器、声学	Musical Instruments, Acoustics	4790	1935	9366
信息的储存	Information Storage	2646	2049	16857
仪器的零部件	Instrument Details	221	135	907
核物理、核工程	Nuclear Physics, Nuclear Engineering	1500	1098	4066
本部其他类目中不包括的技术主题	Subject Matter not Otherwise Provided for in this Section			1
H部（电学）	**Section H: Electricity**	**341461**	**183141**	**828305**
基本电器元件	Basic Electric Elements	119545	70771	317369
电力的发电、变电或配电	Generation, Conversion, or Distribution of Electric Power	83772	47093	181859
基本电子电路	Basic Electronic Circuitry	6640	4369	22612
电信技术	Telecommunication Technique	104547	45300	242979
其他类不包括的电技术	Electric Technique not Otherwise Provided for	26957	15608	63486

8-14 国防专利申请数
National Defense Patent Applications

单位：件 (piece)

地　区	Region	2000	2005	2009	2010	2011	2012	2013	2014	2015	2016
全　国	**National Total**	**264**	**1587**	**5574**	**6264**	**6787**	**8558**	**10578**	**4962**	**12749**	**13028**
东部地区	Eastern Region	138	757	3241	3576	3762	4963	5748	2841	6621	6855
中部地区	Middle Region	36	271	783	1020	1168	1281	1611	620	2064	1880
西部地区	Western Region	49	408	1202	1383	1565	1936	2628	1200	3373	3645
东北地区	Northeast Region	41	151	348	285	292	378	591	301	691	648
北　京	Beijing	91	408	2087	2323	2390	3250	3765	1849	4227	4167
天　津	Tianjin	1	10	74	66	167	168	154	17	282	281
河　北	Hebei	16	47	104	128	149	164	219	94	268	213
山　西	Shanxi	8	28	133	167	176	210	204	77	414	304
内蒙古	Inner Mongolia	2	2	56	93	92	105	152	71	192	145
辽　宁	Liaoning	22	97	129	144	161	263	357	182	468	413
吉　林	Jilin	12	27	138	51	30	30	65	39	70	57
黑龙江	Heilongjiang	7	27	81	90	101	85	169	80	153	178
上　海	Shanghai	7	108	302	347	377	469	500	263	495	520
江　苏	Jiangsu	15	113	522	512	445	564	789	440	852	1157
浙　江	Zhejiang	2	27	41	25	46	63	94	55	135	117
安　徽	Anhui	5	32	75	56	74	99	97	42	133	121
福　建	Fujian		9		13	5	1	17	4	8	6
江　西	Jiangxi	1	9	36	64	47	45	61	21	121	107
山　东	Shandong	4	30	82	145	163	239	191	81	279	268
河　南	Henan	4	48	184	227	267	282	426	91	524	621
湖　北	Hubei	5	96	256	352	463	449	511	243	581	568
湖　南	Hunan	13	58	99	154	141	196	312	146	291	159
广　东	Guangdong	2	4	28	17	20	44	19	37	74	125
广　西	Guangxi			13	18	15	24	28	8	39	17
海　南	Hainan		1	1			1		1	1	1
重　庆	Chongqing	7	24	65	81	108	132	156	95	161	234
四　川	Sichuan	9	76	210	244	328	356	501	220	636	881
贵　州	Guizhou		27	82	62	67	99	149	42	108	127
云　南	Yunnan	1	76	65	48	78	108	100	22	149	143
西　藏	Tibet										
陕　西	Shaanxi	22	190	665	758	788	1037	1435	689	2009	2006
甘　肃	Gansu	7	9	32	71	83	57	66	30	67	87
青　海	Qinghai										2
宁　夏	Ningxia						2	11			
新　疆	Xinjiang	1	4	14	8	6	16	30	23	12	3

8-15 国防专利授权数
National Defense Patent Grants

单位：件　　　　(piece)

地　区	Region	2000	2005	2009	2010	2011	2012	2013	2014	2015	2016
全　国	**National Total**	**134**	**294**	**954**	**1664**	**3514**	**4142**	**6027**	**10108**	**10786**	**6830**
东部地区	Eastern Region	55	156	480	839	1719	2233	3486	5534	6186	3784
中部地区	Middle Region	33	40	173	293	630	733	1032	1752	1610	1029
西部地区	Western Region	30	64	211	394	911	915	1254	2365	2471	1681
东北地区	Northeast Region	16	34	90	138	254	261	255	457	519	336
北　京	Beijing	33	94	333	602	1167	1567	2407	3572	4087	2526
天　津	Tianjin	1	1	7	20	44	63	62	205	176	75
河　北	Hebei	3	19	17	20	51	74	102	158	252	119
山　西	Shanxi	1	4	15	37	58	72	183	298	199	143
内蒙古	Inner Mongolia	1		10	12	32	29	48	145	114	70
辽　宁	Liaoning	12	11	49	72	127	104	110	249	348	213
吉　林	Jilin	3	18	23	34	41	59	67	67	45	46
黑龙江	Heilongjiang	1	5	18	32	86	98	78	141	126	77
上　海	Shanghai	2	7	31	42	152	181	242	534	576	314
江　苏	Jiangsu	10	22	58	102	225	260	507	733	747	522
浙　江	Zhejiang	1	2	16	21	35	39	38	73	82	65
安　徽	Anhui	7	13	20	19	40	49	104	111	77	56
福　建	Fujian			1	1	8	1	3	12	9	8
江　西	Jiangxi	1	1	1	9	23	21	35	82	53	57
山　东	Shandong	4	8	13	24	32	40	103	217	224	126
河　南	Henan	6	13	33	54	158	173	198	412	351	209
湖　北	Hubei	5	5	58	108	240	311	383	628	649	378
湖　南	Hunan	13	4	46	66	111	107	129	221	281	186
广　东	Guangdong	1	3	4	7	5	8	22	29	33	27
广　西	Guangxi		1		1	5		30	18	30	18
海　南	Hainan								1		2
重　庆	Chongqing		4	13	13	44	44	53	147	136	62
四　川	Sichuan	8	16	33	76	177	166	220	444	493	346
贵　州	Guizhou			9	13	47	69	62	90	114	37
云　南	Yunnan	1	4	13	39	52	29	53	140	91	72
西　藏	Tibet										
陕　西	Shaanxi	18	35	125	220	516	522	741	1281	1420	978
甘　肃	Gansu	2	3	8	19	29	44	40	89	57	63
青　海	Qinghai										
宁　夏	Ningxia								1		10
新　疆	Xinjiang		1		1	9	12	7	10	16	25

8-16 国防有效专利数
National Defense Patents in Force

单位：件 (piece)

地　区	Region	2000	2005	2009	2010	2011	2012	2013	2014	2015	2016
全　国	**National Total**	**679**	**1267**	**2807**	**4010**	**6992**	**10340**	**15126**	**24336**	**34575**	**40812**
东部地区	Eastern Region	327	594	1323	1914	3358	5135	7971	13133	19094	22585
中部地区	Middle Region	122	209	484	711	1254	1898	2715	4373	5871	6811
西部地区	Western Region	160	333	750	1042	1872	2625	3638	5656	7962	9466
东北地区	Northeast Region	70	131	250	343	508	682	802	1174	1648	1950
北　京	Beijing	177	354	867	1322	2298	3541	5506	8845	12819	15164
天　津	Tianjin	2	8	21	39	81	133	182	386	561	631
河　北	Hebei	12	51	71	46	83	143	228	376	618	731
山　西	Shanxi	21	33	53	87	134	196	340	633	803	942
内蒙古	Inner Mongolia	15	15	28	40	72	100	148	290	400	432
辽　宁	Liaoning	50	79	165	225	320	387	450	638	969	1156
吉　林	Jilin	10	32	29	43	42	79	120	179	223	262
黑龙江	Heilongjiang	10	20	56	75	146	216	232	357	456	532
上　海	Shanghai	9	23	76	114	247	407	601	1083	1604	1854
江　苏	Jiangsu	103	119	206	270	461	665	1072	1748	2473	2968
浙　江	Zhejiang	7	9	24	45	74	97	124	189	267	332
安　徽	Anhui	12	22	61	71	97	140	230	336	401	446
福　建	Fujian	1	1	3	2	8	6	5	17	26	34
江　西	Jiangxi	3	6	10	19	41	62	97	179	232	284
山　东	Shandong	11	19	41	59	86	116	209	416	621	737
河　南	Henan	29	55	116	155	298	450	609	1008	1348	1537
湖　北	Hubei	19	31	111	214	445	730	1046	1624	2228	2579
湖　南	Hunan	38	62	133	165	239	320	393	593	859	1023
广　东	Guangdong	5	10	14	17	20	27	44	72	104	131
广　西	Guangxi		1	1	2	7	7	34	52	82	100
海　南	Hainan								1	1	3
重　庆	Chongqing	7	17	44	53	91	113	152	276	389	440
四　川	Sichuan	37	69	137	198	360	498	691	1101	1561	1882
贵　州	Guizhou	4	2	13	24	69	128	177	249	363	395
云　南	Yunnan	6	10	40	73	120	149	190	240	322	383
西　藏	Tibet										
陕　西	Shaanxi	82	201	448	598	1069	1507	2110	3222	4546	5437
甘　肃	Gansu	6	13	30	44	68	100	108	188	245	308
青　海	Qinghai										
宁　夏	Ningxia								1	1	11
新　疆	Xinjiang	3	5	9	10	16	23	28	37	53	78

8-17 按申请人分国防专利申请、授权和有效数
National Defense Patent Applications Accepted,Granted and in Force by Type of Applicant

单位：件 (piece)

年 份 Year	合 计 Total	大专院校 Universities and Colleges	科研单位 Research Institutions	企 业 Industrial and Enterprises	机关团体 Government Agencies and Organizations	个 人 Individual
一、申请量 Applications						
2000	264	65	118	41	15	25
2001	373	101	198	47	13	14
2002	458	141	204	72	24	17
2003	695	218	306	135	21	15
2004	871	305	342	180	21	23
2005	1587	437	761	333	39	17
2006	2945	564	1746	590	34	11
2007	3814	756	2277	730	49	2
2008	4754	1122	2724	835	66	7
2009	5574	1228	3195	1059	90	2
2010	6264	1224	3688	1195	155	2
2011	6787	973	4357	1263	182	12
2012	8558	1222	5525	1445	361	5
2013	10578	1437	7053	1688	394	6
2014	4962	923	3090	756	192	1
2015	12749	1557	8631	2207	352	2
2016	13028	1423	9088	2197	315	5
二、授权量 Granted						
2000	134	46	57	18	10	3
2001	142	41	56	22	18	5
2002	203	59	108	25	5	6
2003	185	66	85	19	11	4
2004	215	65	99	43	6	2
2005	294	120	116	42	12	4
2006	213	72	100	35	5	1
2007	314	131	134	41	7	1
2008	653	244	286	97	24	2
2009	954	332	405	182	32	3
2010	1664	510	857	267	23	7
2011	3514	808	2035	619	44	8
2012	4142	933	2345	767	81	16
2013	6027	1173	3607	1080	165	2
2014	10108	1465	6443	1935	260	5
2015	10786	1506	7257	1662	354	7
2016	6830	904	4646	1066	210	4
三、有效量 in Force						
2000	679	189	286	110	53	41
2001	764	206	318	129	65	46
2002	894	238	407	150	51	48
2003	966	256	454	157	51	48
2004	1091	290	512	194	49	46
2005	1267	360	583	224	52	48
2006	1349	380	618	250	53	48
2007	1542	455	711	278	50	48
2008	2031	612	935	370	65	49
2009	2807	844	1281	542	88	52
2010	4010	1097	1991	773	97	52
2011	6992	1611	3862	1346	122	51
2012	10340	2073	5986	2052	169	60
2013	15126	2626	9168	2989	285	58
2014	24336	3886	15049	4808	536	57
2015	34575	5295	21995	6336	888	61
2016	40812	6129	26312	7217	1090	64

8-18 国外主要检索工具收录我国论文总数及在世界上的位置
Number of Chinese Paper Taken by Major Foreign Referencing Systems and Precedence in the World

项　目 Item	1995	2000	2005	2008	2009	2010	2011	2012	2013	2014	2015
收录论文数(篇) Number of Papers Taken(piece)											
《Science Citation Index》	13134	30499	68226	116677	127532	143769	165818	192761	232070	264522	296847
《Engineering Index》	8109	13163	54362	89377	97877	119374	127420	124382	163688	172914	218666
《Conference Proceedings Citation Index-Science》	5152	6016	30786	64824	54749	37780	52757	77518	68501	56642	41657
位　次 Precedence											
《Science Citation Index》	15	8	5	2	2	2	2	2	2	2	2
《Engineering Index》	7	3	2	1	1	1	1	1	1	1	1
《Conference Proceedings Citation Index-Science》	10	8	5	2	2	2	2	2	2	2	2

注：为便于国际比较，本表数据统一使用用各检索系统直接检索结果，未经逐一核对。
Note: For international comparison,data in this table refer to retrieval results using the retrieval systems without ticking off.

8-19 国外主要检索工具收录的我国科技人员在国内外期刊上发表论文数
Number of Papers by Chinese Scientists and Technicians Published in Domestic and Foreign Periodicals and Taken by Major Foreign Referencing System

单位：篇

项　目	Item	1995	2000	2005	2009	2010	2011	2012	2013	2014	2015
《Science Citation Index》收录合计	**Taken by SCI**	**7980**	**22608**	**63150**	**108806**	**121026**	**136445**	**158615**	**192697**	**235139**	**265469**
国内发表	Published in Domestic Periodicals	1087	9208	16669	22229	25934	22988	22670	22125	24089	23407
比重(%)	As % of Total	14	41	26.4	20.4	21.4	16.8	14.3	11.5	10.2	8.8
国外发表	Published in Foreign Periodicals	6893	13400	46481	86577	95092	113457	135945	170572	211050	242062
比重(%)	As % of Total	86	59	73.6	79.6	78.6	83.2	85.7	88.5	89.8	91.2
《Engineering Index》收录合计	**Taken by《Engineering Index》**	**6791**	**13991**	**60301**	**98115**	**119374**	**116343**	**116429**	**153717**	**163799**	**204332**
国内发表	Published in Domestic Periodicals	3038	8293	35262	46415	56578	54602	51146	54098	54866	61873
比重(%)	As % of Total	45	59	58.5	47.3	47.4	46.9	43.9	35.2	33.5	30.3
国外发表	Published in Foreign Periodicals	3753	5698	25039	51700	62796	61741	65283	99619	108933	142459
比重(%)	As % of Total	55	41	41.5	52.7	52.6	53.1	56.1	64.8	66.5	69.7

注：表7-15至表7-19数据为逐一核对的第一作者单位在中国的论文数。
Note: Data from table 7-15 to 7-19 is the checked number of papers whose frist author belong to China.

8-20 国外主要检索工具收录我国科技论文按学科分布(2015年)
Chinese Scientific Papers Taken by Major Foreign Referencing System by Discipline (2015)

学 科	Discipline	篇数(篇) Pieces(piece)			位 次 Precedence		
		SCI	EI	CPCI-S	SCI	EI	CPCI-S
合 计	**Total**	**265469**	**204332**	**36853**			
数 学	Mathematics	8693	3032	110	10	15	21
力 学	Mechanics	2394	2779	2	18	17	30
信息、系统科学	Information, Systems Science	634	313	151	31	25	19
物理学	Physics	27490	8670	1174	4	9	7
化 学	Chemistry	44723	5854	98	1	13	22
天文学	Astronomy	1447	271	80	23	27	23
地 学	Earth Science	9633	9888	140	9	7	20
生物学	Biology	30516	16004	680	3	4	9
预防医学与卫生学	Protective Medicine	2608		11	17	35	29
基础医学	Basic Medicine	18283	536	380	6	23	11
药 学	Pharmacy	7509		269	11	34	14
临床医学	Clinic Medicine	30696		4039	2	33	5
中医学	Traditional Chinese Medicine	1108			27	37	37
军事医学与特种医学	Special Medicine	245			36	40	40
农 学	Agriculture	3316	210	27	16	28	27
林 学	Forestry	617			32	39	39
畜牧、兽医科学	Livestock, Veterinary Medicine	1305			24	36	36
水产学	Aquatic	1044			28	38	38
测绘科学技术	Surveying & Mapping	2	2171	214	40	18	18
材料科学	Material Science	20060	17682	714	5	3	8
工程与技术基础学科	Engineering & Basic Technology Science	1959	796	4159	19	22	4
矿山工程技术	Mining	539	830	53	33	21	26
能源科学技术	Energy	5094	8254	2960	13	10	6
冶金、金属学	Metallurgy, Metallography	1949	7456		20	11	32
机械、仪表	Machinery, Instrument	3443	6641	626	15	12	10
动力与电气	Power & Electrical Engineering	382	11192	4934	35	6	3
核科学技术	Nuclear Technology	1220	410	26	25	24	28
电子、通讯与自动控制	Electronics,Communication & Automation	10460	15650	6822	7	5	2
计算技术	Computer	9782	9651	7676	8	8	1
化 工	Chemical Engineering	4081	173	57	14	29	25
轻工、纺织	Light Industry & Textile Industry	4	313	2	39	26	31
食 品	Food	1738	63		22	31	35
土木建筑	Civil Construction	1831	32981	373	21	1	12
水 利	Water Conservancy	1205	2911		26	16	33
交通运输	Transportaiton	537	5137	64	34	14	24
航空航天	Aviation and Aerospace	731	1735	266	29	19	15
环 境	Environment	7143	31481	239	12	2	16
安全科学技术	Security	89	115		38	30	34
管 理	Management Science	727	1107	233	30	20	17
其 他	Others	232	26	274	37	32	13

8-21 国外主要检索工具收录我国科技论文按地区分布(2015年) Chinese Scientific Papers Taken by Major Foreign Referencing System by Region (2015)

地区	Region	篇数(篇) Pieces(piece)			位次 Precedence		
		SCI	EI	CPCI-S	SCI	EI	CPCI-S
全国	**National Total**	**265469**	**204332**	**36853**			
北京	Beijing	46179	38460	8863	1	1	1
天津	Tianjin	8107	6523	927	12	13	14
河北	Hebei	3374	2995	920	20	19	15
山西	Shanxi	2596	2336	184	23	21	26
内蒙古	Inner Mongolia	870	763	185	26	25	25
辽宁	Liaoning	9987	8943	1944	10	8	5
吉林	Jilin	6852	5504	1065	15	15	12
黑龙江	Heilongjiang	7184	7500	1163	13	11	11
上海	Shanghai	24818	15328	2756	3	3	3
江苏	Jiangsu	27483	21261	2858	2	2	2
浙江	Zhejiang	13674	9391	1270	5	6	10
安徽	Anhui	7155	5780	630	14	14	19
福建	Fujian	5383	3594	406	18	18	21
江西	Jiangxi	2624	2251	763	22	22	17
山东	Shandong	13250	7360	1599	7	12	8
河南	Henan	5903	4633	782	17	16	16
湖北	Hubei	13335	11357	2097	6	5	4
湖南	Hunan	8813	8173	939	11	9	13
广东	Guangdong	16127	8037	1683	4	10	7
广西	Guangxi	1973	1215	347	24	24	23
海南	Hainan	543	203	140	28	28	27
重庆	Chongqing	5913	4505	646	16	17	18
四川	Sichuan	10846	9219	1516	9	7	9
贵州	Guizhou	857	504	186	27	27	24
云南	Yunnan	2643	1454	467	21	23	20
西藏	Tibet	25	14	5	31	31	31
陕西	Shaanxi	13195	13443	1934	8	4	6
甘肃	Gansu	3836	2722	380	19	20	22
青海	Qinghai	186	95	28	30	30	30
宁夏	Ningxia	276	133	45	29	29	29
新疆	Xinjiang	1462	636	125	25	26	28

8-22 2001-2015年《SCI》收录的我国科技论文的10年滚动被引用情况
Citation Impact of Chinese Scientific Papers in 10 Year over Lapping Taken in SCI

单位：篇

项 目	Item	2001-2010	2002-2011	2003-2012	2004-2013	2005-2014	2006-2015
收录论文数 (A)	Number of Papers Taken by SCI	685528	803463	935439	1102007	1089964	1599251
被引用次数 (B)	Citations times	3610501	5095534	6147148	8180753	8614382	14249025
论文影响 (B/A)	Impact	5.27	6.34	6.57	7.42	7.90	8.91

8-23 中文科技期刊刊登的科技论文篇数按机构类型分类(2015年)
Scientific Papers Published in Chinese Science and Technology Periodicals by Type of Institutions (2015)

单位：篇 (piece)

项 目	Item	合 计 Total	高等院校 Universities	研究机构 Research Institutes	企 业 Enterprises	医 院 Hospital	其 他 Others
总 计	**Total**	**493530**	**319447**	**56705**	**22058**	**74878**	**20442**
基础学科	Basic Disciplines	50870	35802	9547	1307	368	3846
数 学	Mathematics	5423	5241	125	16	2	39
力 学	Mechanics	1913	1616	228	26	2	41
信息、系统	Information, System Science	392	373	16	1		2
物 理	Physics	5590	4420	1021	55	3	91
化 学	Chemistry	10398	7695	1539	432	25	707
天 文	Astronomy	363	168	170			25
地 学	Earth Sciences	13738	6637	3889	629	2	2581
生 物	Biological Sciences	13053	9652	2559	148	334	360
医药卫生	Medical Care	207630	115467	10893	1070	73944	6256
农林牧渔	Agriculture, Forestry, Animal Husbandry and Fishery	34727	20804	10607	790	44	2482
工业技术	Manufacturing Technology	182422	132531	23874	18602	317	7098
其 他	Others	17881	14843	1784	289	205	760

8-24 重大科技成果
Major Research Results of Science and Technology

单位：项 (item)

项 目	Item	2000	2005	2010	2011	2012	2013	2014	2015	2016
合 计	**Total**	**32858**	**32359**	**42108**	**44208**	**51723**	**52477**	**53140**	**55284**	**58779**
按成果类别分组										
基础理论	Elementary Theory	2368	2129	3288	3083	5995	3918	5117	5115	5565
应用技术	Applied Technology	28843	28559	37029	39218	43234	46456	46091	48363	51728
软科学	Soft Science	1647	1671	1791	1907	2494	2103	1932	1806	1486
按完成单位类型分组	**by Type of Performing Institutes**									
研究机构	Research Institutions	7859	6140	7141	6998	8244	8165	7170	9061	8879
高等院校	Universities	6508	7469	8536	8288	9837	10193	10249	10235	10780
企 业	Enterprises	10586	11525	16704	18064	20904	22688	22094	23650	23896
其 他	Others	7905	7225	9727	10858	12738	11431	13627	12338	15224
应用技术成果按行业分组	**by Industries**									
农林牧渔业	Farming, Forestry, Animal Husbandry and Fishery	4147	5123	5868	6170	7354	7311	7288	6970	7831
采矿业	Mining	600	1004	1568	1594	1728	1731	1657	1251	1244
制造业	Manufacturing	5334	5054	7526	8107	9683	10921	11241	12366	13958
电力、热力、煤气及水的生产和供应业	Production and Distribution of Electricity,Gas and Water	1279	1274	2647	2635	2629	2712	2711	2702	2826
建筑业	Construction	1189	1334	1376	1583	1760	1741	1739	1703	1908
批发和零售业	Wholesale and Retail Trade	152	109	146	115	139	145	108	96	100
交通运输、仓储和邮政业	Traffic,Transport, Storage and Post	1963	1641	1704	1645	2154	2182	1790	1693	1674
金融业	Finance	244	175	82	98	210	254	255	229	317
房地产业	Real Estate	176	72	52	36	65	90	54	76	47
科学研究和技术服务业	Scientific Research, Technical Service			4571	4783	2660	5568	6205	6651	6957
水利、环境和公共设施管理业	Management of Water Conservancy, Environment and Public Establishment	580	655	1077	1192	1467	1411	1413	1296	1448
居民服务、修理和其他服务业	Resident Services and Other Services	404	407	187	187	275	282	152	164	276
卫生和社会工作	Sanitation and Social Works	6009	5834	7622	8369	9802	9002	8237	9541	9310
文化、体育和娱乐业	Culture, Sports and Entertainment	456	253	342	309	498	375	168	183	285
公共管理、社会保障和社会组织	Public Management and Social Organization	501	649	423	561	618	544	635	568	547
其 他	Others	3655	741	1838	1834	2192	2187	2438	2874	3000

8-25 国家级科技奖励
National Science and Technology Awards

单位：项 (item)

项 目	Item	2000	2005	2009	2010	2011	2012	2013	2014	2015	2016
合 计	**Total**	**292**	**321**	**374**	**356**	**384**	**337**	**323**	**327**	**302**	**287**
一、国家科学技术进步奖	**National S&T Advancement Award**	**250**	**236**	**282**	**273**	**283**	**212**	**188**	**202**	**187**	**171**
特 等	Special Grade			3	3	1	3	3	3	3	2
一 等	1st Class	22	18	17	31	20	22	24	26	17	20
二 等	2nd Class	228	218	262	239	262	187	161	173	167	149
二、国家技术发明奖	**National Invention Award**	**23**	**40**	**55**	**46**	**55**	**77**	**71**	**70**	**66**	**66**
一 等	1st Class		1	2	2	2	3	2	3	1	3
二 等	2nd Class	23	39	53	44	53	74	69	67	65	63
三、国家自然科学奖	**National Natural Science Award**	**15**	**38**	**28**	**30**	**36**	**41**	**54**	**46**	**42**	**42**
一 等	1st Class			1				1	1	1	1
二 等	2nd Class	15	38	27	30	36	41	53	45	41	41
四、国家最高科学技术奖	**National Supreme Award of Science and Technology**	**2**	**2**	**2**	**2**	**2**	**2**	**2**	**1**		**2**
五、国际科学技术合作奖	**International Science and Technology Co-operation Award**	**2**	**5**	**7**	**5**	**8**	**5**	**8**	**8**	**7**	**6**

8-26 国家级科技奖励分布
Distribution of National Science and Technology Awards

单位：项 (item)

项　目	Item	2000	2005	2009	2010	2011	2012	2013	2014	2015	2016
一、国家科技进步奖	**National S&T Advancement Award**	**250**	**236**	**282**	**273**	**283**	**212**	**188**	**202**	**187**	**171**
按行业分组	**by Industries**										
工业交通	Manufacturing and Transportation	79	113	93	91	98	69	67	71	64	65
农林牧渔	Agriculture, Forestry, Animal Husbandry and Fishery	24	27	38	41	27	56	24	52	26	19
文教卫生	Education, Culture and Health Care	35	35	42	38	47	27	25	28	32	28
国防公安	National Defense and Public Security	71	61	60	59	65	50	51	48	46	39
其　他	Others	41		49	44	46	10	21	3	19	20
按隶属分组	**by Subordination**										
部　委	Ministries and Commissions	123	62	73	82	63	68	44	45	35	43
省市自治区	Province	51	79	106	98	102	54	56	68	69	49
其它单位	Others		31	43	58	53	40	37	41	37	40
军　口	Military System	76	64	60	35	65	50	51	48	46	39
二、国家技术发明奖	**National Invention Award**	**23**	**40**	**55**	**46**	**55**	**77**	**71**	**70**	**66**	**66**
按行业分组	**by Industries**										
工业交通	Manufacturing and Transportation	16	28	27	21	29	45	37	39	36	40
农林牧渔	Agriculture, Forestry, Animal Husbandry and Fishery	1	5	4	4	5	11	8	12	6	5
文教卫生	Education, Culture and Health Care	3	1	3	3	4	7	3	3	2	2
国防公安	National Defense and Public Security	2	6	16	13	14	14	16	16	16	19
其　他	Others	1		5	5	3		7		6	
按隶属分组	**by Subordination**										
部　委	Ministries and Commissions	12	12	12	17	14	21	22	17	17	14
省市自治区	Province	9	15	15	15	21	24	17	21	18	19
其它单位	Others		6	12	9	6	18	16	16	15	14
军　口	Military System	2	7	16	5	14	14	16	16	16	19
三、国家自然科学奖	**National Natural Sciences Award**	**15**	**38**	**28**	**30**	**36**	**41**	**54**	**46**	**42**	**42**
按学科分组	**by Disciplines**										
数　理	Maths & Physics	3	7	7	8	5	10	12	8	8	7
化　学	Chemistry	3	6	5	6	6	7	7	6	5	7
生物医学	Biol-medical	3	10	4	6	7	9	10	10	6	5
地　球	Earth Sciences	5	6	3	4	6	4	5	7	5	6
材料工程	Material Engineering	1	7	5	4	8	6	13	8	10	6
信　息	Information		2	4	2	4	5	7	7	8	6
其　他	Others										5
按隶属分组	**by Subordination**										
部　委	Ministries and Commissions	11	17	12	10	22	27	27	21	12	18
省市自治区	Province	4	20	12	14	11	12	20	19	20	13
其它单位	Others					3	1	2	2	7	1
专家推荐	Expertise		1	4	6		1	5	4	3	10

8-27 商标注册申请及核准注册商标
Registration Application and Approved of Trademark

单位：件 (piece)

年 份	注册申请 Registration Application				核准注册 Registration Approved			
	国内 Domestic	国际 International	马德里 Madrid	合计 Total	国内 Domestic	国际 International	马德里 Madrid	合计 Total
1980				26177	15348	1297		16645
1981				23004	15707	2049		17756
1982	17000	1565		18565	12385	4672		17057
1983	19120	1687		20807	4293	2278		6571
1984	26487	3077		29564	13252	1518		14770
1985	43445	5798		49243	19584	2084		21668
1986	45031	5939		50970	26993	5126		32119
1987	40014	4055		44069	27687	4454		32141
1988	41683	5866		47549	25448	3604		29052
1989	43202	5209		48411	31810	4625		36435
1990	50853	4371	2048	57272	25966	4036	1269	31271
1991	59124	5885	2595	67604	34501	3523	2306	40330
1992	79837	8367	2591	90795	42710	4198	1180	48088
1993	107758	21014	3551	132323	42668	3999	2059	48726
1994	117186	20238	5193	142617	47482	7803	3016	58301
1995	144610	21442	6094	172146	59895	12591	19380	91866
1996	122057	22615	7132	151804	101178	15843	11407	128428
1997	118577	21676	8502	148755	188047	24958	10033	223038
1998	129394	18252	10037	157683	80095	14137	13478	107710
1999	140620	18883	11212	170715	96139	13896	12366	122401
2000	181717	24623	16837	223177	129441	16327	12807	158575
2001	229775	23234	17408	270417	167563	19017	16259	202839
2002	321034	37221	13681	371936	169904	23364	19265	212533
2003	405620	33912	12563	452095	206070	21188	15253	242511
2004	527591	44938	15396	587925	225394	25069	16156	266619
2005	593382	52166	18469	664017	218731	23792	16009	258532
2006	669276	56840	40203	766319	228814	25254	21573	275641
2007	604952	59714	43282	707948	215161	19159	29158	263478
2008	590525	60704	46890	698119	342498	31870	29101	403469
2009	741763	51966	36748	830477	737228	68471	31944	837643
2010	973460	67838	30889	1072187	1211428	108510	29299	1349237
2011	1273827	95831	47127	1416785	926330	66074	30294	1022698
2012	1502540	97190	48586	1648316	919951	58656	26290	1004897
2013	1733361	95177	53008	1881546	909541	59496	27687	996724
2014	2139973	93284	52101	2285358	1242840	86394	45870	1375104
2015	2658674	116687	60205	2835566	2077037	99852	49552	2226441
2016	3526827	112347	52191	3691365	2119032	97497	38416	2254945
累 计	**20020295**	**1319611**	**664539**	**22053626**	**12958151**	**986681**	**531427**	**14476259**

8-28 各地区商标注册申请与注册(2016年)
Registration Application and Approved of Trademark by Region (2016)

单位：件 (piece)

地　区	Region	申请数 Applications	核准注册 Registrations Approved	1991-2015年核准注册商标 1991-2015 Registrations Approved	截至2015年底有效注册量 Registrations Effected by the end of 2014
全　国	**National Total**	**3526827**	**2119032**	**12739678**	**11143475**
东部地区	Eastern Region	2361653	1399021	8433184	7378260
中部地区	Middle Region	468701	268778	1515586	1345305
西部地区	Western Region	477826	287471	1674052	1492366
东北地区	Northeast Region	132763	80713	548981	451534
北　京	Beijing	372387	213587	1008245	893743
天　津	Tianjin	34933	22504	163730	134145
河　北	Hebei	96475	55139	346422	291122
山　西	Shanxi	25980	15127	105685	90605
内蒙古	Inner Mongolia	28847	17121	109386	95854
辽　宁	Liaoning	59860	36150	263810	211146
吉　林	Jilin	30794	19948	122920	104732
黑龙江	Heilongjiang	42109	24615	162251	135656
上　海	Shanghai	257616	158380	779632	697251
江　苏	Jiangsu	209900	125314	871255	743670
浙　江	Zhejiang	327572	193348	1501110	1315742
安　徽	Anhui	88042	47643	264093	239666
福　建	Fujian	175392	102858	694224	616693
江　西	Jiangxi	57838	31563	180105	162765
山　东	Shandong	184490	109047	683825	592018
河　南	Henan	129946	74276	397175	356106
湖　北	Hubei	79095	47821	276093	238734
湖　南	Hunan	87800	52348	292435	257429
广　东	Guangdong	689434	410207	2325784	2043798
广　西	Guangxi	35229	19616	119634	103135
海　南	Hainan	13454	8637	58957	50078
重　庆	Chongqing	67024	45777	224492	240519
四　川	Sichuan	126300	73986	333809	392055
贵　州	Guizhou	33404	17904	266485	89633
云　南	Yunnan	54969	37991	153313	173703
西　藏	Tibet	4388	2572	74380	8797
陕　西	Shaanxi	59416	36041	151602	202095
甘　肃	Gansu	17958	7580	104570	41430
青　海	Qinghai	6716	3303	34609	18537
宁　夏	Ningxia	9439	5932	26031	25546
新　疆	Xinjiang	34136	19648	75741	101062
香　港	Hongkong	65837	65743	382214	329482
澳　门	Macao	818	829	4450	4231
台　湾	Taiwan	19229	16477	181211	142297

8-29 集成电路布图设计登记申请和登记发证(2016年)
Registration Application and Registration Certification of Integrated Circuit Layout-design (2016)

单位：件 (piece)

地　区	Region	申请数 Application	发证数 Certification
总　计	**Total**	**2360**	**2154**
国　内	**Domestic**	**2242**	**2044**
东部地区	Eastern Region	1779	1627
中部地区	Middle Region	297	276
西部地区	Western Region	156	133
东北地区	Northeast Region	2	1
北　京	Beijing	184	166
天　津	Tianjin	40	36
河　北	Hebei	22	8
山　西	Shanxi		
内蒙古	Inner Mongolia		
辽　宁	Liaoning	2	1
吉　林	Jilin		
黑龙江	Heilongjiang		
上　海	Shanghai	531	500
江　苏	Jiangsu	287	247
浙　江	Zhejiang	125	120
安　徽	Anhui	225	213
福　建	Fujian	63	63
江　西	Jiangxi	6	6
山　东	Shandong	23	22
河　南	Henan	1	1
湖　北	Hubei	37	37
湖　南	Hunan	28	19
广　东	Guangdong	504	465
广　西	Guangxi	1	1
海　南	Hainan		
重　庆	Chongqing	10	10
四　川	Sichuan	63	55
贵　州	Guizhou	4	4
云　南	Yunnan	1	
西　藏	Tibet		
陕　西	Shanxi	76	62
甘　肃	Gansu		
青　海	Qinghai		
宁　夏	Ningxia		
新　疆	Xinjiang	1	1
香　港	Hongkong	5	4
台　湾	Taiwan	3	3
国　外	**Abroad**	**118**	**110**
美　国	USA	117	109
开曼群岛	Cayman Islands	1	1

8-30 农业植物新品种权申请和授权
Application and Granted of New Variety Rights of Agriculture Plants

单位：件 (piece)

项 目	Item	1999-2016年累计 Grand Total from 1999 to 2016		2016年申请 Application in 2016
		申 请 Application	授 权 Granted	
合 计	**Total**	**18074**	**8195**	**2522**
一、按单位性质分	**by Units**			
国内科研	Domestic Research	7394	3981	928
国内企业	Domestic Enterprises	7351	2777	1173
国内教学	Domestic Education	1283	653	199
国内个人	Domestic Individuals	908	397	71
国外企业	Foreign Enterprises	1029	362	136
国外个人	Foreign Individuals	61	10	4
国外教学	Foreign Education	29	13	2
国外科研	Foreign Research	19	2	9
二、按植物种类划分	**by Plant Species**			
大田作物	Field Crops	14905	6938	1977
蔬 菜	Vegetables	1215	466	243
花 卉	Flowers	1244	531	183
果 树	Fruit Tree	581	233	93
牧 草	Pasture	20	1	5
其 他	Others	109	26	21

8-31 农业植物新品种权申请和授权

Application and Granted of New Variety Rights of Agriculture Plants

单位：件 (piece)

地区	Region	1999-2016年累计 Grand Total from 1999 to 2016		2016年申请 Application in 2016
		申请 Application	授权 Granted	
总计	**Total**	**18074**	**8195**	**2522**
国内	**Domestic**	**16918**	**7794**	**2356**
东部地区	Eastern Region	7148	3135	1129
中部地区	Middle Region	3866	1562	558
西部地区	Western Region	3220	1757	342
东北地区	Northeast Region	2652	1340	327
北京	Beijing	1941	668	368
天津	Tianjin	193	67	22
河北	Hebei	761	380	112
山西	Shanxi	191	89	17
内蒙古	Inner Mongolia	278	121	43
辽宁	Liaoning	668	375	77
吉林	Jilin	883	460	84
黑龙江	Heilongjiang	1101	505	166
上海	Shanghai	322	151	46
江苏	Jiangsu	1191	609	154
浙江	Zhejiang	499	214	67
安徽	Anhui	1023	296	195
福建	Fujian	401	180	61
江西	Jiangxi	143	85	19
山东	Shandong	1280	646	174
河南	Henan	1419	606	189
湖北	Hubei	388	195	48
湖南	Hunan	702	300	90
广东	Guangdong	495	186	115
广西	Guangxi	272	149	32
海南	Hainan	65	34	10
重庆	Chongqing	158	80	18
四川	Sichuan	1067	667	87
贵州	Guizhou	189	126	14
云南	Yunnan	661	346	35
西藏	Tibet	5		
陕西	Shaanxi	220	91	46
甘肃	Gansu	139	55	38
青海	Qinghai	13	7	
宁夏	Ningxia	38	15	4
新疆	Xinjiang	180	100	25
台湾	Taiwan	48	5	15
国外	**Abroad**	**1140**	**387**	**151**
荷兰	Netherlands	398	182	42
美国	USA	346	82	45
韩国	Korea	95	44	7
日本	Japan	63	31	5
德国	Germany	40	13	7
比利时	Belgium	18	10	4
法国	France	66		10
意大利	Italy	20	5	7
西班牙	Spain	18	9	5
以色列	Israel	11		5
澳大利亚	Australia	15	3	3
新西兰	New Zealand	18	4	2
南非	South Africa	1	1	
英国	England	2	1	
希腊	Greece	1		
爱尔兰	Ireland	1		
瑞士	Switzerland	26	2	9
智利	Chile	1		

8-32 按技术合同构成分全国技术市场成交合同数

Contract Deals in Domestic Technical Markets by Type of Contracts

单位：项 (item)

项 目	Item	2009	2010	2011	2012	2013	2014	2015	2016
合 计	**Total**	**213752**	**229601**	**256428**	**282242**	**294929**	**297037**	**307132**	**320437**
一、按合同类别分	**by Type of Technical Income**								
技术开发	Technology Development	88025	105627	126420	150178	153959	148946	153433	148582
委托开发	Commissioned Development	83416	100093	120086	143302	146121	140662	144228	137532
合作开发	Cooperated Development	4609	5534	6334	6876	7838	8284	9205	11050
技术转让	Technology Transfer	13282	12377	11067	11858	11797	12499	12787	12556
技术秘密转让	Technical Secrets Transfer	9590	8529	6949	7364	7416	7277	6928	6094
专利实施许可转让	Patent License Transfer	2122	2004	2079	2175	2301	1961	1999	1862
专利权转让	Patent Right Transfer	553	669	878	1007	1143	1454	1799	2522
专利申请权转让	Patent Application Right Transfer	75	90	162	120	160	162	204	238
计算机软件著作权转让	Computer Software Copyright Transfer	384	437	488	818	381	1258	1216	740
集成电路布图设计专有权转让	Integrated Circuit Layout Design Exclusive Right Transfer	18	28	37	24	21	21	51	25
动、植物新品种权转让	New Species of Animals and Plants Patent Right Transfer	195	344	220	179	160	185	292	385
生物、医药新品种权转让	New Species of Biology and Medicine Patent Right Transfer	345	276	254	171	215	181	298	375
技术咨询	Technology Consultation	29203	27714	31581	32582	32564	27911	33559	24447
技术服务	Technology Service	83242	83883	87360	87624	96609	107681	107353	134852
一般性技术服务	Normal Technology Service	82215	82972	86383	86640	95480	106312	105481	132172
技术中介	Technology Intermediary	229	120	167	305	124	154	349	1485
技术培训	Technology Training	798	791	810	679	1005	1215	1523	1195
二、按知识产权构成分	**by Intellectural Right**								
技术秘密	Technology Secrets	71460	75362	84845	89506	88649	87700	86266	78319
专利	Patent	5331	4259	5565	6531	6951	7111	7805	9839
发明专利	Invention	3281	2565	3339	3997	4330	4662	4649	5914
实用新型专利	Utility Model	1784	1448	2104	2378	2384	2264	2962	3642
外观设计专利	Design	266	246	122	156	237	185	194	283
计算机软件	Computer Software	36744	42379	48226	55834	49107	48593	46931	46264
动、植物新品种	New Species of Animals and Plants	607	1076	799	779	590	514	793	796
集成电路布图设计	IC Layout Design	605	573	1359	849	1828	447	685	1079
生物、医药新品种	New Species of Biology and Medicine	2661	2619	2575	2626	8747	1967	2401	2368
未涉及知识产权	Others	96344	103333	113059	126117	139057	150705	160547	179361

8-32 续表 continued

单位：项 (item)

项 目	Item	2009	2010	2011	2012	2013	2014	2015	2016
三、按技术领域分	**by Technical Field**								
电子信息技术	IT Technology	81129	88538	99241	118800	118496	119066	122538	136246
航空航天技术	Aviation and Aerospace Technology	3494	4168	4726	5500	6340	7440	10079	9680
先进制造技术	Advanced Manufacture Technology	19975	21135	20105	24753	25559	31534	32071	30490
生物、医药和医疗器械技术	Biology,Medicine and Medical Machine Technology	14684	15290	18635	19120	21094	21255	23549	26177
新材料及其应用	Advanced Material and Aplication	7937	9360	10872	12415	12859	10609	12442	12793
新能源与高效节能	New Energy and Power Saving	18961	22357	23071	21268	22246	19234	20894	18432
环境保护与资源综合利用技术	Environment and Source Application Technology	21407	20236	20880	21300	21707	18436	20887	19205
核应用技术	Nuclear Application Technology	1023	885	913	1108	1059	806	404	491
农业技术	Agriculture Technology	5669	6091	6699	9188	11766	12380	13126	13996
现代交通	Modern Traffic	9568	9118	10307	10147	10950	16160	11526	10895
城市建设与社会发展	Urban Construction and Social Development	29905	32423	40979	38643	42853	40117	39616	42032
四、按社会经济目标分	**by Socail and Economic Objectives**								
农林牧渔业发展	Farming,Forestry and Fishery	6686	6917	7611	10405	13204	12820	13981	14995
工商业发展	Industry Promotion	37674	39285	43193	47393	24452	20188	28135	28019
能源生产、分配和合理利用	Energy Production,Distribution and Application	16279	19351	19823	17916	24438	25249	19133	16598
基础设施以及城市和农村规划	Infrastructure,Urban and Ruarl Planning	14581	14559	19723	22254	24289	23358	20477	23050
环境保护、生态建设及污染防治	Environmental Protection,Ecological Building and Pollution Prevention	15136	14892	15127	14631	19554	17964	18575	18070
卫生事业发展	Sanitation Development	8153	7827	9623	8732	14666	13076	16306	17859
社会发展和社会服务	Social Development and Social Service	54530	59128	68879	85012	96913	106158	111019	116742
地球和大气层的探索与利用	Earth and Atmosphere Exploration and Utility	569	661	638	798	2516	4080	421	676
教育事业发展	Education Development	5233	5510	7007	7402	6500	7237	7191	10593
民用空间探测及开发	Civil Aerospace Exploration	4920	7311	5899	4905	3674	1585	1844	1415
国防	Defense	4028	4213	5146	7171	7347	7715	11757	11991
其他民用目标	Other Civil Purpose	45963	49947	53759	55623	57376	51049	49233	48157
非定向研究	Nondirective Research							9060	12272

8-33 按技术合同构成分全国技术市场成交合同金额
Value of Contract Deals in Domestic Technical Markets by Type of Contracts

单位：万元 (10 000 yuan)

项 目	Item	2009	2010	2011	2012	2013	2014	2015	2016
合 计	**Total**	**30390024**	**39065753**	**47635589**	**64370683**	**74691254**	**85771790**	**98357896**	**114069816**
一、按技术性收入的类型分	**by Type of Technical Income**								
技术开发	Technology Development	12641654	16342394	21698091	26359452	27734127	29490054	30471820	34796413
委托开发	Commissioned Development	11656596	14017686	19910409	24574266	26041080	26490243	27339210	31390386
合作开发	Cooperated Development	985058	2324708	1787682	1785186	1693047	2999811	3132610	3406027
技术转让	Technology Transfer	5385174	6100996	5233881	10208414	10837592	11371714	14665294	16078867
技术秘密转让	Technical Secrets Transfer	3326299	4428966	3460013	6880739	7755045	8533933	11511716	6274102
专利实施许可转让	Patent License Transfer	1216253	632842	894818	2467125	2396267	1672625	1172986	3861730
专利权转让	Patent Right Transfer	411595	433217	587601	431609	316292	577016	925292	850615
专利申请权转让	Patent Application Right Transfer	44461	64039	41309	42417	31909	46003	44672	73770
计算机软件著作权转让	Computer Software Copyright Transfer	195925	104044	125142	252776	210689	238957	617961	408110
集成电路布图设计专有权转让	Integrated Circuit Layout Design Exclusive Right Transfer	10169	17971	17477	1954	5030	17027	44080	238412
动、植物新品种权转让	New Species of Animals and Plants Patent Right Transfer	62488	249444	39587	37224	31523	38307	182452	194424
生物、医药新品种权转让	New Species of Biology and Medicine Patent Right Transfer	117984	170472	67933	94570	90836	247847	166135	265216
技术咨询	Technology Consultation	941397	1166376	1662229	1502163	1951027	2442863	2631180	4683265
技术服务	Technology Service	11421800	15455987	19041389	26300654	34168507	42467158	50589603	58511271
一般性技术服务	Normal Technology Service	10613836	15072444	17783327	26217001	33991905	42304505	49963295	58011939
技术中介	Technology Intermediary	6696	17747	14515	34963	31750	74441	197355	241380
技术培训	Technology Training	801268	365796	1243546	48690	144852	88213	428953	257952
二、按知识产权构成分	**by Intellectural Right**								
技术秘密	Technology Secrets	10504799	14880803	19520420	20170028	22231149	26257535	25344591	26575542
专利	Patent	3092963	2840886	3570578	6708450	5696288	6614237	6753434	12973196
发明专利	Invention	1419974	1493441	2202460	4639600	2864671	4332886	3572037	7307373
实用新型专利	Utility Model	1538284	1177995	1337863	2039812	2812200	2171791	3067496	5570794
外观设计专利	Design	134705	169450	30255	29038	19417	109560	113902	95028
计算机软件	Computer Software	3975918	4273564	5009198	8020308	6580997	7079207	6866398	8354526
动、植物新品种	New Species of Animals and Plants	91672	93159	120913	235667	231223	236727	265589	353516
集成电路布图设计	IC Layout Design	150023	240257	513976	502547	1221546	360165	358039	429826
生物、医药新品种	New Species of Biology and Medicine	441878	867857	558746	573211	1972657	730706	831678	734589
未涉及知识产权	Others	12132771	15869228	18341757	28160474	36757393	44493212	57276956	63508536

8-33 续表 continued

单位：万元 (10 000 yuan)

项 目	Item	2009	2010	2011	2012	2013	2014	2015	2016
三、按技术领域分	**by Technical Field**								
电子信息技术	IT Technology	9502024	11722362	12222954	19301188	19465060	21826327	24973350	33129453
航空航天技术	Aviation and Aerospace Technology	952786	490609	665563	1359669	1640874	2560390	2771133	2676018
先进制造技术	Advanced Manufacture Technology	4504461	5681014	7164822	9855280	9513366	12425453	13507167	14410471
生物、医药和医疗器械技术	Biology,Medicine and Medical Machine Technology	2030655	2459065	2582860	2820063	3963664	4114555	5106516	6127297
新材料及其应用	Advanced Material and Aplication	1287683	1899588	2039037	3324911	3211892	4422276	4452197	5127952
新能源与高效节能	New Energy and Power Saving	4012739	5446969	6118954	6482515	7365404	9269144	10642935	11388154
环境保护与资源综合利用技术	Environment and Source Application Technology	1686890	2582589	3265839	4543668	6803814	6937698	8004181	9264109
核应用技术	Nuclear Application Technology	728732	331258	1579650	3836376	3354838	3296828	3901318	763865
农业技术	Agriculture Technology	981695	855798	2020474	1809170	2330207	3093548	3080496	3178260
现代交通	Modern Traffic	2872302	5283271	5009228	6491072	9683286	9683502	9818918	13687734
城市建设与社会发展	Urban Construction and Social Development	1830058	2313230	4966209	4546772	7358847	8142067	12099686	14316503
四、按社会经济目标分	**by Socail and Economic Objectives**								
农林牧渔业发展	Farming,Forestry and Fishery	1030531	912955	2010948	1939458	2351218	3108331	2649378	3084815
工商业发展	Industry Promotion	7237172	8687805	10034739	13557607	7820716	7592289	11832327	12454604
能源生产、分配和合理利用	Energy Production,Distribution and Application	4149927	3454779	7443996	9230784	8377690	13515100	9822174	10731280
基础设施以及城市和农村规划	Infrastructure,Urban and Ruarl Planning	3255132	7276996	6940250	8548898	13997232	11784955	11503248	15056385
环境保护、生态建设及污染防治	Environmental Protection,Ecologica Building and Pollution Prevention	1015722	1441520	1034613	2820672	4243877	5926020	7714736	9094087
卫生事业发展	Sanitation Development	663049	1146284	1287883	1417140	2337549	2278378	3234914	4071510
社会发展和社会服务	Social Development and Social Service	5047874	6738125	8710450	12943981	20331124	21931927	30174080	35296542
地球和大气层的探索与利用	Earth and Atmosphere Exploration and Utility	53947	50114	57469	69984	163648	1404086	87243	234723
教育事业发展	Education Development	398448	401228	674594	914437	578234	755301	691946	746660
民用空间探测及开发	Civil Aerospace Exploration	551124	619649	636313	666968	497517	232608	405674	624798
国防	Defense	625646	528007	703014	1211581	1869779	1606585	2549196	2702260
其他民用目标	Other Civil Purpose	6361450	7808293	8101320	11049173	12122670	13445881	14542349	15911988
非定向研究	Nondirective Research							3150633	4060166

8-34 按买卖方构成类别分全国技术市场成交合同数
Contract Deals in Domestic Technical Markets by Category of Technology Seller and Buyer

单位：项 (item)

项 目	Item	2009	2010	2011	2012	2013	2014	2015	2016
总 计	**Total**	**213752**	**229601**	**256428**	**282242**	**294929**	**297037**	**307132**	**320437**
一、按卖方构成类别分	**Category of Technology Seller**								
机关法人	Governments	496	692	1220	2089	1967	3022	1904	1546
事业法人	Public Organizations	70922	79012	88959	101485	104633	98184	104626	97196
科研机构	Research Institutes	30858	29673	31833	36140	33118	29328	40663	30804
高等院校	Higher Education	32786	42251	49782	57966	64368	54364	57081	59769
医疗、卫生	Medical and Sanitation	1391	1575	2182	2347	2627	3196	2965	2843
其它	Others	5887	5513	5162	5032	4520	11296	3917	3780
社团法人	Social Organization	2599	1677	2902	3887	1609	1116	1258	968
企业法人	Enterprises	137752	146526	161292	172249	183430	191654	196517	218387
内资企业	Domestic Funded Enterprises	125286	132253	145622	155705	167211	176003	182410	202784
港澳台商投资企业	Enterprises with Funds from Hongkong, Macao and Taiwan	1729	2454	3189	2958	2512	3048	2780	2977
外商投资企业	Foreign Funded Enterprises	9561	10245	10537	10793	10686	9718	8462	9792
个体经营	Private Enterprises	677	556	496	797	897	740	1002	1361
国外企业	Oversea Enterprises	499	1018	1448	1996	2124	2145	1863	1473
自然人	Natural Person	580	631	576	2259	1381	1171	751	1004
其他组织	Other Organizations	1403	1063	1479	273	1909	1890	2076	1336
二、按买方构成类别分	**Category of Technology Buyer**								
机关法人	Governments	17961	19515	22266	29351	31578	35770	40280	42626
事业法人	Public Organizations	29021	31925	36168	41275	43394	46290	50908	57945
科研机构	Research Institutes	11060	12754	14222	16806	17825	18472	21038	21272
高等院校	Higher Education	4985	5654	7116	7975	8057	9435	9647	11895
医疗、卫生	Medical and Sanitation	2883	3190	3438	3309	4266	4207	4387	4294
其它	Others	10093	10327	11392	13185	13246	14176	15836	20484
社团法人	Social Organization	619	796	934	841	820	918	1188	1755
企业法人	Enterprises	159991	171734	190364	204971	213392	209049	209342	211078
内资企业	Domestic Funded Enterprises	143752	154913	172106	186191	193994	190183	189879	191302
港澳台商投资企业	Enterprises with Funds from Hongkong, Macao and Taiwan	1306	1297	1624	1677	1866	2061	1888	1947
外商投资企业	Foreign Funded Enterprises	7781	8985	10530	11142	11826	10522	9587	9064
个体经营	Private Enterprises	1768	1370	1744	2132	2195	2593	4040	5053
国外企业	Oversea Enterprises	5384	5169	4360	3829	3511	3690	3948	3712
自然人	Natural Person	3001	2286	2443	3838	2512	2201	2132	3496
其他组织	Other Organizations	3159	3345	4253	1966	3233	2809	3282	3537

8-35 按买卖方构成类别分全国技术市场成交合同金额
Value of Contract Deals in Domestic Technical Markets by Category of Technology Seller and Buyer

单位：万元 (10 000 yuan)

项 目	Item	2009	2010	2011	2012	2013	2014	2015	2016
总 计	**Total**	**30390024**	**39065753**	**47635589**	**64370683**	**74691254**	**85771790**	**98357896**	**114069816**
一、按卖方构成类别分	**Category of Technology Seller**								
机关法人	Governments	173582	354124	402310	760260	744869	1109436	1140758	1710637
事业法人	Public Organizations	3473955	4206292	5326454	7309135	9007378	8789667	9581703	11495867
科研机构	Research Institutes	1913980	1990272	2614299	4029582	5010078	4588179	5604063	7052147
高等院校	Higher Education	1350607	1966902	2488100	2939628	3294932	3151393	3142568	3600238
医疗、卫生	Medical and Sanitation	20629	21401	30289	29023	59043	85284	81060	173344
其它	Others	188739	227718	193766	310902	643325	964811	754011	670137
社团法人	Social Organization	103277	136802	79150	75724	49258	44653	131479	598008
企业法人	Enterprises	26262465	33417389	41192914	55705534	64361831	75162885	84769194	98814103
内资企业	Domestic Funded Enterprises	19108269	25227028	32305402	41990722	51708896	61170094	68531378	83839927
港澳台商投资企业	Enterprises with Funds from Hongkong, Macao and Taiwan	919212	952014	711747	1139036	1379584	1795457	1463283	1906472
外商投资企业	Foreign Funded Enterprises	4865777	5120826	5684605	8351388	8180021	7933445	10112896	8383170
个体经营	Private Enterprises	67417	54492	41075	97205	101978	178012	192679	247684
国外企业	Oversea Enterprises	1301791	2063028	2450085	4127184	2991352	4085877	4468960	4436849
自然人	Natural Person	72416	50294	155122	317254	114430	139362	86970	134922
其他组织	Other Organizations	304330	900852	479639	202775	413489	525787	2647792	1316280
二、按买方构成类别分	**Category of Technology Buyer**								
机关法人	Governments	1901885	3831667	3999873	7567657	10193625	11175851	16172797	15788418
事业法人	Public Organizations	2342184	2528836	3936159	3638716	5082236	5094104	5831305	8958660
科研机构	Research Institutes	942536	951608	967275	1581736	1949743	2306205	2544706	3140612
高等院校	Higher Education	218242	260229	376156	565864	596227	829144	627764	839743
医疗、卫生	Medical and Sanitation	66588	88983	152082	233823	182760	194557	201363	264075
其它	Others	1114819	1228015	2440646	1257294	2353505	1764200	2457472	4714229
社团法人	Social Organization	31716	32466	61520	49854	81040	57913	67367	117816
企业法人	Enterprises	23490165	31559809	37324295	50437022	55982339	66095575	74639004	87731832
内资企业	Domestic Funded Enterprises	16320850	20552884	26642653	38787057	43043836	52167494	53056429	68422897
港澳台商投资企业	Enterprises with Funds from Hongkong, Macao and Taiwan	526850	530051	432933	806204	753006	927322	1158264	1512068
外商投资企业	Foreign Funded Enterprises	2432090	3845372	2784045	4293477	5611850	4537178	6852069	4828717
个体经营	Private Enterprises	65076	90347	121943	164263	192140	319534	325072	486244
国外企业	Oversea Enterprises	4145299	6541156	7342721	6386022	6381507	8144046	13247170	12481906
自然人	Natural Person	818942	549862	71015	470076	72996	260264	186024	221159
其他组织	Other Organizations	1805132	563112	2242728	2207358	3279019	3088083	1461399	1251932

8-36 技术市场技术输出地域(合同数)

Contract Exportation from Domestic Technical Markets by Region

单位：项 (item)

地 区	Region	2000	2005	2009	2010	2011	2012	2013	2014	2015	2016
全 国	**National Total**	**241008**	**265010**	**213752**	**229601**	**256428**	**282242**	**294929**	**297037**	**307132**	**320437**
东部地区	Eastern Region	153858	182325	144775	154181	170859	184037	191089	185996	196087	201660
中部地区	Middle Region	40957	43328	23847	24302	27297	33105	34753	38516	44041	47969
西部地区	Western Region	19469	19611	23549	29024	34757	42818	48151	53645	48748	48607
东北地区	Northeast Region	26724	19746	21019	20996	21786	20194	18649	16195	16155	20415
北 京	Beijing	21270	37625	49938	50847	53552	59969	62755	67284	72306	74983
天 津	Tianjin	6415	11295	9842	9540	11699	13381	15664	14947	12456	12934
河 北	Hebei	3340	3338	4392	4517	4400	4512	4201	3232	3298	3846
山 西	Shanxi	290	556	826	835	830	796	817	667	698	804
内蒙古	Inner Mongolia	3075	1160	865	1231	1386	1232	631	535	498	605
辽 宁	Liaoning	11455	13826	15729	15589	16796	14676	12819	11173	11878	13004
吉 林	Jilin	5386	3879	3222	3424	3072	2730	3252	2891	2420	5673
黑龙江	Heilongjiang	9883	2041	2068	1983	1918	2788	2578	2131	1857	1738
上 海	Shanghai	20974	30290	26952	25945	29005	27649	25952	24864	22119	20843
江 苏	Jiangsu	28618	26178	13938	19815	24526	28921	30724	24094	32508	29430
浙 江	Zhejiang	31218	20628	12786	12826	13858	13551	12074	11923	11273	14808
安 徽	Anhui	3184	5113	5888	4831	5795	6806	6951	7092	12488	12966
福 建	Fujian	5597	6510	4785	5120	4749	5324	5230	3708	4132	5115
江 西	Jiangxi	5068	3321	2273	2250	2261	2184	1942	1429	1137	1985
山 东	Shandong	30962	31908	7672	7865	9037	11114	14263	17331	20422	22068
河 南	Henan	4097	3770	3913	4611	5010	4191	3794	2942	3482	4270
湖 北	Hubei	7203	11131	5689	6638	7747	12757	14701	21507	22532	23964
湖 南	Hunan	21115	19437	5258	5137	5654	6371	6548	4879	3704	3980
广 东	Guangdong	5464	14432	14408	17493	19637	19576	20169	18577	17316	17322
广 西	Guangxi	912	558	290	258	778	423	694	2347	1577	1832
海 南	Hainan		121	62	213	396	40	57	36	257	311
重 庆	Chongqing	1610	2730	2465	2201	3270	3538	4998	4016	2638	2053
四 川	Sichuan	3441	4933	7632	9003	9919	11657	12754	11932	11228	11563
贵 州	Guizhou	43	466	988	650	736	509	593	658	650	974
云 南	Yunnan	2054	1853	1028	1047	1241	2246	3084	2785	2666	2607
西 藏	Tibet										
陕 西	Shaanxi	4023	3392	6243	9470	11125	17596	19292	25969	22508	21037
甘 肃	Gansu	2960	1877	2680	2503	3754	2883	3777	3354	4712	5255
青 海	Qinghai		318	429	460	523	639	747	801	952	986
宁 夏	Ningxia	233	323	450	501	552	564	597	544	661	990
新 疆	Xinjiang	1118	2001	479	1700	1473	1531	984	704	658	705
港澳台	Hongkong,Macao & Taiwan			52	123	220	239	80	108	100	91
国 外	Abroad			510	975	1509	1849	2207	2577	2001	1695

8-37 技术市场技术输出地域(合同金额)

Value of Contract Exportation from Domestic Technical Markets by Region

单位：万元 (10 000 yuan)

地区	Region	2000	2005	2009	2010	2011	2012	2013	2014	2015	2016
全国	**National Total**	**6507519**	**15513694**	**30390024**	**39065753**	**47635589**	**64370683**	**74691254**	**85771790**	**98357896**	**114069816**
东部地区	Eastern Region	4167230	11509739	22257438	28347883	34114537	42852302	50574672	54802165	63561272	73683809
中部地区	Middle Region	910023	1484714	2089941	2457020	3215401	4351253	7417148	9884563	12459587	14071180
西部地区	Western Region	858677	1389229	2375111	3464842	4828229	7645096	10099154	12383772	13450103	15899259
东北地区	Northeast Region	571589	1130012	1883244	2024024	2479930	3562301	3098689	3663180	4212261	5654468
北京	Beijing	1402871	4895922	12362450	15795367	18902752	24585034	28517239	31371854	34538855	39409752
天津	Tianjin	262581	507093	1054611	1193390	1693819	2323275	2761575	3885631	5034369	5526361
河北	Hebei	94143	103827	172112	192931	262471	378178	315581	292228	395438	589959
山西	Shanxi	5258	47980	162068	184911	224825	306088	527681	484595	512007	425622
内蒙古	Inner Mongolia	60287	109939	147651	271464	226719	1060962	387390	139393	153872	120492
辽宁	Liaoning	347817	865167	1197095	1306811	1596633	2306648	1733775	2174648	2674927	3232180
吉林	Jilin	71390	122261	197598	188090	262614	251180	347167	285756	264697	1164198
黑龙江	Heilongjiang	152382	142585	488550	529123	620682	1004473	1017747	1202776	1272637	1258091
上海	Shanghai	738952	2317328	4354108	4314374	4807491	5187473	5316804	5924481	6637838	7809858
江苏	Jiangsu	449568	1008296	1082184	2493406	3334316	4009141	5275020	5431585	5729178	6356425
浙江	Zhejiang	276275	386954	564581	603478	718968	813079	814958	872527	980966	1983716
安徽	Anhui	61012	142553	356174	461470	650337	861592	1308253	1698313	1904669	2173748
福建	Fujian	172601	171959	232594	356569	345712	500920	446885	391913	521448	432204
江西	Jiangxi	69299	111227	97893	230479	341861	397796	430552	507593	648484	790077
山东	Shandong	288135	983614	719391	1006769	1263778	1400153	1793981	2492942	3075545	3959453
河南	Henan	211621	263737	263046	272002	387602	399435	402406	407919	450442	587075
湖北	Hubei	276000	501823	770329	907218	1256876	1963922	3976158	5806801	7893407	9038371
湖南	Hunan	286833	417394	440432	400940	353901	422420	772098	979342	1050578	1056287
广东	Guangdong	482104	1124740	1709850	2358949	2750647	3649384	5293936	4132478	6625775	7581650
广西	Guangxi	17741	94059	17662	41362	56377	25238	73449	115833	73132	339922
海南	Hainan		10007	5556	32651	34584	5666	38693	6525	21861	34431
重庆	Chongqing	296594	357059	383158	794410	681453	540188	902760	1562007	572366	1471870
四川	Sichuan	104150	190823	545977	547393	678330	1112438	1485752	1990506	2823202	2993006
贵州	Guizhou	620	10488	17806	77191	136483	96743	183972	200392	259626	204437
云南	Yunnan	187742	159175	102469	108827	117144	454779	420003	479233	518364	582559
西藏	Tibet										
陕西	Shaanxi	92560	188977	698074	1024140	2153664	3348153	5332787	6400198	7218211	8027887
甘肃	Gansu	26413	172736	356287	430845	526386	730619	999936	1145162	1296958	1506615
青海	Qinghai		11812	84967	114051	168443	192989	268863	291001	468849	569190
宁夏	Ningxia	6402	14131	8982	9972	39447	29135	14289	31823	35202	40526
新疆	Xinjiang	66168	80029	12078	45188	43783	53853	29953	28223	30322	42755
港澳台	Hongkong, Macao & Taiwan			124063	126750	249756	353197	67307	91608	158797	678396
国外	Abroad			1660227	2645234	2747738	5606534	3434284	4946503	4515877	4082703

8-38 技术市场技术流向地域(合同数)

Contract Inflows to Domestic Technical Markets by Region

单位：项 (item)

地　区	Region	2000	2005	2009	2010	2011	2012	2013	2014	2015	2016
全　国	**National Total**	**241008**	**265010**	**213752**	**229601**	**256428**	**282242**	**294929**	**297037**	**307132**	**320437**
东部地区	Eastern Region	151815	173205	131410	141227	157529	173601	182269	182559	191166	195744
中部地区	Middle Region	41206	42698	26975	27844	31362	35249	34442	37241	42246	44624
西部地区	Western Region	23905	26203	28971	34011	40509	47414	53572	53777	51096	55827
东北地区	Northeast Region	23279	19647	18839	19044	20758	20605	19634	18226	17490	19533
北　京	Beijing	16998	24206	32341	33370	36021	43513	45408	47015	50140	55480
天　津	Tianjin	6297	8719	7246	7291	8750	9084	10934	11594	9439	9612
河　北	Hebei	5230	5719	5420	5664	5871	6071	6124	6115	5989	6956
山　西	Shanxi	1693	2112	2372	2627	3222	3225	3374	3228	2999	3104
内蒙古	Inner Mongolia	3907	2426	2398	2901	3399	3428	2785	2840	2609	2656
辽　宁	Liaoning	9631	12677	12576	12691	14573	13769	12446	11377	10883	10884
吉　林	Jilin	5257	3655	3419	3529	3200	3226	3473	3537	3446	4916
黑龙江	Heilongjiang	8391	3315	2844	2824	2985	3610	3715	3312	3161	3733
上　海	Shanghai	21036	28606	24180	24162	27158	27857	25943	25378	22689	22589
江　苏	Jiangsu	25957	22675	14771	19463	23772	27594	32139	27196	36607	27370
浙　江	Zhejiang	29197	23639	15204	15313	16220	16726	15331	16097	14999	18120
安　徽	Anhui	3276	5299	6389	5318	6073	7393	7064	8146	12687	13011
福　建	Fujian	6532	7729	5454	5305	5379	6356	6196	5332	5629	6334
江　西	Jiangxi	5772	4014	2648	2774	2716	2916	2673	2523	2356	3112
山　东	Shandong	30909	34362	9551	9993	11391	13216	16124	19835	21874	23121
河　南	Henan	5312	5382	5070	5410	6298	5680	5556	5343	5082	5762
湖　北	Hubei	6166	8419	5415	6591	7289	9616	9758	12852	14831	15038
湖　南	Hunan	18987	17472	5081	5124	5764	6419	6017	5149	4291	4597
广　东	Guangdong	9277	16930	16595	19910	21845	22213	23034	23016	22396	24833
广　西	Guangxi	1566	1382	1192	1351	1784	1979	2198	4108	3299	3466
海　南	Hainan	382	620	648	756	1122	971	1036	981	1404	1329
重　庆	Chongqing	1639	2416	2205	2310	2854	2988	4564	3960	3340	3525
四　川	Sichuan	4330	5483	7226	8331	9281	10631	11729	11267	11195	11564
贵　州	Guizhou	806	1294	2028	1849	2131	2306	2304	2658	2346	2777
云　南	Yunnan	2754	3493	2366	2824	3043	3907	4854	4564	4278	4564
西　藏	Tibet	41	87	236	211	269	271	553	294	382	511
陕　西	Shaanxi	2582	3427	5293	6775	8370	12448	14135	14713	12657	14626
甘　肃	Gansu	3590	2106	2707	2462	4032	3362	4735	3640	4869	5772
青　海	Qinghai	280	606	813	882	1140	1367	1489	1538	1997	1958
宁　夏	Ningxia	488	603	854	1012	1200	1313	1279	1283	1451	1717
新　疆	Xinjiang	1922	2880	1653	3103	3006	3414	2947	2912	2673	2691
港澳台	Hongkong, Macao & Taiwan	203	383	977	1106	1179	1084	1044	1083	1017	819
其　它	Others	600	2874	6580	6369	5091	4289	3968	4151	4117	3890

8-39 技术市场技术流向地域(合同金额)

Value of Contract Inflows to Domestic Technical Markets by Region

单位：万元 (10 000 yuan)

地区	Region	2000	2005	2009	2010	2011	2012	2013	2014	2015	2016
全国	**National Total**	**6507519**	**15513694**	**30390024**	**39065753**	**47635589**	**64370683**	**74691254**	**85771790**	**98357896**	**114069816**
东部地区	Eastern Region	4000110	9042086	15488372	19282530	22183631	34348252	36376682	44605101	47863593	55688863
中部地区	Middle Region	790834	1661532	2693098	3534114	3498201	5649679	7560956	9801393	11487804	15220043
西部地区	Western Region	898411	1912047	3426466	4799891	5477800	11135307	15700458	15102150	17041209	21739108
东北地区	Northeast Region	560979	1144779	1638186	2816954	4948851	5177322	3792662	4098653	3934676	4686548
北京	Beijing	1031906	2468704	4824978	4979527	6793373	9743475	9454098	12347134	11475286	17532414
天津	Tianjin	231158	381307	1381934	1038486	1739671	2047915	2360529	3407686	3307079	3891987
河北	Hebei	163950	301803	490164	1291728	690142	1152465	964907	1528309	1453071	1842886
山西	Shanxi	49350	215430	601473	509161	707459	1112606	990082	2076794	972417	2340760
内蒙古	Inner Mongolia	79600	301516	655260	862605	721485	2176971	1583403	1564933	1885989	1427117
辽宁	Liaoning	326885	855864	977954	1840608	3966798	3978888	2482137	2504925	2312705	2000312
吉林	Jilin	78926	134995	271104	413970	337303	462966	469842	507987	545214	931123
黑龙江	Heilongjiang	155168	153920	389128	562376	644749	735468	840683	1085741	1076757	1755113
上海	Shanghai	633736	1746358	2727538	3291200	3403479	4085673	4319822	4472396	5101282	4319878
江苏	Jiangsu	411821	849194	1105730	3277882	3754843	5149287	5979775	7001906	10163396	9055931
浙江	Zhejiang	303584	589430	806561	1064031	953168	2933985	1697663	1985478	2019061	2883154
安徽	Anhui	66604	204344	525582	516323	496209	858507	1135658	1279109	1696694	2016750
福建	Fujian	193767	250239	555523	442214	590676	1897947	3655125	3573583	3675993	2786969
江西	Jiangxi	66104	132315	240457	315103	420569	575279	1077970	745702	1077100	1880987
山东	Shandong	345610	1143692	1034863	1269040	1877483	1825538	2497618	4031552	3865607	5052401
河南	Henan	190434	358430	366858	440535	622590	620636	1095852	1185520	1276013	1540513
湖北	Hubei	190942	393847	618523	1370448	863390	1914445	2164285	3283726	4949463	6420258
湖南	Hunan	227400	357167	340204	382544	387986	568206	1097109	1230541	1516117	1020776
广东	Guangdong	669783	1217999	2476809	2435401	2249581	4215379	4838314	5607249	6521066	7925607
广西	Guangxi	38736	116309	107819	148141	185302	329823	1285552	1150461	576560	687700
海南	Hainan	14795	93360	84272	193023	131215	1296589	608832	649806	281751	397636
重庆	Chongqing	164500	322759	310811	884903	842699	2264447	1624915	1911585	1843373	5248893
四川	Sichuan	128590	231663	602196	723340	809442	1406276	2705993	2305204	2932644	3317871
贵州	Guizhou	16522	53871	283737	218775	319684	445839	368679	1258372	1761018	1673802
云南	Yunnan	228497	294254	268621	377203	346495	805864	1010724	977835	1735786	1714434
西藏	Tibet	2994	7989	19295	32390	32012	37319	72180	101985	169821	195055
陕西	Shaanxi	84188	189469	469572	597518	1005119	1725711	3620612	2796772	2985237	3590984
甘肃	Gansu	54557	173761	228703	307727	394750	590801	1232183	1238125	1181036	1727321
青海	Qinghai	7628	29174	233476	245232	283464	436531	558259	500928	471049	792632
宁夏	Ningxia	9752	35262	65651	126095	166053	314191	330580	285501	286118	427187
新疆	Xinjiang	82847	156021	181325	275961	371294	601534	1307378	1010449	1212578	936111
港澳台	Hongkong, Macao & Taiwan	47241	142287	389146	319517	338794	621777	1314675	1473992	1038655	1252447
其它	Others	209944	1610964	6754756	8312746	11188312	7438346	9945820	10690502	16991958	15482807

8-40 按合同类别分技术市场技术流向地域(合同数)(2016年)
Contract Inflows to Domestic Technical Markets by Region (2016)

单位：项 (item)

地　区	Region	合　计 Total	技术开发 Technology Development	技术转让 Technology Transfer	技术咨询 Technology Consultation	技术服务 Technology Service
全　国	**National Total**	**320437**	**148582**	**12556**	**24447**	**134852**
东部地区	Eastern Region	195744	95303	7397	14295	78749
中部地区	Middle Region	44624	17439	2164	3731	21290
西部地区	Western Region	55827	22757	1546	4788	26736
东北地区	Northeast Region	19533	10326	916	1541	6750
北　京	Beijing	55480	26465	858	3404	24753
天　津	Tianjin	9612	3969	360	847	4436
河　北	Hebei	6956	2655	358	378	3565
山　西	Shanxi	3104	1278	157	176	1493
内蒙古	Inner Mongolia	2656	1002	96	259	1299
辽　宁	Liaoning	10884	6082	636	927	3239
吉　林	Jilin	4916	2539	139	452	1786
黑龙江	Heilongjiang	3733	1705	141	162	1725
上　海	Shanghai	22589	9705	806	2230	9848
江　苏	Jiangsu	27370	13379	1427	734	11830
浙　江	Zhejiang	18120	9016	746	1438	6920
安　徽	Anhui	13011	4410	352	1191	7058
福　建	Fujian	6334	3018	313	643	2360
江　西	Jiangxi	3112	1373	371	335	1033
山　东	Shandong	23121	10841	1341	3371	7568
河　南	Henan	5762	2303	378	658	2423
湖　北	Hubei	15038	6006	685	1072	7275
湖　南	Hunan	4597	2069	221	299	2008
广　东	Guangdong	24833	15654	1142	1151	6886
广　西	Guangxi	3466	2116	232	155	963
海　南	Hainan	1329	601	46	99	583
重　庆	Chongqing	3525	1798	137	207	1383
四　川	Sichuan	11564	5483	402	640	5039
贵　州	Guizhou	2777	1314	98	161	1204
云　南	Yunnan	4564	2418	76	375	1695
西　藏	Tibet	511	151	18	50	292
陕　西	Shaanxi	14626	5574	225	1093	7734
甘　肃	Gansu	5772	1128	61	1078	3505
青　海	Qinghai	1958	398	86	395	1079
宁　夏	Ningxia	1717	621	24	143	929
新　疆	Xinjiang	2691	754	91	232	1614
港澳台	Hongkong, Macao & Taiwan	819	528	96	9	186
其　它	Others	3890	2229	437	83	1141

8-41 按合同类别分技术市场技术流向地域(合同金额)(2016年)
Value of Contract Inflows to Domestic Technical Markets by Region (2016)

单位：万元 (10 000 yuan)

地区	Region	合计 Total	技术开发 Technology Development	技术转让 Technology Transfer	技术咨询 Technology Consultation	技术服务 Technology Service
全国	**National Total**	**114069816**	**34796413**	**16078867**	**4683265**	**58511271**
东部地区	Eastern Region	55688863	19926189	8294395	2836863	24631415
中部地区	Middle Region	15220043	4075946	989224	579373	9575499
西部地区	Western Region	21739108	4864420	3657249	1027158	12190281
东北地区	Northeast Region	4686548	1852149	579209	147209	2107981
北京	Beijing	17532414	5823755	383179	809324	10516155
天津	Tianjin	3891987	587200	637191	304224	2363372
河北	Hebei	1842886	374451	208146	114182	1146107
山西	Shanxi	2340760	774528	65930	31402	1468899
内蒙古	Inner Mongolia	1427117	224589	67423	232771	902334
辽宁	Liaoning	2000312	780244	277229	108889	833950
吉林	Jilin	931123	367848	223496	23490	316289
黑龙江	Heilongjiang	1755113	704058	78483	14830	957742
上海	Shanghai	4319878	1897820	1524646	42712	854701
江苏	Jiangsu	9055931	2559943	3566764	692846	2236378
浙江	Zhejiang	2883154	1208979	340675	112420	1221080
安徽	Anhui	2016750	774689	121210	132602	988249
福建	Fujian	2786969	1156345	246548	194286	1189790
江西	Jiangxi	1880987	304598	170460	97444	1308485
山东	Shandong	5052401	2123944	1000378	451816	1476263
河南	Henan	1540513	272296	71728	156044	1040446
湖北	Hubei	6420258	1666860	498860	102626	4151912
湖南	Hunan	1020776	282976	61036	59255	617509
广东	Guangdong	7925607	4114454	375928	103472	3331753
广西	Guangxi	687700	333769	26951	30978	296001
海南	Hainan	397636	79299	10939	11581	295817
重庆	Chongqing	5248893	684646	2693485	128018	1742744
四川	Sichuan	3317871	659519	455029	120088	2083234
贵州	Guizhou	1673802	175984	157255	51627	1288936
云南	Yunnan	1714434	517363	26628	37903	1132540
西藏	Tibet	195055	25515	3549	17486	148505
陕西	Shaanxi	3590984	1359211	107965	117781	2006027
甘肃	Gansu	1727321	317345	21948	78277	1309751
青海	Qinghai	792632	109968	12282	134949	535433
宁夏	Ningxia	427187	101151	44523	37173	244340
新疆	Xinjiang	936111	355359	40210	40106	500436
港澳台	Hongkong, Macao & Taiwan	1252447	245132	101581	11753	893982
其它	Others	15482807	3832578	2457208	80909	9112113

8-42 按地区分的国外技术引进合同(2016年)
Technology Contracts Imported by Region (2016)

地　区	Region	合同数(项) Number of Contracts (item)	合同金额(亿美元) Value of Contracts (USD 100 million)	技术费 for Technology
全　国	**National Total**	**6806**	**307.28**	**301.57**
东部地区	Eastern Region	5173	230.89	226.48
中部地区	Middle Region	681	22.95	22.70
西部地区	Western Region	531	40.14	39.22
东北地区	Northeast Region	421	13.28	13.17
北　京	Beijing	543	22.10	20.15
天　津	Tianjin	202	10.39	10.37
河　北	Hebei	42	1.23	1.23
山　西	Shanxi	6	0.13	0.13
内蒙古	Inner Mongolia	4	0.35	0.35
辽　宁	Liaoning	220	3.92	3.91
吉　林	Jilin	186	7.11	7.01
黑龙江	Heilongjiang	15	2.25	2.25
上　海	Shanghai	1668	42.79	41.81
江　苏	Jiangsu	755	30.76	30.68
浙　江	Zhejiang	610	9.09	9.06
安　徽	Anhui	237	4.33	4.31
福　建	Fujian	158	13.69	13.66
江　西	Jiangxi	127	1.42	1.40
山　东	Shandong	418	8.42	8.26
河　南	Henan	42	0.44	0.44
湖　北	Hubei	212	13.52	13.45
湖　南	Hunan	57	3.11	2.97
广　东	Guangdong	769	91.69	90.53
广　西	Guangxi	29	0.30	0.30
海　南	Hainan	8	0.73	0.73
重　庆	Chongqing	210	29.03	29.00
四　川	Sichuan	211	6.42	5.77
贵　州	Guizhou	7	2.69	2.67
云　南	Yunnan	23	0.13	0.09
西　藏	Tibet			
陕　西	Shaanxi	16	0.20	0.20
甘　肃	Gansu	1	0.03	0.03
青　海	Qinghai	2	0.05	0.05
宁　夏	Ningxia	1	0.80	0.62
新　疆	Xinjiang	26	0.13	0.13
新疆建设兵团	The Xinjiang Production and Construction Corps	1	0.01	0.01

8-43 按行业分的国外技术引进合同(2016年)
Technology Contracts Imported by Industry (2016)

行业	Industry	合同数(项) Number of Contracts (item)	合同金额(亿美元) Value of Contracts (USD 100 million)	#技术费 for Technology
总计	**Total**	**6806**	**307.28**	**301.57**
农、林、牧、渔业	Farming, Forestry, Animal Husbandry and Fishery	33	0.38	0.36
采矿业	Mining	36	2.06	1.53
制造业	Manufacturing	4780	261.46	257.18
电力、煤气及水的生产和供应业	Production and Distribution of Electricity, Gas and Water	45	0.85	0.85
建筑业	Construction	35	0.53	0.51
交通运输、仓储和邮政业	Traffic,Transport, Storage and Post	38	1.65	1.62
信息传输、软件和信息技术服务业	Information Transfer, Software and Information Technology Services	373	10.12	10.05
批发和零售业	Wholesale and Retail Trade	73	1.50	1.50
住宿和餐饮业	Accommodation and Restaurants	59	0.48	0.48
金融业	Finance	11	0.59	0.59
房地产业	Real Estate	582	11.21	11.21
租赁和商务服务业	Tenancy and Business Services	83	1.05	0.81
科学研究和技术服务业	Scientific Research, Technical Service	386	3.73	3.72
水利、环境和公共设施管理业	Management of Water Conservancy, Environment and Public Establishment	9	0.43	0.08
居民服务、修理和其他服务业和其他服务业	Resident Services and Other Services	85	2.66	2.66
教育	Education		0.06	0.06
卫生和社会工作	Resident Services and Other Services	2	0.01	0.01
文化、体育和娱乐业	Culture, Sports and Entertainment	5	0.06	0.06
公共管理、社会保障和社会组织	Public Management and Social Organization			

注：国外技术引进合同有一部分无法按行业分类，所以分行业之和不等于总计。

8-44 国外技术引进合同按引进方式分(2016年)
Technology Contracts Imported by Type of Import (2016)

项　目	Item	合同数 (项) Number of Contracts (item)	合同金额 (亿美元) Value of Contracts (USD 100 million)	#技术费 for Technology
总　计	**Total**	**6806**	**307.28**	**301.57**
专利技术的许可或转让（包括专利申请权的转让）	Patent Technology License and Transfer	419	29.76	29.49
专有技术的许可或转让	Technology License and Transfer	2221	164.41	163.69
技术咨询、技术服务	Technology Consultation and Service	3615	84.23	82.05
计算机软件的进口	Import of Computer Software	236	5.56	5.54
商标许可	Trade Mark License	63	1.89	1.89
合资生产、合作生产等	Joint-venture Production and Cooperative Production	87	13.96	13.94
为实施以上内容而进口的成套设备、关键设备、生产线等	Comolete Set of Equipment, Key Equipment and Production Line	45	4.10	1.64
其它方式的技术进口	Others	120	3.36	3.32

8-45 按引进国别或地区分的国外技术引进合同(2016年)
Technology Contracts Imported by Country or Area (2016)

国别或地区	Country or Area	合同数(项) Number of Contracts (item)	合同金额(亿美元) Value of Contracts (USD 100 million)	#技术费 for Technology
总　计	**Total**	**6806**	**307.28**	**301.57**
阿拉伯酋长国	UAE			
中国澳门	Macao, China	3	0.02	0.02
塞浦路斯	Cyprus			
韩国	South Korea	452	17.50	17.46
泰国	Thailand	15	0.07	0.07
印度尼西亚	Indonesia	6	0.01	0.01
老挝	Laos			
文莱	Brunei	2	0.01	0.01
中国台湾	Taiwan,China	309	12.36	12.31
马来西亚	Malaysia	7	0.28	0.28
越南	Vietnam			
以色列	Israel	26	0.36	0.36
尼泊尔	Nepal		0.03	0.03
日本	Japan	1754	65.34	63.28
新加坡	Singapore	171	4.04	3.89
蒙古	Mongolia	3	0.01	0.01
土耳其	Turkey	6	0.52	0.52
伊朗	Iran			
菲律宾	Philippines		0.03	0.03
中国香港	Hongkong, China	371	8.79	7.98
沙特阿拉伯	Saudi Arabia			
巴基斯坦	Pakistan			
印度	India	30	1.85	1.85
埃及	Egypt	2	0.03	0.03
南非	South Africa	1	0.01	0.01
毛里求斯	Mauritius		0.01	0.01
塞舌尔	Seychelles	1	0.01	0.01
匈牙利	Hungary	5	0.02	
英国	United Kingdom	215	6.76	6.71
捷克共和国	Czech Republic	23	1.91	1.91
俄罗斯	Russia	29	0.21	0.21
卢森堡	Luxemburg	12	0.74	0.74
荷兰	Netherlands	102	4.05	4.05
瑞士	Switzerland	107	8.04	7.91
法国	France	171	6.14	5.99
德国	Germany	878	31.36	30.80
意大利	Italy	179	3.59	2.78
斯洛文尼亚共和国	The Republic of Slovenia	6	0.04	0.04
哈萨克	Kazakhstan			
爱沙尼亚	Estonia		0.01	0.01
瑞典	Sweden	77	19.26	19.26
丹麦	Danmark	38	2.73	2.73
比利时	Belgium	48	1.10	1.06
保加利亚	Bulgaria			
葡萄牙	Portugal	1	0.09	0.09
希腊	Greece			
克罗地亚共和国	Republika Hrvatska			
波兰	Poland	1	0.01	0.01
西班牙	Spain	36	0.96	0.95

8-45 续表 continued

国别或地区	Country or Area	合同数(项) Number of Contracts (item)	合同金额(亿美元) Value of Contracts (USD 100 million)	#技术费 for Technology
白俄罗斯	Belarus			
斯洛伐克共和国	The Republic of Slovakia	1	0.01	0.01
罗马尼亚	Romania			
乌克兰	Ukraine	7	0.01	0.01
爱尔兰	Ireland	114	2.86	2.85
奥地利	Austria	74	1.39	1.34
芬兰	Finland	29	1.65	1.56
挪威	Norway	7	0.27	0.27
列支敦士登	Liechtenstein	3	0.05	0.05
英属维尔京	British Virgin	26	2.56	2.54
巴哈马	Bahamas	2	0.14	0.14
开曼群岛	Cayman Islands	22	0.76	0.76
伯利兹	Belize			
波多黎各	Puerto Rico	2	0.15	0.15
委内瑞拉	Venezuela			
圣其茨尼维	St the Bates			
阿根廷	Argentina	1	0.02	0.02
墨西哥	Mexico	1	0.01	0.01
巴西	Brazil	3	0.06	0.06
古巴	Cuba			
巴拿马	Panama	1	0.02	0.02
加拿大	Canada	65	1.01	1.01
百慕大	Bermuda		0.02	0.02
美国	United States	1189	96.37	95.8
澳大利亚	Australia	54	0.6	0.59
马绍尔群岛共和国	The Republic of the Marshall Islands	1	0.01	0.01
新西兰	New Zealand	2	0.06	0.06
萨摩亚	Samoa	16	0.12	0.12
立陶宛	The Republic of Lithuania	1	0.01	0.01

九、科技服务

Scientific and Technologic Services

9-1 全国非油气地质勘查分地区情况(2016年)
Basic Statistics on Geological Work by Region (2016)

地区	Region	年末从业人员(人) Year-end Employed Persons (person)	#技术人员 Technical Personnel	地质勘查工作费用(万元) Expenditure on Geological Work (10 000 yuan)
全国	**National Total**	**466612**	**165705**	**2472940**
北京	Beijing	25402	8561	17606
天津	Tianjin	2981	1525	13786
河北	Hebei	33121	12701	76412
山西	Shanxi	19147	6936	72205
内蒙古	Inner Mongolia	10511	3675	269888
辽宁	Liaoning	19940	7083	49003
吉林	Jilin	19403	4273	40704
黑龙江	Heilongjiang	17332	6387	70248
上海	Shanghai	2293	804	2049
江苏	Jiangsu	8924	4338	26660
浙江	Zhejiang	5081	1103	25664
安徽	Anhui	13969	6271	46113
福建	Fujian	10377	3517	31552
江西	Jiangxi	22620	8658	67892
山东	Shandong	28364	7658	80783
河南	Henan	20798	7313	48590
湖北	Hubei	15114	6127	53657
湖南	Hunan	26766	8041	48387
广东	Guangdong	11389	5509	40432
广西	Guangxi	12692	4274	38463
海南	Hainan	1947	1095	13122
重庆	Chongqing	7046	3242	31786
四川	Sichuan	30628	12371	94473
贵州	Guizhou	15463	4398	61046
云南	Yunnan	15892	5628	103021
西藏	Tibet	2940	479	75391
陕西	Shaanxi	31291	9357	80217
甘肃	Gansu	13294	4805	101369
青海	Qinghai	5965	3141	93435
宁夏	Ningxia	4169	1096	368937
新疆	Xinjiang	11753	5339	214454
其他	Others			115595

注：统计范围为具有地质勘查资质的中央管理的地勘单位、属地化管理的地勘单位(包含各局级地勘单位局机关)和其他地勘单位(含拥有地质勘查资质的矿业公司、科研院所、高等院校、勘查公司和勘查技术服务公司)。

Note: The statistical range is central geological prospecting units with geological survey qualifications, geological prospecting units of territorial management and other geological prospecting units.

9-2　全国气象部门基本情况
Basic Statistics on Meteorological Units

项　目	Item	2000	2005	2010	2011	2012	2013	2014	2015	2016
一、气象观测业务台站(个)	**Operating Station (Unit)**									
1. 地面观测	Surface Observation Stations	2819	2405	2418	2419	2423	2424	2423	2422	2423
2. 高空探测	Upper-air Observation Stations	156	120	120	120	120	120	120	120	120
3. 自动气象站	Automatic Weather Stations	550	7813	30693	33259	45926	53184	55488	57405	57435
4. 天气雷达观测	Weather Radar Observation Stations	238	253	342	259	230	212	224	233	242
5. 大气成分观测	Atmospheric Composition Observation Stations		21	28	28	28	28	28	28	28
6. 太阳辐射观测	Solar Radiation Observation Stations	99	105	100	100	100	100	100	100	100
7. 农业气象观测	Agro-Meteorological Observation Stations	1125	769	653	653	653	653	653	653	653
8. 生态与农业气象观测试验	Ecological & Agro-Meteorological Observation Stations	68	67	68	68	68	68	68	70	70
9. 卫星云图接收	Satellite Cloud Images Receiving Stations	319	435	361	363	363	364	364	364	380
10.大气本底站	Atmospheric Background Stations	4	6	7	7	7	7	7	7	7
11.闪电定位监测	Lightning Location Monitoring Stations		234	425	319	334	334	391	490	490
12.沙尘暴监测	Sand and Dust Storm Monitoring		85	29	29	29	29	29	29	29
13.紫外线观测	UV Observation		178	164	160	153	157	168	158	164
14.风廓线雷达观测	The Wind Profile Radar Observations							61	31	31
15.空间天气观测	Space Weather Observation							17	44	84
16.酸雨观测	Acid Rain Observation	82	299	342	342	365	365	365	376	376
17.臭氧观测	Ozone Observation	3	14	22	36	36	41	48	71	53
二、气象科学数据共享服务数据量(GB)	**Quantity of Meteorological Data (GB)**		**2089**	**358319**	**398134**	**440988**	**505077**	**348736**	**901068**	**274157**
三、装备	**Equipment**									
1. 拥有计算机数(台)	Number of Computers (unit)	27724	50683	90040	98101	108370	113208	108521	126982	136952
#高性能计算机	High-powered Computers		62	106	108	143	96	100	233	341
服务器及工作站	Servers and Workstations		768	2428	3124	4249	5005	6169	7584	15862
个人计算机(含个人服务器)	Personal Computers (PC Servers)		47950	82744	89530	97250	100368	102252	119165	120749
2. 云图接收机数(台)	Number of Cloud Images Receiving Stations (unit)	354	506	421	453	453	542	698	812	747
3. 电视会商系统设备(套)	TV Conference Facilities (set)		729	1895	2071	2208	2529			
4. 人工影响天气作业	Facilities for Conducting Weather Modification Operations									
设备高炮(门)	Cloud Seeding Guns (unit)		6393	6902	6636	6654	6761	6593	6542	6320
火箭发射系统(部)	Cloud Seeding Rocket Launchers (unit)		4129	7034	7109	7213	7632	7507	8209	7950
四、人员(人)	**Number of Personnel (Person)**									
全国气象部门职工总数	Total Staff and Workers	59113	53214	53606	53665	53956	54426	54155	53587	53153

注：从2006年开始气象科学数据共享服务数据量是全国气象部门利用网络向社会提供气象资料的数据量，2005年及以前是国家气象信息中心气象科学数据共享服务网的数据量。

Note: Data from the year 2006 are provided by national meteorological units using network and data before 2006 are provided by data sharing serrice network of national meteorological information center.

9-3 地震台、网基本情况（2016年）
Statistics of Earthquake Monitoring Stations and Networks (2016)

单位：个 (unit)

地区	Region	国家地震观测台、网 National Seismic Observation Stations, Networks			国家地震遥测台、网 National Seismic Telemetric Stations, Networks	市、县地震台 Municipality/County-level Seismic Stations		
		国家级台 Number of National Stations	省级台 Number of Provincial Stations	强震观测点 Number of Strong Motion Observation Spots		市、县级台 Municipality/County-level Seismic Stations	企业台 Number of Enterprise Stations	宏观观测点 Macro-Observation Spots
全国	**National Total**	**199**	**239**	**2612**	**1289**	**1372**	**267**	**33841**
北京	Beijing	10	2	265	21	79	1	144
天津	Tianjin	5	5	129	34			79
河北	Hebei	6	29	113	64	70	5	2633
山西	Shanxi	6	4	51	54	84	16	4124
内蒙古	Inner Mongolia	8	24	47	49	35		486
辽宁	Liaoning	7	11	90	44	27	5	841
吉林	Jilin	5	6	15	39	29		1305
黑龙江	Heilongjiang	9	2	122	40	45	1	5019
上海	Shanghai	2		64	33	7		9
江苏	Jiangsu	9	7	126	29	83	2	1052
浙江	Zhejiang	5	1	44	31	51	6	190
安徽	Anhui	3	9	20	28	83	2	778
福建	Fujian	4	10	39	39	28	8	324
江西	Jiangxi	2	6	6	28			727
山东	Shandong	6	20	146	138	118	6	3277
河南	Henan	3	8	25	17	73	5	2337
湖北	Hubei	5	8	51	39	12		577
湖南	Hunan	4	3	4	30	28	7	369
广东	Guangdong	6	7	122	75	40	5	169
广西	Guangxi	6	3	130	31	42	30	1003
海南	Hainan	2	3	14	24	16		308
重庆	Chongqing	1	2	3	40		7	9
四川	Sichuan	13	13	8	72	80	5	2354
贵州	Guizhou	4	14		16	2		51
云南	Yunnan	13	5	324	14	116	119	2519
西藏	Tibet	15	10	4	25			
陕西	Shaanxi	6	6	145	55	75	7	1356
甘肃	Gansu	9	12	239	53	67	7	763
青海	Qinghai	5	2	55	40	12	20	107
宁夏	Ningxia	4	3	59	15	10		311
新疆	Xinjiang	16	4	152	72	60	3	620

9-4 海洋观测预报单位机构、人员情况
Institutions and Personnel in Ocean Observation and Forecasting

项 目 Item	中心站 Central Station	观测站点 Observing Station	海洋预报机构 Marine Forecasting Institute
一、机构数（个） Institutions (unit)			
1997	10	60	4
1998	10	56	4
1999	12	60	4
2000	12	60	4
2001	12	60	4
2002	12	63	4
2003	12	63	4
2004	12	63	4
2005	12	63	4
2006	12	63	4
2007	12	63	4
2008	12	67	4
2009	14	73	4
2010	14	73	4
2011	15	73	4
2012	16	74	4
2013	16	74	4
2014	17	73	5
2015	17	73	5
2016	17	73	5
二、人员数（人） Personnel (person)			
1997	531	592	932
1998	395	525	617
1999	362	468	621
2000	362	468	621
2001	362	468	621
2002	530	427	734
2003	530	427	734
2004	530	427	734
2005	530	427	734
2006	696	469	655
2007	696	469	657
2008	696	523	657
2009	948	444	601
2010	932	446	587
2011	968	431	588
2012	978	436	574
2013	989	435	617
2014	1343	427	1143
2015	1263	487	1143
2016	1263	487	1143

9-5 海洋观测调查情况（2016年）
Basic Statistics on Ocean Observation (2016)

项 目	Item	合计 Total	志愿船观测 Volunteer Observation Ship	断面观测 Survey Section	台站观测 Station Observation	浮标观测 Buoy Monitoring
站点数(个)	Stations(unit)	340	57	119	127	37
观测数据(MB)	Data(MB)	13785.3	1024.0	475.4	11857.9	428.0

9-6 国家标准、
Basic Statistics on National

项　目	Item	1998	1999	2000	2001	2002	2003
本年度制、修订 标准合计(个)	**Number of Standards on Formulation and Redaction (unit)**	**990**	**900**	**1087**	**1045**	**1049**	**1653**
制　定	Formulation	587	477	605	497	514	734
修　订	Redaction	403	423	482	548	535	919
国标标准采用程度合计(个)	**Number of International Standards used on Diffirent Levels (unit)**	**600**	**526**	**538**	**492**	**608**	**661**
等　同	Same	249	194	230	213	222	361
修　改	Modified	235	194	220	167	269	192
非等效	Non-equivalent	116	138	88	112	117	108
计量基准和社会公用计量标准建立情况	**Establsihed on Social Public Standards and Measurement**						
项　别	Items	88	133	133	133	133	130
计量仪器检定按类别分(台、件)	**Measuring Instrument Examined on Diffirent Category (set)**						
合　计	**Total**	**27597670**	**31004284**	**40058507**	**38935133**	**44993208**	**41587596**
长　度	Length	2086995	2283278	2990725	3033660	3475520	3476880
温　度	Temperature	669758	745406	5019420	1294382	1881378	1421727
力　学	Mechanics	17955936	18393406	20325728	20623794	23679332	21153580
电　磁	Electromagnetism	5231026	7569615	8565969	10885992	11827159	11610007
光　学	Optics	254095	322881	336359	397073	410101	381681
声　学	Acoustics	25778	32937	46625	43058	67133	52472
化　学	Chemistry	210298	224892	294201	317330	484879	477352
电离辐射	Radioactivity	40257	43377	49763	53111	115578	65886
无线电	Radio	107467	156113	688232	731195	813242	832157
时间频率	Time Frequency	145744	252201	401238	407959	380299	396674
其　他	Others	870316	980178	1340247	1156036	1858587	1719179

注：2013及以前年份，计量基准和社会公用计量标准建立情况不包含社会公用计量标准。

9-7 地方标准、质量
Basic Statistics on Local

项　目	Item	1998	1999	2000	2001	2002
本年末标准累计(个)	Number of Standards (unit)	10965	12156	11464	11914	12269
本年度制、修订标准合　计(个)	Number of Standards for Formulation or Redaction (unit)	678	1151	921	722	1388
制　定	Formulation	644	1021	873	689	1255
修　订	Redaction	34	130	48	33	133
产品质量监督检验企业数(家)	Number of Enterprises Supervised and Checked for Product Quality (unit)	395015	401089	389675	355119	351882
检验批次数(批次)	Inspection Batch-time (batch-time)	508191	501121	484581	445044	448718
批次合格率(%)	Rate of Batch-time Qualified (%)	79.40	79.92	81.00	81.07	83.59

计量基本情况
Standards and Measurement

2004	2005	2006	2007	2008	2009	2010	2011	2012	2013	2014	2015	2016
893	**1320**	**1909**	**1410**	**6373**	**3158**	**2860**	**1993**	**1986**	**1870**	**1530**	**1931**	**1763**
458	690	1080	745	2714	2102	2123	1559	1375	1161	1067	1330	1255
435	630	829	665	3659	1056	737	434	611	709	463	601	508
365	**711**	**955**	**651**				**622**	**605**	**600**	**427**	**500**	**483**
151	417	518	360				265	301	324	204	283	249
147	220	327	200				263	242	223	182	171	207
67	74	110	91				94	62	53	41	46	27
130	130	130	130	130	130	130	130	130	130	44157	45991	45612
40006798	**36210234**	**39050639**	**34777777**	**36954296**	**37999532**	**43437070**	**51151024**	**55001642**	**52031328**	**58057667**	**60240027**	**64452034**
2885297	2632844	2700486	3078905	3337733	3572267	3296362	3406829	3857597	3934322	3868962	3520497	3532804
1182162	1385405	1558850	1520869	1674392	1845849	2062803	5366533	5125507	3064670	2873155	2826021	2898368
19729179	18116433	20427899	18600652	19963861	20605492	22257869	26036802	29638182	30381043	37140108	39355887	42905033
13204391	10797067	10263954	6735195	6964295	6001671	9327164	10296959	9730208	8368795	6842314	6841406	6932256
418509	449592	421163	382068	410157	419131	320365	413121	420977	425794	368723	341663	355986
48714	69376	82233	96329	131987	107800	105781	152308	167696	151884	160162	159549	176567
406095	479283	515981	573885	759964	868235	879199	1038417	1108692	1321679	1368580	1604892	1747548
80627	101392	102664	157063	126900	162839	149528	185267	212194	267123	228491	266499	260240
191300	224285	283346	256213	251293	312823	343661	293743	326525	338771	366877	367556	391719
313220	475873	466726	454633	486494	406320	363550	318013	277787	275605	397103	409720	299082
1547304	1478684	2227337	2921963	2847020	3698772	4330788	3659126	4136277	3917240	4443192	4546337	4952431

监督基本情况
Standards and Measurements

2003	2004	2005	2006	2007	2008	2009	2010	2011	2012	2013	2014	2015	2016
12877	13166	16005	18128	20263	22396	25054	28147	32642	36307	37206	37650	41551	42422
2109	2134	2679	2377	2805	2809	3110	3192	3718	3728	4204	4387	4174	4131
1976	1992	2532	2198	2639	2594	2988	2993	3490	3564	3971	3960	3783	3848
133	142	147	179	166	215	122	199	228	164	233	427	391	283
319492	181820	218612	188093	337613	175980	234724	202095	229912	205491	136478	124546	124251	118136
392712	226334	295663	246007	503758	212153	275688	294678	317559	297578	169007	173709	170875	163989
86.07	83.62	84.59	81.74	86.20	86.91	87.64	88.32	91.42	92.46	91.69	91.97	92.50	93.40

9-8 各地区测绘地理信息部门生产完成情况（2016年）
Statistics on Projects Completed by Geographic Information Department of Surveying and Mapping by Region (2016)

地 区	Region	大地测量 Geodesy		地理信息数据生产	地图编制 Cartography		
		GNSS测量（点）Global Navigation Satelite System Survey (point)	水准测量（公里）Leveling (kilometer)	（幅）Geographic Information Data Production (unit)	地形图（幅）Topographic Map (unit)	专题地图（种）Thematic Map (category)	地图集（种）Atlas (category)
全 国	**National Total**	**879**	**13004**	**1608949**	**196928**	**5139**	**101**
北 京	Beijing			17823			
天 津	Tianjin			19199	1298	11	9
河 北	Hebei			84859	5624	5	
山 西	Shanxi			15294	3129	3	1
内蒙古	Inner Mongolia	100	4000	8778	2993	38	2
辽 宁	Liaoning			6075	1085		
吉 林	Jilin	196	2258	3607		14	3
黑龙江	Heilongjiang	369		79077	25649	195	6
上 海	Shanghai			54186	34530		2
江 苏	Jiangsu		1300	29374	801		4
浙 江	Zhejiang			60037	6671	47	10
安 徽	Anhui			26489	1323	106	
福 建	Fujian		1730	6034	3846	100	
江 西	Jiangxi			495	1146	4	
山 东	Shandong			19296		150	5
河 南	Henan		500	73040	7896	25	3
湖 北	Hubei			2843			3
湖 南	Hunan			128351	28089	33	20
广 东	Guangdong		2592	68848	420	37	3
广 西	Guangxi			375951	4478	10	1
海 南	Hainan			4735	727	132	
重 庆	Chongqing	120	224	2198		15	10
四 川	Sichuan			93916	9772	50	
贵 州	Guizhou			53441	6845	5	4
云 南	Yunnan			20470	4115	31	2
西 藏	Tibet			3360			
陕 西	Shaanxi			64619	19510	5	9
甘 肃	Gansu			6956	1921	2	
青 海	Qinghai			22904	5686	21	
宁 夏	Ningxia	92		5701	1122		1
新 疆	Xinjiang			12568	948	4044	2
青 岛	Qingdao						
大 连	Dalian			163			
宁 波	Ningbo	2	401	4871	1857	11	1
深 圳	Shenzhen			9577			
厦 门	Xiamen						
重庆测绘院	Chongqing Institute of Surveying and Mapping						
中国地图出版集团	China Map Publishing Group					45	
中国测绘科学研究院	Chinese Academy of Surveying and Mapping			223814	14178		
国家基础地理信息中心	National Geomatics Center of China						
卫星测绘应用中心	Satellite Surveying and Mapping Application Center						

9-9 各地区测绘地理信息部门资料提供情况(2016年)
Statistics on Geographic Information Department of Surveying and Mapping Materials by Region (2016)

地区	Region	地形图合计(张) Topographic Map (piece)	1:10000	1:50000	测绘基准成果(点) Surveying and Mapping Datum Product (point)	航摄成果(平方千米) Aerial Photograph (Square kilometers)	专题地图(张) Thematic Map (piece)
全国	**National Total**	**247700**	**59849**	**35184**	**205487**	**904223**	**25841**
北京	Beijing	6924	276		11003		
天津	Tianjin				5		
河北	Hebei	1417	1169	201	609	123742	
山西	Shanxi	3235	2744	480	1093		1464
内蒙古	Inner Mongolia	8265	3539	4378	10747	63444	
辽宁	Liaoning	1804	1307	494	1183		284
吉林	Jilin	3769	2389	1380	6201	42680	2146
黑龙江	Heilongjiang	6461	5110	1210	8133		
上海	Shanghai	131436			6070		373
江苏	Jiangsu	2349	2133	214	2583		
浙江	Zhejiang	865	519	341	1661	35142	
安徽	Anhui	3702	3005	695	2299	2350	
福建	Fujian	4117	1126	2904	1074	29816	5
江西	Jiangxi	3532	3078	410	2395	107643	40
山东	Shandong	860	358	255	669	1160	
河南	Henan	1286	1081	201	211	2539	4703
湖北	Hubei	424		424	1810	40691	
湖南	Hunan	4126	3611	459	1875		
广东	Guangdong	5271	4608	590	4306		
广西	Guangxi	2168	1916	252	74590		122
海南	Hainan	93	41	20	1183		531
重庆	Chongqing	2250	1899	342	155	785	1444
四川	Sichuan	663	379	248	777	8829	6
贵州	Guizhou	2288	1848	350	13972	265951	
云南	Yunnan	6414	5067	1339	9922		
西藏	Tibet	1876	72	1634	1088		10259
陕西	Shaanxi	5779	5018	654	9854	22086	
甘肃	Gansu	6875	4930	1931	3282		470
青海	Qinghai	1191	173	970	1219	34060	1458
宁夏	Ningxia	1004	898	104	250	42430	1286
新疆	Xinjiang	6553	1546	4112	14781	67527	1237
青岛	Qingdao	504	9		15		
大连	Dalian	32					
宁波	Ningbo	4578			3760	533	
深圳	Shenzhen	990			422		13
厦门	Xiamen	857			115		
国家基础地理信息中心	National Geomatics Center of China	13742		8592	6175	12815	

9-10 国际科技合作项目
International Cooperation Exchange for Science and Technology

单位：项 (item)

项　目	Item	1995	2005	2009	2010	2011	2012	2013	2014	2015	2016
按出国项目分	**by Type of Project Going Abroad**										
合　计	**Total**	**18845**	**19132**	**44531**	**40572**	**48965**	**53928**	**56047**	**68159**	**72103**	**75311**
考察访问	Field Trip	6133	6218	8506	8316	8654	11395	9743	9773	11136	11986
国际会议	International Conference	5170	6565	19102	17549	21077	23368	26173	31810	34794	35061
合作研究	Cooperative Research	3052	2341	6346	5575	6854	7753	8522	11809	12123	13679
培　训	Training	2687	1593	1928	2635	2771	2943	3202	4496	2954	2929
展览会	Exhibition	496	577	375	487	610	651	533	688	472	558
其　他	Others	1307	1838	8274	6010	8999	7818	7874	9583	10624	11098
按来华项目分	**by Type of Project Coming to China**										
合　计	**Total**	**8940**	**15829**	**26539**	**26065**	**27414**	**26735**	**26517**	**30369**	**28061**	**26078**
考察访问	Field Trip	5050	6081	11791	10382	11113	11359	11722	9751	9595	8222
国际会议	International Conference	1212	3729	5019	5342	4564	4076	4834	4211	3548	3030
合作研究	Cooperative Research	1522	3470	6592	6655	7842	7547	6865	10696	9751	10921
培　训	Training	363	695	1174	1425	1069	1154	1252	1995	1199	984
展览会	Exhibition	149	447	116	116	100	255	261	139	99	106
其　他	Others	644	1407	1847	2145	2726	2344	1583	3577	3869	2815

9-11 国际科技合作项目参加人数
Personnel Participated in International Cooperation Exchange for Science and Technology

单位：人次 (person-time)

项　目	Item	1995	2005	2009	2010	2011	2012	2013	2014	2015	2016
按出国项目分	**by Type of Project Going Abroad**										
合　计	**Total**	**58883**	**54347**	**103744**	**103972**	**124142**	**139701**	**128669**	**135335**	**135550**	**136971**
考察访问	Field Trip	21578	23335	23220	24891	29111	33026	26175	22800	21590	23090
国际会议	International Conference	10937	10476	34730	36047	39578	50561	46972	52323	56407	56513
合作研究	Cooperative Research	6873	4884	12385	10617	12464	16429	14766	20024	20117	24376
培　训	Training	12127	7520	7818	10151	10179	11577	9937	12689	6273	6121
展览会	Exhibition	3729	3086	2701	3080	3467	9932	9108	3441	5633	3143
其　他	Others	3639	5046	22890	19186	29343	18176	21711	24058	25530	23728
按来华项目分	**by Type of Project Coming to China**										
合　计	**Total**	**35098**	**70900**	**130019**	**118747**	**133278**	**117221**	**156907**	**114384**	**110741**	**161228**
考察访问	Field Trip	15587	21192	63086	52259	54247	44129	42326	33080	31124	29648
国际会议	International Conference	9101	28765	36460	35798	43820	39622	41870	40915	35860	41585
合作研究	Cooperative Research	4029	8470	14911	13139	18882	15751	15530	18538	16375	24288
培　训	Training	1376	2506	4097	5857	6560	7306	3201	10918	5221	4778
展览会	Exhibition	3271	6822	5211	3477	1979	2929	44446	2923	5506	52736
其　他	Others	1734	3145	6254	8217	7790	7484	6534	8010	16655	8193

9-12 中国科协系统
Basic Statistics on Scientific and Technological Activities

指　标	Item
机构和人员	**Associations or Academic Societies and Personnel**
机构数(个)	Number of Associations or Academic Societies(unit)
从业人员(人)	Number of Persons Engaged(person)
学会数(个)	Number of Academic Societies(unit)
学会个人会员(万人)	Number of Individual Members of Academic Societies(10 000 persons)
学会从业人员(人)	Number of Persons Engaged of Academic Societies(person)
企业科协(个)	Number of Enterprises Association for Science and Technology(unit)
个人会员(万人)	Number of Individual Members(10 000 persons)
高等院校科协(个)	Number of Institutions of Higher Learning for Science and Technology(unit)
个人会员(万人)	Number of Individual Members(10 000 persons)
街道科普协会(人)	Number of Science Associations of Street Communities(person)
个人会员(人)	Number of Individual Members(10 000 persons)
乡镇科普协会(人)	Number of Science Associations of Towns(person)
个人会员(人)	Number of Individual Members(10 000 persons)
农技协(个)	Number of Rural Professional and Technical Associations(unit)
个人会员(万人)	Number of Individual Members(10 000 persons)
学术交流活动	**Academic Exchange**
学术交流活动(次)	Number of Academic Exchanges(time)
参加人数(万人次)	Number of Participants(10 000 person-time)
#企业科技工作者	Number of Enterprise Technology Workers
科学技术普及活动	**S&T Popularization Activities**
举办科普宣讲活动(次)	Number of S&T Popularization Propaganda activity(time)
宣讲活动受众人数(万人次)	Number of Participants(10 000 person-time)
实用技术培训人数(万人次)	Number of Persons Trained for Practical Technologies(10 000 persons)
推广新技术、新品种(项)	Promotions of New Technology and New Varieties(item)
参加活动科技人员(万人次)	Number of Scientific and Technical Personnel Participating in Activities(10 000 person-time)
青少年科技教育	**Science and Technology Education for Youth**
举办青少年科普宣讲活动(次)	Science Preaches for Youth(time)
受众人数(万人次)	Number of audiences(10 000 persons)
举办青少年科技竞赛(次)	Competitions of Science and Technology for Youth(time)
参加人数(万人次)	Number of participants(10 000 persons)
举办青少年科学营(次)	Science Camp for Youth(time)
参加人数(万人次)	Number of participants(10 000 persons)

科技活动情况（2016年）
of China Associations for Science and Technology (2016)

总计 Total	科协小计 Total Number of Associations	学会小计 Total Number of Academic Societies	全国学会 National Learned Societies	省级学会 Provincial Learned Societies
3206	3206			
38730	38730			
4341		4341	207	4134
1257		1257	463	794
36020		36020	3555	32465
26945	26945			
376	376			
662	662			
55	55			
15076	15076			
72	72			
29052	29052			
212	212			
103568	103568			
1483	1483			
34542	7623	26919	6425	20494
610	104	506	152	354
119	34	85	30	55
400421	286667	113754	20242	93512
62219	37962	24257	16475	7782
3431	3228	203	14	189
62995	55247	7748	648	7100
477	336	141	23	118
38876	29735	9141	2453	6688
4693	4061	632	171	461
11906	10921	985	149	836
4484	3663	821	226	595
2178	1767	411	72	339
30	26	4	1	3

9-12 续表

指　标	Item
科技开放与交流	**Openness and Communication Technology**
参加国外科技活动人数(人次)	Number of Participating Foreign Scientific and Technological Activities (person-time)
接待国外专家学者(人次)	Number of Reception Foreign Experts and Scholars(person-time)
科技服务	**S&T Service**
提供决策咨询报告(篇)	Number of Provided Policy Decision Consultation Report(piece)
科普惠农兴村奖补资金(万元)	Bonus for Rural Areas and Farmers Benefited by Science
为科技工作者服务	**Services for the Scientific and Technological Workers**
反映科技工作者建议(条)	Number of S&T Workers Proposals(item)
表彰奖励科技工作者(人次)	Number of Recognition and Award S&T Workers (person-time)
#女性科技工作者	Number of Recognition and Award Female S&T Workers
科技期刊与科技传播	**Scientific Journals and Science and Technology Communication**
主办科技期刊(种)	Number of Scientific & Technological Journals(kind)
总印数(万册)	Printed Copies(10 000 copies)
主办科技报纸(种)	Number of Scientific & Technological Newspapers(kind)
总印数(万份)	Printed Copies(10 000 copies)
编著科技图书(种)	Number of Scientific & Technological Books(kind)
总印数(万册)	Printed Copies(10 000 copies)
主办科技网站(个)	Number of Science and Technology Sites(unit)
浏览人数(万人次)	Number of Visitors(10 000 person-time)
科普基础设施建设	**S&T Popularization Infrastructure Construction**
科技馆(个)	Number of Science and Technology Museum(unit)
#建筑面积8000平方米以上	#Floorage of More Than 8000 Square Meters
全年参观人数(万人次)	Number of Participants(10 000 person-time)
#少儿参观人数	Number of Participants for Children
农村科普示范基地(个)	Demonstrate Bases of Popular Science in Rural Areas(unit)
科普画廊建筑面积(宣传栏、橱窗)(平方米)	Building Area of Popular Science Galleries(Boards, Showcase)(square meters)
科普画廊展示面积(平方米)	Display Area of Popular Science Galleries(square meters)
科普大篷车行驶里程(公里)	Mileage of Popular Science Caravan(kilometers)

continued

总计 Total	科协小计 Total Number of Associations	学会小计 Total Number of Academic Societies	全国学会 National Learned Societies	省级学会 Provincial Learned Societies
24494	1374	23120	10855	12265
37278	9740	27538	14136	13402
14405	6374	8031	569	7462
59437	59437			
24686	18396	6290	232	6058
135262	51273	83989	28558	55431
40435	15627	24808	6341	18467
2531	443	2088	1015	1073
14551	3464	11087	8670	2417
239	134	105	27	78
10208	9329	879	294	585
4831	3090	1741	429	1312
2637	1782	855	219	636
2619	1514	1105	328	777
280289	35257	245032	213322	31710
587	587			
98	98			
5787	5787			
2883	2883			
39360	39360			
2904448	2904448			
5224094	5224094			
9800749	9800749			

9-13 各地区科学普及
Main Indicators of Science and Technology

地　区	Region	科普专职人员（人）Full Time S&T Popularization Personnel (person)	科普兼职人员（人）Part Time S&T Popularization Personnel (person)	科技馆数量（个）S&T Museums (unit)	科技馆建筑面积（平方米）Construction Area (sq.m)	科技馆展厅面积（平方米）Exhibition Area (sq.m)
全　国	**National Total**	**223544**	**1628842**	**473**	**3206091**	**1572154**
东部地区	Eastern Region	73302	639244	222	1665152	838701
中部地区	Middle Region	66243	396826	104	473552	203622
西部地区	Western Region	70402	482940	112	707654	362225
东北地区	Northeast Region	13597	109832	35	359733	167606
北　京	Beijing	9291	45669	30	266907	149481
天　津	Tianjin	2404	32238	1	18000	10000
河　北	Hebei	8094	56913	9	53392	25941
山　西	Shanxi	7171	33583	5	6800	3700
内蒙古	Inner Mongolia	6842	29217	17	128015	47600
辽　宁	Liaoning	9047	79519	19	224846	90737
吉　林	Jilin	822	5610	8	31862	15860
黑龙江	Heilongjiang	3728	24703	8	103025	61009
上　海	Shanghai	8544	51476	32	230359	135394
江　苏	Jiangsu	13064	97032	19	157246	88982
浙　江	Zhejiang	7563	137823	23	236901	88333
安　徽	Anhui	11755	66816	10	119656	32144
福　建	Fujian	4399	72525	38	225213	103103
江　西	Jiangxi	6409	41933	5	61223	32542
山　东	Shandong	10302	71430	24	112323	67238
河　南	Henan	14499	93917	13	73978	46884
湖　北	Hubei	12827	75542	56	142082	51529
湖　南	Hunan	13582	85035	15	69813	36823
广　东	Guangdong	8976	67912	42	361011	168127
广　西	Guangxi	5810	48026	4	80977	40357
海　南	Hainan	665	6226	4	3800	2102
重　庆	Chongqing	4248	48723	10	70288	42935
四　川	Sichuan	8962	81765	17	54530	35102
贵　州	Guizhou	2779	37929	9	38315	17339
云　南	Yunnan	14214	73756	12	25389	16602
西　藏	Tibet	673	1460	1	50000	34000
陕　西	Shaanxi	11393	68972	11	81430	42944
甘　肃	Gansu	8287	49381	7	19116	6551
青　海	Qinghai	1041	7201	3	35179	14950
宁　夏	Ningxia	1531	10569	6	52183	30051
新　疆	Xinjiang	4622	25941	15	72232	33794

基本情况（2016年）
Popularization by Region (2016)

科技馆当年参观人数（万人次）Visitors (10 000 person-time)	年度科普经费筹集额（万元）Annual Funding for S&T Popularization (10 000 yuan)	科普图书 Popular Science Books: 出版种数（种）Types of Publications (kind)	科普图书 Popular Science Books: 出版总册数（万册）Total Copies (10 000 copies)	科技活动周 Science & Technology Week: 科普专题活动次数（次）Number of S&T Week Held (time)	科技活动周 Science & Technology Week: 参加人数（万人次）Number of Participants (10 000 person-time)
5646	**1519763**	**11937**	**13487**	**128545**	**14741**
3525	863830	7728	8444	53787	9999
539	216816	2270	2497	22974	1468
1120	375677	1643	2402	44290	2747
462	63440	296	144	7494	526
480	251204	3572	2870	6774	5854
47	24504	551	364	7311	254
172	37062	72	327	4832	324
10	9387	334	190	1510	73
122	20051	95	1030	1694	141
228	45855	80	86	4315	383
15	2789	66	12	293	20
219	14796	150	46	2886	123
734	160277	972	1315	5845	696
230	95932	266	78	12056	1121
318	96335	1719	3272	7009	427
26	28784	253	216	4311	154
326	40442	86	21	3603	166
79	27548	558	609	3099	185
174	52351	45	20	2855	777
180	31178	436	952	5261	342
184	73899	261	107	5079	427
61	46019	428	422	3714	288
443	93979	377	145	2404	315
166	44768	100	77	4228	311
601	11745	68	32	1098	66
253	55036	301	246	2230	241
166	46569	145	110	5062	420
15	41775	26	312	3822	224
53	76658	236	75	6156	319
12	2737	19	9	217	3
51	34775	242	107	9093	433
11	18180	214	99	5031	237
70	9427	96	32	950	71
76	7606	31	51	1214	147
126	18095	138	254	4593	201

9-14 全国生产力促进中心主要经济指标
Main Economic Indicators of Productivity Promotion Centers(PPCs) in China

年 份	中心总数 (个) Number of Productivity Promotion Centers (unit)	总资产 (亿元) Total Assets (100 million yuan)	服务企业总数 (万个) Total Number of Serviced Enterprises (10 000 units)	中心年总服务收入 (亿元) Total Service Income (100 million yuan)	为企业增加销售额 (亿元) Enterprises Sales Income Increased by PPCs Service (100 million yuan)	增加利税 (亿元) Profits and Taxes Added (100 million yuan)	为社会增加就业 (万人) Employment for Society Added (10 000 persons)
1998	254	13.5	1.9	2.2	177.0	18.0	5.7
1999	491	17.6	4.9	4.5	155.0	26.7	11.3
2000	581	27.8	3.4	8.9	388.0	57.0	28.0
2001	701	31.2	5.0	11.3	407.0	69.0	34.5
2002	865	61.4	7.8	10.3	300.0	45.0	48.1
2003	1070	67.0	6.5	13.6	477.0	66.0	150.2
2004	1218	77.1	9.2	18.7	642.0	88.1	175.3
2005	1270	90.6	9.7	18.4	1078.0	112.0	86.7
2006	1331	109.9	10.3	24.8	752.0	107.0	108.9
2007	1425	116.4	15.5	40.6	1299.0	193.6	110.6
2008	1532	162.5	19.0	30.4	1202.0	175.5	134.1
2009	1808	209.2	24.5	30.8	1796.8	208.2	165.8
2010	2032	157.1	24.5	38.4	1578.6	203.9	165.6
2011	2274	260.8	30.7	62.8	1918.2	284.0	180.0
2012	2281	295.1	38.0	89.0	2535.2	341.7	186.2
2013	2581	351.0	38.7	139.1	5282.8	397.1	193.7
2014	2152	325.0	42.7	68.2	2480.7	447.1	153.8
2015	2688	284.4	44.2	57.6	1794.4	275.0	127.9
2016	1925	298.4	20.8	52.5	1400.7	208.9	115.1

9-15 科技企业孵化器基本情况
Basic Statistics on Technology Business Incubators

指　标	Item	2015	2016
在统孵化器数量(个)	Number of TBIs with Data (unit)	2533	3255
国家级	State-level	733	859
非国家级	Non State-level	1800	2396
孵化器使用总面积(平方米)	Total Space Area of TBIs(sq.m)	86797480	107328324
#在孵企业用房	Space area for incubatees	55922304	71996869
孵化器内企业总数(个)	Number of Total Resident Companies(unit)	145956	173779
在孵企业(个)	Number of Incubatees (unit)	102170	133286
#留学人员企业	Created by Returned Overseas Scholars	8008	9497
大学生科技企业	Created by College Graduates	15197	22173
高新技术企业	High-tech Enterprises	6527	9024
当年新增在孵企业(个)	New Incubatees of the Year (unit)	31886	48095
在孵企业从业人员(人)	Employees of Incubatees (person)	1662492	2120525
#大专以上人员	with College and Higher Level Education Background	1271712	1636862
留学人员	Returned Overseas Scholars	21098	21328
累计毕业企业(个)	Accumulated Graduates from TBIs (unit)	74853	89694
毕业企业平均孵化时限(月)	Average Incubation Period of Graduates (month)	20	22
当年毕业企业(个)	Graduates of the Year	11594	15020
在孵企业总收入(千元)	Total Income of Incuatees	481037446	479272823
在孵企业累计获得财政资助额(千元)	Accumulated Amount of Fiscal Subsidies toTBIs (1000 yuan)	17355689	18642782
在孵企业累计获得风险投资额(千元)	Accumulated Amount of Venture Capital toTBIs (1000 yuan)	84728394	148063270
当年获得风险投资额(千元)	Amount of Venture Capital of the Year	25863597	38598328
累计获得投融资的企业数量(个)	Accumulated Number of Incubatees that Obtained Investments (unit)	26636	33238
当年获得投融资的企业数量(个)	Number of Incubatees that Obtained Investments of the Year (unit)	6038	7485
孵化器孵化基金总额(千元)	Total Amount of Incubation Fund (1000 yuan)	36565207	68779374
当年获得孵化基金投资的在孵企业数量(个)	Number of Incubatees Obtained Incubation Fund Investment of the Year (unit)	9455	11619
在孵企业R&D投入(千元)	R&D Input of Incubatees	31556843	41477145
当年知识产权申请数(个)	Number of IPR Applications of Incubatees of the Year (piece)	107667	139999
拥有有效知识产权数(个)	Valid IPRs Held by Incubatees	155369	223066
#发明专利	Invention Patents	39003	51954

9-16 各地区科技企业孵化器主要指标(2016年)
Main Indicators of Technology Business Incubators by Region (2016)

地　区	Region	在统孵化器数量 (个) Number of TBIs with Data (unit)	孵化器内企业总数 (个) Number of Total Resident Companies (unit)	在孵企业 (个) Number of Incubatees (unit)	在孵企业从业人员 (人) Number of Employees of Incubatees (person)	当年获得风险投资额 (千元) Amount of Venture Capital for Incubatees (1000 yuan)	在孵企业R&D投入 (千元) R&D input by Incubatees (1000 yuan)
全　国	**National Total**	**3255**	**173779**	**133286**	**2120525**	**38598328**	**41477145**
北　京	Beijing	101	7702	5316	90451	7023222	2736407
天　津	Tianjin	108	5823	5080	72251	1066609	1490320
河　北	Hebei	102	4125	3078	53414	232061	593375
山　西	Shanxi	25	1469	1190	19181	73590	590006
内蒙古	Inner Mongolia	36	1870	1297	19678	117591	268566
辽　宁	Liaoning	73	3967	3290	56137	493075	799131
吉　林	Jilin	87	2853	2474	41610	107780	320819
黑龙江	Heilongjiang	129	4196	3467	38182	339219	527808
上　海	Shanghai	156	8885	6639	98154	7177067	3170300
江　苏	Jiangsu	548	28865	24154	399297	4619382	8280121
浙　江	Zhejiang	160	10828	8534	107186	2232034	3476135
安　徽	Anhui	109	4936	4114	55816	484473	695463
福　建	Fujian	117	3514	2671	46235	1298250	1623687
江　西	Jiangxi	33	2248	1837	37730	234160	315441
山　东	Shandong	216	13148	10639	148115	1080092	2372520
河　南	Henan	126	8036	6725	155312	808272	1014059
湖　北	Hubei	67	5805	4438	62578	845307	792944
湖　南	Hunan	47	4335	3231	76875	442642	1522158
广　东	Guangdong	576	25905	16521	246327	6946632	6773004
广　西	Guangxi	45	2086	1665	26276	102940	267032
海　南	Hainan	4	612	414	5694	57100	68256
重　庆	Chongqing	51	2905	1832	26474	267970	340066
四　川	Sichuan	108	7340	5422	78781	1028639	1362006
贵　州	Guizhou	28	1228	905	21212	55340	208766
云　南	Yunnan	20	1553	1196	15662	40655	247223
西　藏	Tibet	1	11	12	221		10703
陕　西	Shaanxi	66	4375	3037	65107	1083605	1100015
甘　肃	Gansu	70	2402	1992	27844	154415	238280
青　海	Qinghai	5	506	318	6219	22960	43975
宁　夏	Ningxia	14	451	376	5761	33990	71396
新　疆	Xinjiang	27	1800	1422	16745	129255	157164

十、国际比较

International Comparison

10-1 研究与试验发展(R&D)经费及占国内生产总值的比重
R&D Expenditure and as a Percentage of GDP

单位：10亿本国货币单位 (billion of national currency)

国家(地区)	Country (Area)	R&D经费 R&D Expenditure											
		1995	1996	1997	1998	1999	2000	2001	2002	2003	2004	2005	2006
中　国	China	34.9	40.4	50.9	55.1	67.9	89.6	104.2	128.8	154.0	196.6	245.0	300.3
美　国	USA	184.1	197.8	212.7	226.9	245.5	269.5	280.2	279.9	293.9	305.6	328.1	353.3
日　本	Japan	13369.1	14155.1	14794.0	15169.2	15032.7	15304.4	15542.8	15551.5	15683.4	15782.7	16672.6	17273.5
英　国	UK	14.0	14.3	14.7	15.5	16.9	17.7	18.3	19.2	19.9	20.2	21.7	23.2
法　国	France	27.3	27.8	27.8	28.3	29.5	31.0	32.9	34.5	34.6	35.7	36.2	37.9
德　国	Germany	40.5	41.2	42.9	44.6	48.2	50.6	52.0	53.4	54.5	55.0	55.7	58.8
澳大利亚	Australia		8.8		8.9		10.4		13.2		16.0		21.8
加拿大	Canada	13.8	13.8	14.6	16.1	17.6	20.6	23.1	23.5	24.7	26.7	28.0	29.1
意大利	Italy	9.2	9.9	10.8	11.4	11.5	12.5	13.6	14.6	14.8	15.3	15.6	16.8
瑞　典	Sweden	59.0		67.0		76.6		97.0		96.8	95.1	98.5	108.5
瑞　士	Switzerland		10.0				10.7				13.1		
土耳其	Turkey		0.1	0.1	0.3	0.5	0.8	1.3	1.8	2.2	2.9	3.8	4.4
奥地利	Austria	2.7	2.9	3.1	3.4	3.8	4.0	4.4	4.7	5.0	5.2	6.0	6.3
比利时	Belgium	3.5	3.7	4.1	4.3	4.6	5.0	5.4	5.2	5.2	5.4	5.6	5.9
捷　克	Czech	14.0	16.3	19.5	22.9	23.6	26.5	28.3	29.6	32.2	35.1	38.1	43.3
丹　麦	Denmark	18.5	19.7	21.7	23.8	26.4		31.9	34.4	36.1	36.4	38.0	40.4
芬　兰	Finland	2.2	2.5	2.9	3.4	3.9	4.4	4.6	4.8	5.0	5.3	5.5	5.8
希　腊	Greek	0.4		0.5		0.8		0.9		1.0	1.0	1.2	1.2
冰　岛	Iceland	7.0		9.7	11.8	14.5	18.3	22.8	24.1	23.7		28.4	35.0
爱尔兰	Ireland	0.7	0.8	0.9	1.0	1.1	1.2	1.3	1.4	1.6	1.8	2.0	2.2
墨西哥	Mexico	5.7	7.8	10.9	14.5	19.7	20.5	22.9	27.3	29.9	34.3	38.1	39.3
荷　兰	Netherlands	6.0	6.3	6.8	6.9	7.6	8.1	8.7	8.7	9.1	9.5	9.8	10.2
新西兰	New Zealand	0.9		1.1		1.1		1.4		1.7		1.8	
挪　威	Norway	15.9		18.2		20.3		24.4	25.4	27.2	27.5	29.5	32.3
葡萄牙	Portugal	0.5	0.5	0.6	0.7	0.8	0.9	1.0	1.0	1.0	1.1	1.2	1.6
西班牙	Spain	3.6	3.9	4.0	4.7	5.0	5.7	6.2	7.2	8.2	8.9	10.2	11.8
韩　国	South Korea	9440.6	10878.1	12185.8	11336.6	11921.8	13848.5	16110.5	17325.1	19068.7	22185.3	24155.4	27345.7
中国台北	Taipei	125.0	138.0	156.3	176.5	190.5	197.6	205.0	224.4	242.9	263.3	281.0	307.0
新加坡	Singapore	1.4	1.8	2.1	2.5	2.7	3.0	3.2	3.4	3.4	4.1	4.6	5.0
匈牙利	Hungary	41.2	44.9	61.7	68.6	78.2	105.4	140.6	171.5	175.8	181.5	207.8	238.0
波　兰	Poland	2.1	2.8	3.4	4.0	4.6	4.8	4.9	4.5	4.6	5.2	5.6	5.9
俄罗斯联邦	Russian Federation	12.1	19.4	24.4	25.1	48.1	76.7	105.3	135.0	169.9	196.0	230.8	288.8
巴　西	Brazil	5.6	6.0				12.0	13.6	14.6	16.3	17.5	20.9	23.9
印　度	India	74.8	89.1	106.1	129.0	150.9	162.0	170.4	180.9	200.9	241.2	299.3	342.4

10-1 续表 1 continued

单位：10亿本国货币单位，% (billion of national currency,%)

国家（地区）	Country (Area)	R&D经费 R&D Expenditure									R&D / GDP				
		2007	2008	2009	2010	2011	2012	2013	2014	2015	1995	1996	1997	1998	1999
中　国	China	371.0	461.6	580.2	706.3	868.7	1029.8	1184.7	1301.6	1417.0	0.57	0.56	0.64	0.65	0.75
美　国	USA	380.3	407.2	406.4	410.1	429.8	437.1	457.6	479.4	502.9	2.40	2.44	2.47	2.50	2.54
日　本	Japan	17756.2	17377.2	15817.7	15696.5	15945.1	15883.6	16680.1	17472.9	17436.1	2.66	2.77	2.83	2.96	2.98
英　国	UK	25.0	25.6	25.9	26.4	27.4	27.0	28.9	30.6	31.8	1.68	1.61	1.56	1.58	1.66
法　国	France	39.3	41.1	42.8	43.5	45.1	46.5	47.4	47.9	48.6	2.23	2.21	2.14	2.08	2.10
德　国	Germany	61.5	66.5	67.1	70.0	75.6	79.1	79.7	84.5	87.2	2.13	2.14	2.18	2.21	2.33
澳大利亚	Australia		28.3		30.9	31.7		33.5				1.58		1.44	
加拿大	Canada	30.0	30.8	30.1	30.6	31.8	32.7	32.0	31.8		1.66	1.61	1.62	1.72	1.76
意大利	Italy	18.2	19.0	19.2	19.6	19.8	20.5	21.0	22.3	21.9	0.94	0.95	0.99	1.01	0.98
瑞　典	Sweden	107.4	118.4	113.4	113.2	118.8	120.9	124.6	123.8	136.4	3.13		3.32		3.42
瑞　士	Switzerland		16.3				18.5					2.45			
土耳其	Turkey	6.1	6.9	8.1	9.3	11.2	13.1	14.8	17.6		0.28	0.34	0.37	0.37	0.47
奥地利	Austria	6.9	7.5	7.5	8.1	8.3	9.3	9.6	10.1	10.4	1.53	1.58	1.66	1.74	1.85
比利时	Belgium	6.4	6.8	6.9	7.5	8.2	9.2	9.5	9.9	10.1	1.64	1.73	1.79	1.82	1.89
捷　克	Czech	50.0	49.9	50.9	53.0	62.8	72.4	77.9	85.1	88.7	0.88	0.90	1.00	1.07	1.06
丹　麦	Denmark	43.7	50.0	52.6	52.8	54.4	56.5	57.3	57.7	60.0	1.79	1.81	1.89	2.01	2.13
芬　兰	Finland	6.2	6.9	6.8	7.0	7.2	6.8	6.7	6.5	6.1	2.20	2.45	2.62	2.79	3.06
希　腊	Greek	1.3	1.6	1.5	1.4	1.4	1.3	1.5	1.5	1.7	0.42		0.43		0.57
冰　岛	Iceland	35.1	39.2	42.2		42.4		33.3	40.4	48.5	1.50		1.79	1.96	2.25
爱尔兰	Ireland	2.4	2.6	2.7	2.7	2.7	2.7	2.8	2.9		1.22	1.27	1.24	1.21	1.15
墨西哥	Mexico	49.0	58.2	62.9	71.2	75.0	77.0	81.2	92.7	100.0	0.28	0.28	0.31	0.34	0.38
荷　兰	Netherlands	10.3	10.5	10.4	10.9	12.2	12.5	12.7	13.3	13.6	1.85	1.86	1.87	1.76	1.84
新西兰	New Zealand	2.2		2.4		2.6		2.7			0.92		1.06		0.96
挪　威	Norway	36.8	40.5	41.9	42.8	45.4	48.0	50.7	53.9	60.3	1.65		1.59		1.61
葡萄牙	Portugal	2.0	2.6	2.8	2.8	2.6	2.3	2.3	2.2	2.3	0.52	0.55	0.56	0.62	0.68
西班牙	Spain	13.3	14.7	14.6	14.6	14.2	13.4	13.0	12.8	13.2	0.77	0.79	0.78	0.85	0.84
韩　国	South Korea	31301.4	34498.1	37928.5	43854.8	49890.4	55450.1	59300.9	63734.1	65959.4	2.20	2.26	2.30	2.16	2.07
中国台北	Taipei	331.8	351.9	367.8	395.8	414.4	433.5	457.6	483.5	510.4	1.69	1.72	1.79	1.88	1.94
新加坡	Singapore	6.3	7.1	6.0	6.5	7.4	7.2	7.6	8.5		1.10	1.32	1.42	1.74	1.82
匈牙利	Hungary	245.7	266.4	299.2	310.2	336.5	363.7	420.1	441.1	468.4	0.71	0.63	0.70	0.66	0.67
波　兰	Poland	6.7	7.7	9.1	10.4	11.7	14.4	14.4	16.2	18.1	0.62	0.64	0.64	0.66	0.68
俄罗斯联邦	Russian Federation	371.1	431.1	485.8	523.4	610.4	699.9	749.8	847.5	914.7	0.80	0.91	0.98	0.90	0.93
巴　西	Brazil	29.4	35.1	37.3	45.1	49.9	54.3	63.7	63.7		0.87	0.77			
印　度	India	394.4	473.5	530.4	620.5	726.2	894.9	990.3	1021.1		0.71	0.72	0.77	0.81	0.82

10-1 续表 2 continued

单位：% (%)

国家（地区）	Country (Area)	2000	2001	2002	2003	2004	2005	2006	2007	2008	2009	2010	2011	2012	2013	2014	2015
中　国	China	0.89	0.94	1.06	1.12	1.21	1.31	1.37	1.37	1.44	1.66	1.71	1.78	1.91	1.99	2.02	2.06
美　国	USA	2.62	2.64	2.55	2.55	2.49	2.51	2.55	2.63	2.77	2.82	2.74	2.77	2.71	2.74	2.76	2.79
日　本	Japan	3.00	3.07	3.12	3.14	3.13	3.31	3.41	3.46	3.47	3.36	3.25	3.38	3.34	3.48	3.59	3.49
英　国	UK	1.64	1.63	1.64	1.60	1.55	1.57	1.59	1.63	1.64	1.70	1.68	1.68	1.61	1.66	1.68	1.70
法　国	France	2.08	2.13	2.17	2.11	2.09	2.04	2.05	2.02	2.06	2.21	2.18	2.19	2.23	2.24	2.24	2.23
德　国	Germany	2.39	2.39	2.42	2.46	2.42	2.42	2.46	2.45	2.60	2.73	2.71	2.80	2.87	2.82	2.89	2.87
澳大利亚	Australia	1.48		1.65		1.73		2.00		2.25		2.19	2.12		2.11		
加拿大	Canada	1.86	2.03	1.98	1.97	2.00	1.98	1.95	1.91	1.86	1.92	1.84	1.80	1.79	1.68	1.60	
意大利	Italy	1.01	1.04	1.08	1.06	1.05	1.05	1.09	1.13	1.16	1.22	1.22	1.21	1.27	1.31	1.38	1.33
瑞　典	Sweden		3.91		3.61	3.39	3.39	3.50	3.26	3.50	3.45	3.22	3.25	3.28	3.31	3.15	3.26
瑞　士	Switzerland	2.33				2.68				2.73				2.97			
土耳其	Turkey	0.48	0.54	0.53	0.48	0.52	0.59	0.58	0.72	0.73	0.85	0.84	0.86	0.92	0.94	1.01	
奥地利	Austria	1.89	2.00	2.07	2.18	2.17	2.38	2.37	2.43	2.59	2.61	2.74	2.68	2.93	2.97	3.06	3.07
比利时	Belgium	1.92	2.02	1.89	1.83	1.81	1.78	1.81	1.84	1.92	1.99	2.05	2.16	2.36	2.44	2.46	2.45
捷　克	Czech	1.12	1.11	1.10	1.15	1.15	1.17	1.23	1.31	1.24	1.30	1.34	1.56	1.78	1.90	1.97	1.95
丹　麦	Denmark		2.32	2.44	2.51	2.42	2.39	2.40	2.52	2.77	3.06	2.92	2.94	2.98	2.97	2.92	2.96
芬　兰	Finland	3.25	3.20	3.26	3.30	3.31	3.33	3.34	3.35	3.55	3.75	3.73	3.64	3.42	3.29	3.17	2.90
希　腊	Greek		0.56		0.55	0.53	0.58	0.56	0.58	0.66	0.63	0.60	0.67	0.70	0.81	0.84	0.96
冰　岛	Iceland	2.59	2.87	2.86	2.74		2.71	2.92	2.58	2.52	2.65		2.49		1.76	2.01	2.19
爱尔兰	Ireland	1.08	1.05	1.06	1.12	1.18	1.19	1.20	1.23	1.39	1.61	1.60	1.54	1.56	1.56	1.51	
墨西哥	Mexico	0.33	0.35	0.39	0.39	0.39	0.40	0.37	0.43	0.47	0.52	0.54	0.52	0.49	0.50	0.54	0.55
荷　兰	Netherlands	1.81	1.82	1.77	1.81	1.81	1.79	1.76	1.69	1.64	1.69	1.72	1.90	1.94	1.95	2.00	2.01
新西兰	New Zealand		1.10		1.15		1.12		1.16		1.25		1.23		1.15		
挪　威	Norway		1.56	1.63	1.68	1.55	1.48	1.46	1.56	1.56	1.72	1.65	1.63	1.62	1.65	1.72	1.93
葡萄牙	Portugal	0.72	0.76	0.72	0.70	0.73	0.76	0.95	1.12	1.45	1.58	1.53	1.46	1.38	1.33	1.29	1.28
西班牙	Spain	0.88	0.89	0.96	1.02	1.04	1.10	1.17	1.23	1.32	1.35	1.35	1.33	1.29	1.27	1.24	1.22
韩　国	South Korea	2.18	2.34	2.27	2.35	2.53	2.63	2.83	3.00	3.12	3.29	3.47	3.74	4.03	4.15	4.29	4.23
中国台北	Taipei	1.91	2.02	2.10	2.22	2.26	2.32	2.43	2.47	2.68	2.84	2.80	2.90	2.95	3.00	3.00	3.06
新加坡	Singapore	1.82	2.02	2.07	2.03	2.10	2.16	2.13	2.34	2.62	2.16	2.01	2.15	2.00	2.01	2.20	
匈牙利	Hungary	0.79	0.91	0.98	0.92	0.86	0.92	0.99	0.96	0.98	1.14	1.15	1.19	1.27	1.39	1.36	1.38
波　兰	Poland	0.64	0.62	0.56	0.54	0.55	0.56	0.55	0.56	0.60	0.66	0.72	0.75	0.88	0.87	0.94	1.00
俄罗斯联邦	Russian Federation	0.99	1.10	1.17	1.21	1.08	1.00	1.01	1.05	0.98	1.17	1.06	1.02	1.05	1.06	1.09	1.13
巴　西	Brazil	1.00	1.03	0.98	0.95	0.89	0.96	0.99	1.08	1.13	1.12	1.16	1.14	1.13	1.20	1.22	
印　度	India	0.76	0.73	0.71	0.70	0.74	0.81	0.80	0.79	0.92	0.83	0.82	0.85	0.92	0.91	0.82	

10-2 研究与试验发展 International Comparison

项　目	Item	中国 China	澳大利亚 Australia	奥地利 Austria	比利时 Belgium	加拿大 Canada	捷克 Czech Republic
一、R&D人员	**R&D personnel**						
1.人力资源	**Human Resources**	**2016**	**2010**	**2015**	**2015**	**2013**	**2015**
从事R&D活动人员(千人年)	R&D Personnel(1 000 person-years)	3878.1	147.8	69.3	77.9	226.6	66.4
#研究人员	Researchers	1692.2	100.4	42.3	55.1	159.2	38.1
每万人就业人员中从事R&D活动人员(人年)	R&D Personnel in 10 000 Labor Forces (person-year)	50	132	162	169	126	128
#研究人员	Researchers	22	90	99	120	88	74
2.从事R&D活动人员按执行部门分(%)	**R&D Personnel by Performing Sectors (%)**						
企业部门	Business Enterprise Sector	77.6	38.2	70.1	55.7	58.4	54.7
政府部门	Government Sector	10.1	12.4	3.8	8.5	8.0	19.5
高等教育部门	Higher Education Sector	9.3	46.9	25.4	35.3	33.0	25.4
其他部门	Other Sectors	3.0	2.5	0.6	0.4	0.6	0.4
二、R&D经费	**R&D Funds**						
1.按经费来源分(%)	**By sources of Funds (%)**	**2016**	**2008**	**2015**	**2013**	**2014**	**2015**
来源于企业资金	Financed by Industry	76.1	61.9	47.0	61.3	45.4	34.5
来源于政府资金	Financed by Government	20.0	34.6	36.6	24.1	34.6	32.2
来源于其他资金	Financed by Other Sources	3.9	3.5	16.4	14.6	20.0	33.3
2.按执行部门分(%)	**By Performing Sector (%)**	**2016**	**2013**	**2015**	**2015**	**2014**	**2015**
企业部门	Business Enterprise Sector	77.5	56.3	70.8	71.9	49.9	54.3
政府部门	Government Sector	14.4	11.2	4.4	7.8	9.2	20.4
高等教育部门	Higher Education Sector	6.8	29.6	24.3	19.9	40.4	24.9
其他部门	Other Sectors	1.3	2.8	0.4	0.3	0.5	0.4
3.按研究类型分(%)	**By types of Research (%)**	**2016**	**2008**	**2013**	**2013**		**2014**
基础研究	Basic Research	5.2	20.1	19.2	19.9		31.0
应用研究	Applied Research	10.3	38.7	36.2	38.7		35.0
试验发展	Experimental Development	84.5	41.2	44.7	41.4		34.0
4.基础研究占GDP的比重(%)	**Basic research expenditure as a percentage of GDP(%)**	**2016**	**2008**	**2013**	**2013**		**2014**
基础研究	Basic Research	0.11	0.45	0.56	0.49		0.61

(R&D)活动的国际比较
of R&D Activities

丹麦 Denmark	法国 France	德国 Germany	意大利 Italy	日本 Japan	韩国 Korea	瑞典 Sweden	瑞士 Switzerland	土耳其 Turkey	英国 United Kingdom	美国 United States	俄罗斯联邦 Russian Federation
2015	**2014**	**2015**	**2015**	**2015**	**2015**	**2015**	**2012**	**2014**	**2015**	**2014**	**2015**
59.5	417.1	613.7	248.1	875.0	442.0	84.5	75.5	115.4	416.5		833.7
42.4	267.3	357.5	120.7	662.1	356.4	68.7	35.9	89.7	289.3	1351.9	449.2
210	152	143	101	134	170	176	159	45	133		115
150	98	83	49	101	137	143	76	35	92	91	62
60.8	59.5	61.8	51.8	67.7	73.2	69.5	63.3	53.7	49.8		51.1
3.0	11.9	16.3	15.4	6.9	8.6	5.0	1.0	10.6	3.8		34.1
35.7	26.8	21.9	30.2	23.8	16.5	25.3	35.7	35.7	45.2		14.6
0.5	1.8		2.6	1.6	1.7	0.2		0.0	1.1		0.2
2015	**2014**	**2014**	**2014**	**2015**	**2015**	**2013**	**2012**	**2014**	**2015**	**2015**	**2015**
59.4	55.7	65.8	46.2	78.0	74.5	61.0	60.8	50.9	48.4	64.2	26.5
29.4	34.6	28.8	40.8	15.4	23.7	28.3	25.4	26.3	28.0	24.0	69.5
11.2	9.8	5.3	12.9	6.6	1.8	10.8	13.8	22.9	23.6	11.8	4.0
2015	**2015**	**2015**	**2015**	**2015**	**2015**	**2015**	**2012**	**2014**	**2015**	**2015**	**2015**
64.0	65.1	67.7	55.3	78.5	77.5	69.5	69.3	49.8	65.7	71.5	59.2
2.3	13.1	14.9	13.3	7.9	11.7	3.4	0.8	9.7	6.8	11.2	31.1
33.4	20.3	17.4	28.6	12.3	9.1	26.9	28.1	40.5	25.6	13.2	9.6
0.4	1.5		2.9	1.3	1.6	0.2	1.8		1.9	4.1	0.1
2013	**2014**		**2014**	**2015**	**2015**		**2012**		**2014**	**2015**	**2015**
19.2	25.2		24.9	12.5	17.2		30.4		16.9	17.2	15.5
37.6	38.9		47.0	20.8	20.8		40.7		43.3	19.4	19.9
43.2	35.9		28.1	66.7	61.9		28.9		39.8	63.4	64.7
2013	**2014**		**2014**	**2015**	**2015**		**2012**		**2014**	**2013**	**2015**
0.54	0.55		0.34	0.42	0.73		0.90		0.20	0.48	0.16

10-3 按ESI论文数量排序的前20个国家*
The Top 20 Most-cited Countries Sorted by Papers in ESI

国家（地区）	Country (Area)	位次 Rank	论文数量(篇) Papers (piece)	被引用次数(次) Citations (time)	论文引用率(次/篇) Citations Per Paper (time/piece)
美国	USA	1	3687391	63143934	17.12
中国	CHINA MAINLAND	2	1742926	14898454	8.55
德国	GERMANY (FED REP	3	968336	15076164	15.57
英格兰	ENGLAND	4	878899	15006328	17.07
日本	JAPAN	5	807599	9402863	11.64
法国	FRANCE	6	682356	10098359	14.80
加拿大	CANADA	7	597641	9217186	15.42
意大利	ITALY	8	577054	8076626	14.00
西班牙	SPAIN	9	496241	6419339	12.94
印度	INDIA	10	478250	3710262	7.76
澳大利亚	AUSTRALIA	11	467675	6558372	14.02
韩国	SOUTH KOREA	12	456242	4187681	9.18
巴西	BRAZIL	13	352455	2645679	7.51
荷兰	NETHERLANDS	14	343657	6311767	18.37
俄罗斯	RUSSIA	15	299670	1737229	5.80
中国台湾	TAIWAN	16	256642	2412849	9.40
瑞士	SWITZERLAND	17	249897	4864850	19.47
土耳其	TURKEY	18	239280	1563832	6.54
瑞典	SWEDEN	19	228091	3761245	16.49
波兰	POLAND	20	220541	1756235	7.96

注：数据来源于 Essential Science Indicators（基本科学指标数据库），年限跨度从2005年1月至2015年4月30日。
Source: Essential Science Indicators covering a ten-year plus four-month period, January 2005-April 30, 2015.

10-4　按ESI论文被引用次数排序的前20个国家*
The Top 20 Most-cited Countries Sorted by Citations in ESI

国家（地区）	Country (Area)	位次 Rank	被引用次数(次) Citations (time)	论文数量(篇) Papers (piece)	论文引用率(次/篇) Citations Per Paper (time/piele)
美国	USA	1	63143934	3687391	17.12
德国	GERMANY (FED REP GER)	2	15076164	968336	15.57
英格兰	ENGLAND	3	15006328	878899	17.07
中国	CHINA MAINLAND	4	14898454	1742926	8.55
法国	FRANCE	5	10098359	682356	14.80
日本	JAPAN	6	9402863	807599	11.64
加拿大	CANADA	7	9217186	597641	15.42
意大利	ITALY	8	8076626	577054	14.00
澳大利亚	AUSTRALIA	9	6558372	467675	14.02
西班牙	SPAIN	10	6419339	496241	12.94
荷兰	NETHERLANDS	11	6311767	343657	18.37
瑞士	SWITZERLAND	12	4864850	249897	19.47
韩国	SOUTH KOREA	13	4187681	456242	9.18
瑞典	SWEDEN	14	3761245	228091	16.49
印度	INDIA	15	3710262	478250	7.76
比利时	BELGIUM	16	3122299	189077	16.51
巴西	BRAZIL	17	2645679	352455	7.51
苏格兰	SCOTLAND	18	2494238	140392	17.77
丹麦	DENMARK	19	2491240	135126	18.44
中国台湾	TAIWAN	20	2412849	256642	9.40

注：数据来源于 Essential Science Indicators（基本科学指标数据库),年限跨度从2005年1月至2015年4月30日。
Source: Essential Science Indicators covering a ten-year plus four-month period, January 2005-April 30, 2015.

10-5 PCT专利申请量按来源国统计的国际比较

单位：件

国家（地区）	Country (Area)	2000	2001	2002	2003	2004	2005	2006
中 国	China	782	1730	1015	1297	1707	2503	3930
澳大利亚	Australia	1576	1664	1762	1680	1835	2004	2001
奥地利	Austria	484	620	552	644	709	851	914
比利时	Belgium	581	689	694	775	831	1075	1030
加拿大	Canada	1801	2113	2259	2270	2107	2318	2573
丹 麦	Denmark	795	919	980	1036	1049	1122	1158
芬 兰	Finland	1579	1696	1761	1557	1672	1893	1845
法 国	France	4137	4706	5091	5169	5183	5747	6263
德 国	Germany	12581	14029	14323	14653	15217	15987	16733
以色列	Israel	964	1314	1175	1128	1227	1456	1593
意大利	Italy	1394	1623	1980	2165	2190	2349	2701
日 本	Japan	9569	11905	14061	17415	20268	24870	27024
韩 国	Korea	1582	2324	2520	2946	3555	4689	5946
荷 兰	Netherlands	2930	3411	3977	4479	4283	4500	4545
挪 威	Norway	528	592	550	535	476	584	610
波 兰	Poland	109	99	116	154	107	97	101
西班牙	Spain	555	616	719	786	822	1125	1202
瑞 典	Sweden	3090	3421	2990	2608	2851	2885	3333
瑞 士	Switzerland	1997	2354	2755	2861	2897	3290	3614
土耳其	Turkey	71	76	85	113	116	174	269
英 国	United Kingdom	4807	5498	5388	5210	5035	5094	5096
美 国	United States	38015	43060	41316	41046	43398	46884	51302
俄罗斯联邦	Russia Federation	533	557	540	587	519	658	696
新加坡	Singapore	222	289	330	282	432	448	473

注：数据来源于世界知识产权组织统计数据库。
Source:WIPO Statistics Database.

International Comparision of Number of patent applications filed under the PCT System by Origin

(piece)

2007	2008	2009	2010	2011	2012	2013	2014	2015
5455	6119	7900	12301	16398	18620	21515	25548	29839
2050	1938	1736	1770	1748	1710	1604	1723	1741
1009	951	1029	1144	1343	1319	1262	1387	1399
1123	1135	1005	1066	1188	1212	1103	1196	1180
2844	2907	2509	2689	2914	2738	2846	3072	2821
1153	1357	1339	1156	1288	1408	1264	1299	1327
1994	2212	2123	2136	2075	2312	2095	1811	1584
6566	7076	7217	7231	7406	7802	7905	8261	8421
17825	18857	16793	17560	18846	18750	17920	17983	18004
1743	1902	1555	1475	1449	1374	1607	1581	1685
2949	2884	2653	2657	2686	2845	2868	3059	3072
27743	28763	29810	32216	38864	43523	43771	42381	44053
7064	7902	8040	9604	10357	11787	12381	13119	14564
4421	4361	4420	4011	3511	4078	4188	4206	4334
601	644	633	707	704	664	708	687	679
107	128	179	206	237	251	332	348	439
1295	1391	1563	1769	1732	1705	1705	1705	1530
3654	4135	3567	3303	3476	3600	3946	3913	3842
3816	3778	3677	3762	4045	4222	4372	4100	4265
359	392	388	479	539	536	805	853	1010
5540	5479	5039	4892	4876	4917	4848	5268	5290
54062	51668	45659	45093	49210	51861	57459	61483	57123
735	802	736	814	1009	1114	1191	948	876
523	580	583	643	668	714	838	940	908

主要统计指标解释

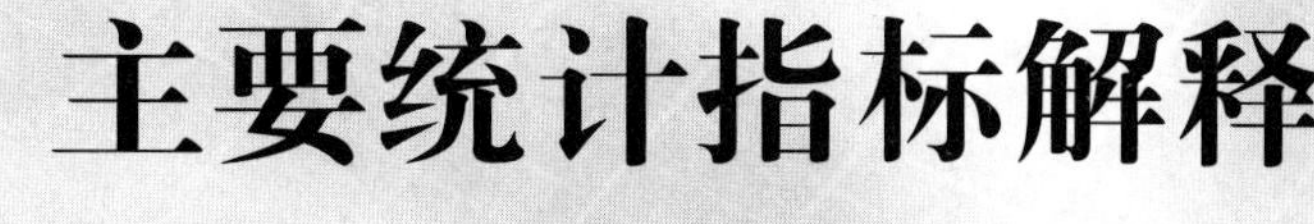

Explanatory Notes on Main Statistical Indicators

主要统计指标解释

研究与试验发展（R&D）：指在科学技术领域，为增加知识总量、以及运用这些知识去创造新的应用而进行的系统的、创造性的活动，包括基础研究、应用研究、试验发展三类活动。

基础研究：指为了获得关于现象和可观察事实的基本原理的新知识（揭示客观事物的本质、运动规律，获得新发展、新学说）而进行的实验性或理论性研究，它不以任何专门或特定的应用或使用为目的。

应用研究：指为获得新知识而进行的创造性研究，主要针对某一特定的目的或目标。应用研究是为了确定基础研究成果可能的用途，或是为达到预定的目标探索应采取的新方法（原理性）或新途径。

试验发展：指利用从基础研究、应用研究和实际经验所获得的现有知识，为产生新的产品、材料和装置，建立新的工艺、系统和服务，以及对已产生和建立的上述各项作实质性的改进而进行的系统性工作。

R&D 人员：指调查单位内部从事基础研究、应用研究和试验发展三类活动的人员。包括直接参加上述三类项目活动的人员以及这三类项目的管理人员和直接服务人员。为研发活动提供直接服务的人员包括直接为研发活动提供资料文献、材料供应、设备维护等服务的人员。

R&D 人员中全时人员：在报告年度实际从事 R&D 活动的时间占制度工作时间 90%及以上的人员。

R&D 人员全时当量：是国际上通用的、用于比较科技人力投入的指标。指 R&D 全时人员（全年从事 R&D 活动累积工作时间占全部工作时间的 90%及以上人员）工作量与非全时人员按实际工作时间折算的工作量之和。例如：有 2 个 R&D 全时人员（工作时间分别为 0.9 年和 1 年）和 3 个 R&D 非全时人员（工作时间分别为 0.2 年、0.3 年和 0.7 年），则 R&D 人员全时当量＝1+1+0.2+0.3+0.7=3.2（人年）。

研究人员：指 R&D 人员中具备中级以上职称或博士学历（学位）的人员。

R&D 经费内部支出：指调查单位在报告年度用于内部开展 R&D 活动的实际支出。包括用于 R&D 项目（课题）活动的直接支出，以及间接用于 R&D 活动的管理费、服务费、与 R&D 有关的基本建设支出以及外协加工费等。不包括生产性活动支出、归还贷款支出以及与外单位合作或委托外单位进行 R&D 活动而转拨给对方的经费支出。

日常性支出：指调查单位在报告年度为开展 R&D 活动而发生的人员劳务费，及其各项管理费用和购买非资产性的材料、物资费用等他日常支出。

资产性支出：指调查单位在报告年度为开展 R&D 活动而进行建造、购置、安装、改建、扩建固定资产，以及进行设备技术改造和大修理等实际支出的费用。

政府资金：指调查单位 R&D 经费内部支出中来自各级政府部门的各类资金，包括财政科学技术拨款、科学基金、教育等部门事业费以及政府部门预算外资金的实际支出。

企业资金：指调查单位 R&D 经费内部支出中来自本企业的自有资金和接受其他企业委托而获得的经费，以及科研院所、高校等事业单位从企业获得的资金的实际支出。

R&D 经费外部支出合计：指报告年度调查单位

委托外单位或与外单位合作进行 R&D 活动而拨给对方的经费。

R&D 项目（课题）：指调查单位在当年立项并开展研究工作、以前年份立项仍继续进行研究的研究开发项目或课题，包括当年完成和年内研究工作已告失败的研发项目或课题。

科技进步贡献率：指广义技术进步对经济增长的贡献份额，它反映在经济增长中投资、劳动和科技三大要素作用的相对关系。其基本含义是扣除了资本和劳动后科技等因素对经济增长的贡献份额。

专业技术人员：指从事专业技术工作和专业技术管理工作的人员，即企事业单位中已经聘任专业技术职务从事专业技术工作和专业技术管理工作的人员，以及未聘任专业技术职务，现在专业技术岗位上的人员。包括工程技术人员，农业技术人员，科学研究人员，卫生技术人员，教学人员，经济人员，会计人员，统计人员，翻译人员，图书资料、档案、文博人员，新闻出版人员，律师、公证人员，广播电视播音人员，工艺美术人员，体育人员，艺术人员及企业政治思想工作人员，共十七个专业技术职务类别。

新产品：指采用新技术原理、新设计构思研制、生产的全新产品，或在结构、材质、工艺等某一方面比原有产品有明显改进，从而显著提高了产品性能或扩大了使用功能的产品。

专利：是专利权的简称，是发明创造经审查合格后，由国务院专利行政部门依据专利法授予申请人对该项发明创造享有的专有权。发明创造是指发明、实用新型和外观设计。

发明专利：指对产品、方法或者其改进所提出的新的技术方案。

实用新型专利：指对产品的形状、构造或者其结合所提出的适于实用的新的技术方案。

外观设计专利：指对产品的形状、图案或者其结合以及色彩与形状、图案的结合所作出的富有美感并适于工业应用的新设计。

职务发明：指执行本单位的任务或者主要是利用本单位的物质条件所完成的发明创造，申请专利的权利属于本单位。

有效发明专利数：指调查单位作为专利权人在报告年度拥有的、经国内外知识产权行政部门授权且在有效期内的发明专利件数。

专利所有权转让及许可数：指报告年度调查单位向外单位转让专利所有权或允许专利技术由被许可单位使用的件数。

专利所有权转让与许可收入：指报告年度调查单位向外单位转让专利所有权或允许专利技术由被许可单位使用而得到的收入。包括当年从被转让方或被许可方得到的一次性付款和分期付款收入，以及利润分成、股息收入等。

集成电路布图设计登记数：指报告年度调查单位向知识产权行政部门提出登记申请并被受理登记的集成电路布图设计的件数。

形成国家或行业标准数：指报告年度调查单位在自主研发或自主知识产权基础上形成的国家或行业标准。形成国家或行业标准须经有关部门批准。

发表科技论文：指在学术刊物上以书面形式发表的最初的科学研究成果。应具备以下三个条件：（1）首次发表的研究成果；（2）作者的结论和试验能被同行重复并验证；（3）发表后科技界能引用。

出版科技著作：指经过正式出版部门编印出版的论述科学技术问题的理论性论文集或专著以及大专院校教科书、科普著作。但不包括翻译国外的著作。由多人合著的科技著作，由第一作者所在单位统计。

《SCI》：美国《科学引文索引》（Science Citation Index），是由美国科学情报研究所于 1961 年创立，报道生命科学、医学、生物、物理、化学、农业、工程技术领域内的科技文献。是目前国际上最具权威性的用于基础研究和应用研究科研成果的评价体系。

《EI》：美国《工程索引》（The Engineering Index），创刊于 1884 年，由美国工程信息公司编辑出版。作为世界著名的工程技术领域的文献检索系统，其收录文献的内容包括以下工程技术领域：生物工程、土木、地质、环境、矿业、石油、冶金、机械、燃料工程、核能、汽车、宇航工程、电气、电子、控制工程、化工、食品、农业、工业管理、数学、物理、仪表等。

《CPCI-S》：（Conference Proceedings Citation Index - Science），原名 ISTP。ISTP 是美国科学情报研究所出版的科学技术会议录索引。该索引收录生命科学、物理与化学科学、农业、生物和环境科学、工程技术和应用科学等学科的会议文献，包括一般性会议、座谈会、研究会、讨论会、发表会等。

东部地区：包括北京，天津，河北，上海，江苏，浙江，福建，山东，广东和海南 10 个省市。

中部地区：包括山西，安徽，江西，河南，湖北和湖南 6 个省市。

西部地区：包括内蒙古，广西，重庆，四川，贵州，云南，西藏，陕西，甘肃，青海，宁夏和新疆 12 个省区市。

东北地区：包括辽宁，吉林和黑龙江 3 个省。